U0385695

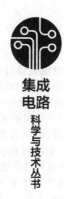

集成
电路
科学与技术丛书

数字集成电路测试

理论、方法与实践

李华伟 郑武东 温晓青 赖李洋 叶靖 李晓维 编著

清華大學出版社
北京

内 容 简 介

本书全面介绍数字集成电路测试的基础理论、方法与 EDA 实践。第 1 章为数字集成电路测试技术导论,第 2~9 章依次介绍故障模拟、测试生成、可测试性设计、逻辑内建自测试、测试压缩、存储器自测试与自修复、系统测试和 SoC 测试、逻辑诊断与良率分析等基础测试技术,第 10 章扩展介绍在汽车电子领域发展的测试技术,第 11 章对数字电路测试的技术趋势进行展望。

针对每一种数字集成电路测试技术,本书一方面用示例讲述其技术原理,另一方面用电子设计自动化(EDA)的商业工具对具体实例演示技术应用过程(EDA 工具应用脚本及其说明可在配套资源中下载),并在每章后附有习题。通过本书,读者一方面可以学习到基本的测试理论和相关技术;另一方面,还可以对当今芯片设计流程和 EDA 工具链中测试技术的运用和实践有所了解。

本书适合作为高等院校集成电路、计算机科学与技术、电子科学与技术等相关专业高年级本科生、研究生教材,也可供集成电路设计与测试行业的开发人员、广大科技工作者和研究人员参考。

图书在版编目(CIP)数据

数字集成电路测试:理论、方法与实践/李华伟等编著. —北京:清华大学出版社,2024.6(2025.1重印)
(集成电路科学与技术丛书)
ISBN 978-7-302-66203-7

Ⅰ. ①数… Ⅱ. ①李… Ⅲ. ①数字集成电路—测试技术 Ⅳ. ①TN431.207

中国国家版本馆 CIP 数据核字(2024)第 085329 号

责任编辑:刘　星
封面设计:李召霞
责任校对:韩天竹
责任印制:沈　露

出版发行:清华大学出版社
　　　网　　　址:https://www.tup.com.cn,https://www.wqxuetang.com
　　　地　　　址:北京清华大学学研大厦 A 座　　　邮　编:100084
　　　社 总 机:010-83470000　　　邮　购:010-62786544
　　　投稿与读者服务:010-62776969,c-service@tup.tsinghua.edu.cn
　　　质量反馈:010-62772015,zhiliang@tup.tsinghua.edu.cn
　　　课件下载:https://www.tup.com.cn,010-83470236
印　装　者:三河市君旺印务有限公司
经　　销:全国新华书店
开　　本:186mm×240mm　　印　张:17　　　　字　数:393 千字
版　　次:2024 年 6 月第 1 版　　　　　　印　次:2025 年 1 月第 2 次印刷
印　　数:1501~2300
定　　价:79.00 元

产品编号:091885-01

序
FOREWORD

从设计需求开始到产品生命周期结束,在控制产品成本的同时最大限度地提高产品质量,一直是电子产品的首要问题。为了降低总体成本并最大限度地提升高度集成的电子电路的质量,必须全面考虑各种质量保证任务(包括设计验证、硅后验证、制造测试、诊断、良率提升和生命期可恢复性),这些质量保证任务不是作为纯粹的设计后和制造后的任务来对待,而是与设计过程全面地、紧密地集成在一起考虑。过去曾有许多优秀的原型和创新想法因为无法对制造出来的产品进行高质量和高成本效益的测试,而在现场使用时失效率高、质量差,从而最终无法在市场上取得成功。因此,在满足指定功能的同时,确保在整个生命期内支持集成电路的高可测试性,已经成为集成电路设计的一个黄金原则。

一般来说,电路测试技术应该实现"轻测试仪"的目标,终极目标是实现"无测试仪"的测试能力。针对异质集成和高度复杂的芯片,测试技术必须能够处理各种与逻辑和时序有关的故障行为,适用于各种设计抽象层次,并可根据各种各样的数字、存储和模拟 IP 核的需求来定制测试能力。为了实现这些目标,测试技术已经发展了很多年,建立了有深刻理论基础的复杂方法,并在大量的实验研究和探索的基础上进行了工业应用、技术发展和精细调优。其中解决数字电路测试问题的方法发展更快,并被集成到 EDA 方法和工具中,可以在整个数字设计过程中高效解决各种测试问题。

我们还注意到,为电路配备内置的自测试、自诊断甚至自修复功能已逐渐成为主流,这有助于加快工艺和产品的开发,并以可控的成本保证质量。这种自-X 解决方案背后的原理与数字电路设计中基于综合技术的实践相当吻合。

中国科学院计算技术研究所的李华伟教授和李晓维教授是数字电路测试领域的全球领先研究人员,他们从事相关学科的教学工作已有二十多年。本书的其他作者,包括郑武东博士以及温晓青、赖李洋、叶靖等老师,也都是对数字测试技术有贡献的全球领先研究人员,他们共同开发了许多创新的解决方案,发表了丰富的原创成果,见证了一些先进解决方案在 EDA 框架中的集成和实施,并将其第一时间广泛部署到商业产品中。

本书不仅深入介绍了这些技术背后的思想和基本原理,而且还介绍了实现这些技术的 EDA 工具,并附有示例设计。为了帮助读者了解基于商业 EDA 工具的理论和实践内容,本书每章后还附有习题。值得称赞的是,作者在将理论和实践整合成一本连贯的、易于阅读的书方面做了出色的工作,对数字电路测试方面涉及的众多基础技术进行了深入的讨论。我坚信,本书不仅对学生、研究人员和从业人员具有很高的价值,而且对培养支持行业发展的人才方面也会产生重要而长远的影响。

郑光廷

香港科技大学

2024 年 4 月

前 言
PREFACE

质量管理之父 W. Edwards Deming 博士说:产品质量是生产出来的,不是检验出来的。集成电路芯片产品的质量是如何生产出来的? 答案是电子设计自动化(Electronic Design Automation,EDA)过程中的计算机辅助测试(Computer-Aided Test,CAT)技术。

随着 20 世纪 70 年代后期门电路数超过万门的超大规模集成电路的研制成功,EDA 工业软件在辅助电路的自动设计、提升芯片开发效率上发挥着越来越重要的作用,并已逐渐覆盖芯片设计的每个环节,形成 EDA 工具链。如今,EDA 已被誉为整个半导体行业的支点。

在数字集成电路芯片设计环节中,与集成电路工艺线制造出来的芯片质量息息相关的环节是衔接前端结构设计和后端物理设计的可测试性设计,它将测试电路添加到芯片中,帮助生成有效的测试数据,经济地实现对芯片产品中故障的全面检测。测试综合 EDA 工具是 CAT 技术的载体,可自动完成数字芯片的可测试性设计和测试生成,已成为数字芯片 EDA 工具链上不可缺少的组成部分,是数字芯片产品质量保障的必备工业软件。测试综合 EDA 商业工具的典型代表是西门子 EDA(原 Mentor Graphics)的 Tessent 工具。

早在 25 年前,我在中国科学院计算技术研究所读研究生时就与数字电路测试领域结缘,彼时在闵应骅老师和李忠诚老师的指导下开始研究时延测试生成技术。在计算技术研究所研发龙芯 1 号处理器时,李晓维老师带着我和当时的学生们在最早的龙芯 1 号处理器中完成可测试性设计,这是我首次接触和使用 EDA 工具。在测试领域的国际会议上,我们结识了不少 Mentor Graphics 的测试 EDA 研发人员,包括本书的第二作者——西门子 EDA 的首席科学家郑武东博士。多年来,我们与郑博士的团队开展了很多技术交流和合作。

李晓维老师与我在中国科学院计算技术研究所和中国科学院大学教授数字电路测试的研究生课程已接近二十年。一开始我们使用 M. L. Bushnell 和 V. D. Agrawal 在 2000 年出版的 *Essential of Electronic Testing* 作为教材,后来使用三位华人专家在 2006 年出版的测试领域著作 *VLSI Test Principles and Architectures: Design for Testability* 来讲授。我们和其他国内学者也曾翻译过国际上早期的集成电路测试专著。随着集成电路和计算技术的发展,测试技术也在不断进步和适应着新的需求,比如在汽车电子领域,为应对车辆行驶功能安全的需求而发展出了成体系的汽车电子测试方案。我们注意到,国内集成电路设计行业,包括 EDA 行业,常常忽视了测试综合在芯片设计和 EDA 中的重要性。质量是产品的生命,量产芯片中可测试性设计必不可少。如果有一本将数字电路测试与 EDA 链接起来的专业中文书籍,也许能帮助业界认识到测试作为质量技术在芯片产品开发中的重要性。

所以,当西门子 EDA 高校项目负责人向进邀请我来负责组织为数字电路测试编写一本教材时,我毫不犹豫地答应了。参与这本书编著的有西门子 EDA 的郑武东博士,有 *VLSI Test Principles and Architectures: Design for Testability* 的作者之一、九州工业大学的温晓青教授,有从 Mentor Graphics 回国到汕头大学从教的赖李洋老师(曾在 Mentor Graphics 公司从事了多年芯片可测试性设计产品的一线研发),也有我的同事叶靖老师。

本书共分为 11 章,其中温晓青老师编写了第 3 章和第 5 章,赖李洋老师编写了第 6 章、第 8 章、第 10 章及第 11 章中的三维芯片测试,叶靖老师编写了第 2 章和第 9 章,我编写了第 1 章、第 4 章、第 7 章及第 11 章的其他部分。郑武东博士为各章提供了来自西门子 EDA 公司的英文技术材料。李晓维老师对本书的内容进行了校对。

感谢西门子 EDA 公司向进在本书写作过程中提供的资源和支持。特别感谢西门子 EDA 的田培工程师,她花很多时间整理了西门子 EDA 的测试综合 EDA 工具 Tessent 的可测试性设计应用脚本,一方面供我们编写书稿时选用为示例流程,另一方面作为本书配套资源提供给读者。通过本书,我们希望读者既可以学习到基本的数字电路测试理论和相关技术,又可以对当今芯片设计流程和 EDA 工具链中测试技术的运用和实践有所了解。

配套资源

由于编者水平有限,书中难免有疏漏和不足之处,恳请读者批评指正。

李华伟

中国科学院计算技术研究所

2024 年 4 月

目 录
CONTENTS

第1章

数字集成电路测试技术导论

数字电路系统(简称数字系统)作为现代电子信息系统中的核心,发挥着重要作用。为了确保数字电路系统稳定可靠工作,在系统的设计阶段、制造阶段甚至运行过程中,都需要有相应的技术手段来检测其内部可能存在、并在一定条件下引起系统功能失效的缺陷,这种技术可统称为测试技术。测试技术贯穿数字电路系统从启动设计到稳定运行的全生命周期。在数字电路系统的设计阶段,当数字系统以软件形式表征时,针对数字系统的软件描述中的设计错误来进行的测试,被纳入设计验证的范畴,在本书中不会展开介绍。数字电路系统的硬件实体是数字集成电路(Integrated Circuit,IC),是将电子元件和连线通过半导体工艺集成在一起的数字电路。本书重点讨论对数字集成电路中的缺陷进行测试,即数字电路测试技术。

半导体行业一般将集成电路产品称为集成电路芯片,或简称芯片。本章首先介绍数字电路芯片开发过程中的测试问题,阐述测试技术在芯片开发过程中的重要性;然后介绍数字电路测试的基本概念和主要技术,让读者建立对数字电路测试方法的初步和全局的认识;最后介绍数字电路测试技术如何融入电子设计自动化(Electronic Design Automation,EDA)流程并作为 EDA 工具链的一部分,发挥其重要作用。

1.1 集成电路芯片开发过程中的测试问题

现代集成电路芯片的开发涉及多个环节,包括体系结构设计、知识产权核(Intellectual Property,IP)选型、前端逻辑设计、测试开发、后端物理设计、加工制造、封装、测试等,每个环节都需要相当多的资金、人力与时间投入。为了正确地完成集成电路芯片开发过程,需要使用测试技术来检查软件形式的芯片设计描述中的设计错误(bug)和由于制造过程不完美引起的集成电路硬件中的缺陷(defect)。在集成电路领域,为了区分对设计代码的测试和对硬件实体的测试,前者称为设计验证,后者才称为测试。

1.1.1 超大规模集成电路芯片的开发过程

自 1958 年第一个集成电路研制成功以来,IC 的规模不断攀升,著名的摩尔定律就是对其规模增长速率的刻画和预测。摩尔定律指出,集成电路的规模每 18 个月翻一番。这样的增长速率已持续了几十年,只在近期由于器件尺寸的细化接近了物理极限才放缓。按照集成度高低,IC 可分为小规模集成电路、中等规模集成电路、大规模集成电路、超大规模集成电路(Very Large Scale Integration,VLSI)等。

图 1-1 包含了 VLSI 芯片的主要开发过程,不同阶段之间的虚线表明了所涉及的测试技术。对用户需求和功能规范的测试通常称为"审查",对设计过程的测试即设计验证,对制造过程的测试就是集成电路领域常说的测试,也是本书所采用的测试的含义。

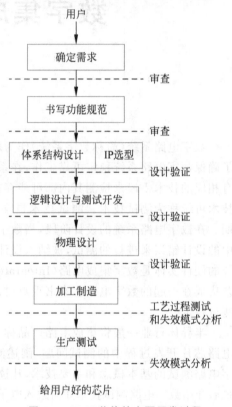

图 1-1　VLSI 芯片的主要开发过程

一个集成电路芯片产品的开发是从确定用户需求开始的,用户需求来自于用户的目标应用需要完成的功能。根据用户需求书写芯片功能规范,一般包括以下内容:功能定义(输入/输出特征)、操作特征(功耗、频率、噪声等)、物理特征(如封装)、环境特征(温度、湿度、可靠性等)以及其他特征(成本、价格等)。对于复杂的数字电路系统,其功能定义还会涉及软硬件划分,确定哪些功能由硬件(芯片)实现,哪些功能由运行在硬件上的可编程的软件实现。芯片的功能规范同时是芯片设计和测试的原始依据。

有了详细的功能规范,就可以开始具体的芯片设计了,芯片设计大致分为三个主要阶段。第一个阶段是体系结构设计,即为实现目标功能制定一个由若干可实现的功能块构成的系统级结构。随着系统芯片(System on Chip,SoC)技术的发展,与这个阶段同时开展的还有 IP 选型,以复用业界已有的设计,缩短开发时间和降低设计成本。第二个阶段称为逻辑设计,进一步将各功能块分解、展开设计成逻辑门级网表,并完成向工艺库的映射,生成由工艺库中标准单元组成的连接网络。最后一个阶段是物理设计,用物理器件(例如晶体管)来实现逻辑门,产生一个芯片版图。这三个阶段产生的输出均为软件形式的芯片设计描述,对应于芯片设计的不同抽象层次。

设计验证,是检验设计(design)是否准确实现了规范(specification)所期望的行为。设计验证贯穿于芯片设计的不同阶段,检查每个新版本的设计是否符合上层定义的设计规范。设计验证的效率直接影响着芯片的正确性和上市时间。在目前的工程项目中,由于设计日趋复杂,验证已经成为芯片设计过程的一个瓶颈,验证工程师的人数往往超过设计者人数,对于复杂的设计更是达到了 2∶1 或者 3∶1 的比例。本章将在 1.1.2 节简单介绍设计验证的主要技术。

对于 VLSI 来说,对制造缺陷的测试不再是芯片加工制造之后才考虑的事情,而是在设计过程中就必须考虑:①是否能够开发出高质量的测试集以尽可能检测所有可能的制造缺陷;②测试开发的时间和难易度;③对每个芯片进行测试的成本等问题。这些问题与设计本身的特点密切相关。当芯片内部的晶体管数量随着集成电路工艺尺寸的细化而迅速增加时,芯片的输入/输出引脚数量由于必须保证可接触性并没有增长多少。比如一个集成了数十亿晶体管的芯片通常只有几百个引脚可用于测试。如何利用非常有限数量的引脚来充分测试芯片内部每个晶体管和每条互连线便成为了一个巨大的挑战。如果使用芯片功能测试方法,即使是几十个输入引脚带来的芯片的功能空间也是无法穷尽测试的,非常有限的功能测试向量根本无法保证芯片内部数目庞大的晶体管都被测试到,其后果是芯片的测试质量得不到保证。唯一的解决办法是在芯片设计中添加用于测试的电路(即后文要介绍的可测试性设计),来保证在可接受的测试成本下达到符合芯片质量要求的测试覆盖率。

因此,测试开发已与设计紧密耦合,通常是在逻辑设计的早期就开始制定测试开发方案,执行可测试性设计(Design For Testability,DFT)和测试生成的迭代流程,以使制造出来的芯片的质量满足检测需求。DFT 已经成为一个现代数字系统设计中必不可少的部分,由于它给设计本身增加了硬件开销,也会在不同程度上影响系统的性能和功耗,因此必须在设计阶段予以慎重考虑。本章将在 1.1.3 节简单介绍测试的主要技术。

完成了测试开发的逻辑网表,接下来就要进行物理设计。物理设计完成芯片的版图规划、布局布线等,对物理设计需要进行性能、功耗、面积等优化和验证,同时也需考虑测试电路的时序是否能够满足测试要求,要进行测试向量的带时序仿真验证。

物理设计之后,经过充分验证的物理版图被转化成光掩模,送到硅片制造生产线上加工成晶圆(wafer),再经过切割、封装成芯片。芯片加工制造是一个非常复杂的光学、物理和化学过程。它通过严格精密的光学成像、物理打磨和化学反应环境控制,能够在一个比指甲盖还小的芯片中精确地实现数十亿的晶体管。这些晶体管往往比我们的头发丝还要细很多。因此,加工制造过程本质上是一个缺陷随时都可能发生的过程。

加工制造后,测试用来帮助检测加工制造过程中的缺陷、鉴别芯片的良品和次品。需要使用自动测试设备(Automatic Test Equipment,ATE,又称为测试仪)对被测芯片施加测试向量,捕获芯片的输出结果与预期的正确结果进行比较,以判断芯片中是否存在缺陷。ATE 主要由主控制器(通常是计算机)、激励源单元及测试测量单元组成,主控制器对激励源单元和测试测量单元进行同步。ATE 测试的对象称为被测器件(Device Under Test,DUT),被测器件可以是晶圆,ATE 使用高精度探针对晶圆进行工艺过程测试(process test)。DUT 也可以是封装好的芯片,ATE 可对芯片进行生产测试(production test),使用机械臂(handler)将芯片放置在定制的接口测试适配器(Interface Test Adapter,ITA)上,与激励源单元、测试测量单元进行物理连接和信号适配。

测试的另一个重要功能是故障诊断(fault diagnosis)。故障(fault)是对缺陷行为的建模,测试往往针对建模后的故障展开。若芯片在某个测试下产生错误的输出,即发生了功能失效(failure),可判断为芯片中存在某类故障,通过故障诊断可以对缺陷在芯片中的位置进行定位。对每个故障芯片,判断引起故障的原因是工艺过程的问题,设计或者测试本身的问题,还是一开始制定规范时就有问题。对发生功能失效的原因进行分析,称为失效模式分析(Failure Mode Analysis,FMA),有许多不同的辅助测试手段,包括使用光电显微镜检查确定失效原因以改进工艺过程等。

1.1.2 设计验证

设计验证用于检查软件形式的芯片设计 bug,要对芯片设计阶段的每个版本进行正确性检查,以便发现设计 bug 并进行修正。设计验证的主要技术可以分为两大类:模拟验证和形式化验证。模拟验证是目前工业界最主要的验证方法;形式化验证中,等价性检验也已经获得了普遍应用。

1. 硬件描述语言与设计抽象层次

20 世纪 70 年代之前,集成电路较为简单,设计工程师直接通过搭建和连接电子元件(如 CMOS、双极性晶体管)的方式进行电路的设计并完成电路的实现。这时电路的模型中,将晶体管作为最低层次的基本元件,电路的抽象层次是晶体管级(transistor level)。

20 世纪 70 年代以后,随着集成电路发展到 VLSI,工程师已经无法通过搭建元器件来完成设计,取而代之的方式是使用硬件描述语言,工程师可以将精力放在电路逻辑功能的设计上,把烦琐而耗时的门电路的连接和布局等工作交给 EDA 工具,其可自动完成硬件描述语言到逻辑门级(gate level)电路、进一步到晶体管级电路的转换,这种转换称为"综合(synthesis)",极大地提高了设计效率。20 世纪 80 年代后期,VHDL 和 Verilog HDL 成为得到普遍认同的标准硬件描述语言,先后成为了 IEEE 标准,至今仍在广泛使用。图 1-2 给出了一个简单的例子,该图左边是用 Verilog 语言描述的一行设计代码,可以用 EDA 工具转换成右边的逻辑门电路。转换成的门电路有多种可能性,图 1-2 的例子中给出了 2 种选择。综合器会根据设计对面积、功耗、时延等方面的约束进行挑选。

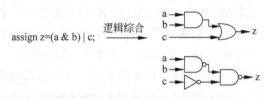

图 1-2 综合器将硬件描述语言设计转换成门电路

VHDL 和 Verilog HDL 语言主要适用于寄存器传输级(Register-Transfer Level,RTL)和门级的描述。RTL 是比门级更高一级的抽象层次,描述刻画了电路的数据通路和控制器。在包含有逻辑单元的电路时延信息的工艺库的支持下,将 RTL 描述转换成门级描述的自动化过程称为逻辑综合。相比于 RTL/门级的硬件描述,基于更高抽象层次的描述,如事务级建模(Transaction Level Modeling,TLM)和电子系统级(Electronic System Level,ESL)等,可以更高效地描述设计,利于更早开展软件/硬件协同开发,利于在设计早期开始验证。将高层抽象描述的系统功能和行为转换成包含有数据通路和控制器的 RTL 描述的自动化过程称为高层综合(High-Level Synthesis)。

2012 年,加州大学伯克利分校在设计自动化大会(Design Automation Conference,

DAC)上发布了 Chisel[1],这种硬件描述语言采用分层抽象的方式,支持设计人员采用高效的专用硬件描述语言以及参数化的硬件生成模块设计复杂硬件。Chisel 采用 Scala 编程,只需要在很高的抽象层对硬件进行参数声明、对象描述、功能定义以及数据流向描述,就可以自动生成高质量的 C++语言描述的周期精确软件模拟器,以及可用于现场可编程逻辑阵列(Field Programmable Gate Array,FPGA)和专用集成电路(Application Specific Integrated Circuit,ASIC)设计实现的底层 RTL 代码,极大程度地提高了设计效率,同时相比传统的高层综合技术制定了描述语言和声明规则,因此能够生成更高效的硬件设计。

2018 年,Wilson Research Group 和 Mentor 公司对全球的硬件设计公司进行了调研,对硬件描述语言十年来的使用情况进行了统计,统计结果如图 1-3 所示,可以看出,抽象层次较高的硬件设计语言 SystemVerilog、SystemC、C/C++的使用呈增加趋势。

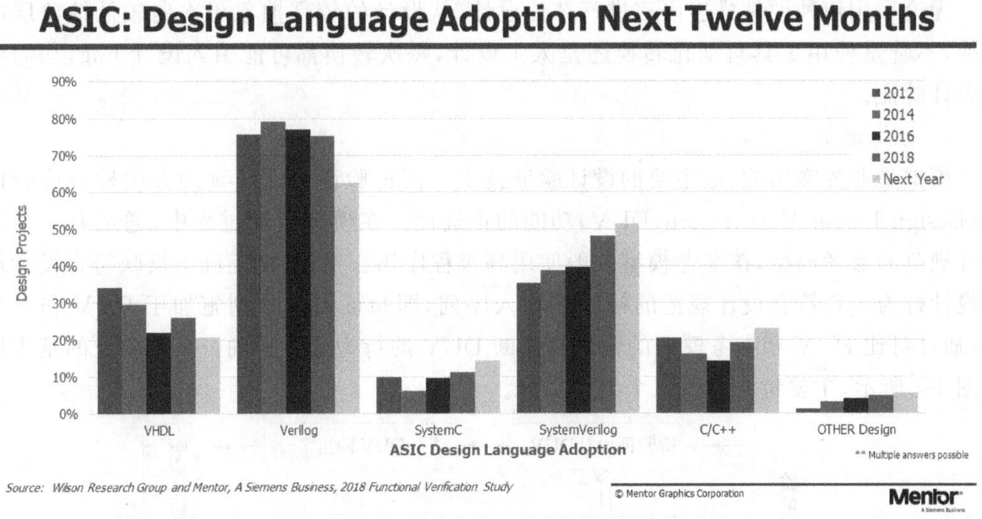

图 1-3　过去十年来硬件描述语言的使用趋势[2]

随着设计规模的增加和设计越来越复杂,硬件描述语言的发展趋势是抽象层次逐步提高,并不断融入现代软件编程语言中面向对象的抽象、继承、封装,以及新的高级编程语言特征。通过高层综合相关技术,可将接近于软件的高层硬件设计转换为较低抽象层次描述的硬件设计,从而与底层的硬件设计流程衔接。为了顺应这种硬件编程软件化的趋势,高层综合技术也将迅速发展,主要的工作包括:

- 根据高层的存储描述生成寄存器文件、专用寄存器、流水线锁存器、缓存,甚至片上的各种存储部件;

---

① Bachrach J,Vo H,Richards B,et al. Chisel:Constructing hardware in a Scala embedded language[C]. DAC Design Automation Conference 2012. IEEE,2012:1212-1221.

② The 2018 Wilson Research Group Functional Verification Study[EB/OL]. (2019-02-14)[2022-11-4]. https://blogs. sw. siemens. com/verificationhorizons/2019/02/14/part-10-the-2018-wilson-research-group-functional-verification-study/.

- 根据高层的指令格式和指令编码描述生成解码器和控制通路;
- 根据高层的指令行为描述生成处理器的数据通路;
- 根据高层的结构描述生成处理器的功能部件和相应的连接线路;
- 根据高层的流水线描述生成流水线的结构和相应的控制逻辑等。

尽管高抽象层次的设计是未来发展的趋势,但是低抽象层次的设计方法仍然会存在,作为设计方式的补充。比如,若设计对面积、功耗、时延等参数有特别严格的要求,仅通过高层语言描述出来的设计经过综合以后生成的电路不一定能满足这些要求。那么这个时候,需要使用能更好地描述硬件设计细节的方式进行设计,对于这些设计或者模块,设计工程师需要通过 RTL 进行描述,甚至通过门级、晶体管级等低层抽象级别进行设计,对器件的布局和连线也需要手工定制化的精心设计,才能满足这些严格的设计要求。

无论采用何种硬件描述语言进行芯片设计,从设计的较高抽象层次向较低抽象层次的转换,不管是使用工具自动化转换还是人工设计,每次转换都可能引入设计 bug,均需要进行设计验证。

2. 模拟验证

模拟是业界常用的、最主要的设计验证技术。模拟验证通过仿真的方法检查待验证设计(Design Under Verification,DUV)功能的正确性。在模拟验证过程中,通常有一个符合设计规范的参考模型,该参考模型一般使用高级程序语言描述,能正确地反映符合设计规范的设计行为。将符合设计规范的输入或输入序列,即验证激励分别施加于 DUV 和参考模型,通过对比 DUV 和参考模型的输出来判断 DUV 的行为是否正确。模拟验证的基本框架如图 1-4 所示,主要包含以下三个组成部分。

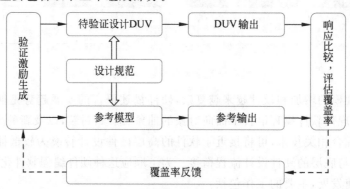

图 1-4　模拟验证的基本框架

激励生成:产生合法的验证激励并同时施加到设计和参考模型上。目前业界常用的模拟激励生成方法是约束随机方法,通过给设计的输入施加功能约束来在合法和期望的输入空间内产生大量随机的激励,对 DUV 进行充分的仿真。

响应比较:比较 DUV 输出和参考模型输出是否一致,从而判断 DUV 是否存在设计 bug。

覆盖率反馈:根据覆盖率等量化指标来衡量模拟激励对 DUV 的验证力度。DUV 中尚未覆盖的设计代码,表明现有激励中的验证漏洞,可以指导后续激励的生成。

　　模拟验证的评估指标常采用代码覆盖率或者功能覆盖率。然而,达到 100% 代码覆盖率,仅代表设计的每行代码均被执行过至少一次,并不意味着充分验证了 DUV 的功能,因此对模拟验证来说代码覆盖率存在"虚高"问题。功能覆盖率则依赖于对 DUV 功能的详尽分析,一般会从 DUV 的功能规范中提取待验证的功能点,由于提取的功能点的完备性依赖于验证人员的专业知识和经验,并且对每个功能点的完备覆盖也缺少证明,因此验证人员记录的 100% 功能覆盖率也并非意味着完备的功能验证。

　　模拟验证的实质是通过在设计的输入空间取样对设计进行验证,如前所述,这种取样验证不能保证验证的完备性:模拟过程是一个尽可能发现错误的过程,最终达到期望的覆盖率且不再发现错误时终止,但并不能证明设计完全正确。对于有 n 个输入的组合电路来说,输入空间大小是 2^n;时序电路的输出还与状态相关,其输入空间扩展到更大更复杂的输入序列空间。想要穷尽整个输入空间进行模拟是不可行的。因此,模拟验证的效果很大程度上依赖于所产生的验证激励。然而对于模拟验证来说,针对覆盖率漏洞确定性地生成验证激励是相当困难的,业界的实践主要依赖于约束随机模拟来自动生成验证激励。对于规模较大的复杂设计,即便耗费大量的随机模拟时间和资源,仍然很难达到较高的功能覆盖率。

　　尽管存在验证不完备的缺点,但因为具有以下优点,模拟验证仍是业界最广泛使用的设计验证方法:可扩展性好,适用于各种抽象层次及电路类型的设计;简单易用,能够处理大规模的设计,验证工程师也不需要具备深入的专业知识;将验证环境搭建好之后便可以自动运行,具有较高的自动化程度。

　　由于基于软件模拟的模拟验证非常耗时,故使用 FPGA 硬件仿真是系统级验证和提高验证效率的常用手段。

3. 形式化验证

　　形式化验证方法作为模拟验证方法的有效补充,已在业界获得越来越多的关注。形式化验证是采用基于数学的概念、方法和工具,通过严格的数学推理来证明设计的实现满足其全部或者部分规范。

　　与模拟验证相比,形式化验证不需要输入激励进行模拟,而是隐式地对设计的输入空间及状态空间进行穷举搜索来确认设计是否满足功能规范的特定要求。形式化验证方法主要分三类:等价性检验(equivalence checking)、模型检验(model checking)和定理证明(theorem proving)。

　　等价性检验主要用来检查设计在不同抽象层次的等价性。在门级和晶体管级这样的较低抽象层次上,验证任务常常被转换为该设计与其相邻的较高抽象层次的设计版本之间是否等价的问题。目前工业界在等价性检验方面已有较成熟的工具,例如 Synopsys 的 Formality,Cadence 的 Conformal,Mentor 的 FormalPro 等。因此等价性检验已经获得普遍应用。

　　模型检验是一种验证设计对应的有限状态机是否满足特定的设计属性的方法,对于特定的设计属性来说是一种完备的验证方法。主要包含三个步骤:①建立模型,将设计转换为形式化验证工具可接受的模型表示；②描述规范，将待验证的属性描述为时态逻辑（temporal logic）公式；③执行检验，检查属性对应的逻辑公式是否在模型上成立。最早的模型检验技术可追溯至 20 世纪 80 年代，Clark、Emerson 与 Sifakis 分别独立提出在显示模型（Kripke 结构）上进行属性检验的方法，三人因在模型检验领域所作的贡献获得了 2007 年图灵奖。模型检验技术在工业界也得到了一定程度的应用，支持的商业工具包括 Cadence 的 Jasper、Mentor 的 Questa 等。模型检验面临的两个关键难题是处理规模和求解时间的问题。一方面，随着集成电路设计的触发器数目线性增长，整个设计的状态空间规模随着触发器数目呈指数级增长，导致对大规模复杂设计进行形式化验证时会面临状态爆炸的问题；另一方面，许多验证问题属于 NP 完全问题，对于复杂的设计形式化求解速度缓慢，求解时间难以接受。因此，模型检验目前只能应用于小规模的设计或模块级设计，在大规模工业设计中难以广泛应用。

定理证明方法通过数学定理推演来证明设计属性，将系统和属性以逻辑化的形式表示出来，以该系统的公理和推理规则为基础，逐步推导，证明系统满足设计属性。定理证明工具的使用需要验证人员具有较好的数学功底，在工业界难以推广。

模拟验证技术可扩展性好、能处理的设计规模大，但是不完备；形式化验证技术是一种完备、精确的方法，但是处理规模很有限，可扩展性差。为了结合前者的可扩展性以及后者的完备性，避免各自的缺点，学术界开始了一种新的探索——半形式化验证方法。常见的半形式化验证方法主要是利用部分的形式化信息来指导具体的模拟过程，这种方法通过对设计的部分进行形式化计算来减小形式化方法所要解决的问题规模，因此耗费的计算资源少，有效缓解了状态爆炸的问题，同时通过模拟方法的辅助提高了形式化验证方法的处理能力；另一方面，利用形式化方法获得的信息对模拟验证进行指导，在增强模拟方法完备性的同时也缩短了验证时间，提高了验证的效率。

1.1.3　芯片测试

经过充分验证的设计送到工艺线上进行加工制造，在经历了非常复杂的光学、物理和化学的生产过程后，得到晶圆，再经过切割、封装成集成电路芯片。由于工艺的复杂和不稳定等因素，晶圆上的制造缺陷是不可能避免的，必然有部分芯片因为存在缺陷而无法正常工作，需要通过芯片测试进行筛选。芯片测试与设计验证一样，都是确保集成电路产品能够正常工作的技术手段，都需要在产品的输入空间中选择有效的激励，以检测到影响产品正常工作的内部缺陷（设计 bug 或制造缺陷）。但二者在测试的目标、作用、技术手段、激励类型、评估指标、实施对象等方面均不相同，表 1-1 列出了芯片测试与设计验证的不同。

如表 1-1 所示，芯片测试分为测试开发、测试应用两个阶段来开展工作。测试开发阶段与芯片的设计同期开展，是针对芯片设计自动生成测试向量集的软件过程；为了保证测试充分性并降低测试成本，需要在芯片中设计辅助测试电路，即进行可测试性设计。测试应用阶段是将测试向量集施加到芯片上的电气测试过程，可以在产品的不同形态和不同阶段上展开，详见本节第 3 部分的内容。

表 1-1　芯片测试与设计验证的不同

项　　目	设 计 验 证	芯 片 测 试
目标	确认设计的软件描述符合设计规范	确认制造出来的芯片能够正常工作
作用	检测设计 bug，对设计的质量负责	检测制造缺陷，对生产的质量负责
技术手段	模拟验证； 形式化验证； 硬件仿真	分为测试开发、测试应用两个阶段： (1) 可测试性设计与自动测试生成； (2) 将测试施加到芯片上的电气测试过程
激励类型	模拟和仿真的激励：功能测试、约束随机测试	基于电路结构和故障模型的确定性测试向量，辅助一部分功能测试
评估指标	功能覆盖率、代码覆盖率等	缺陷覆盖率、故障覆盖率等
实施对象	制造前针对软件描述的硬件设计进行，对每个软件版本进行验证	量产测试*时对制造出来的每一片芯片进行测试

* 量产测试是在芯片批量生产之后进行的测试。

1. 测试与良率

图 1-5 给出了芯片测试的原理。制造出来的芯片就像一个黑盒子被封装起来，只能通过芯片的外部引脚来给芯片施加测试输入，同样也是从芯片的外部引脚来观察芯片在特定测试输入下的输出响应，与期望的正常输出进行比较（输出响应分析），如果相同则说明芯片通过了（pass）当前的测试；如果不同，则说明芯片未通过（fail）当前的测试，即芯片内部存在缺陷。芯片如果通过了测试集中的所有测试，则被认为是良品，可以正常工作；如果有任何一个测试未通过，则被判定为缺陷品。在所有制造出来的芯片中，属于良品的概率称为良率（yield），用 Y 表示：

$$Y = \frac{芯片中良品的数量}{制造出来的芯片总数} \tag{1-1}$$

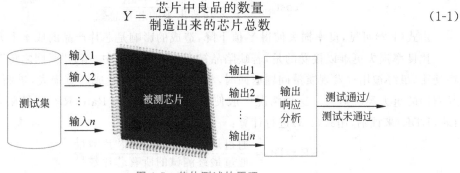

图 1-5　芯片测试的原理

因此，芯片测试的作用可以表示成如图 1-6 所示的一个分类过程。通过实施芯片的测试，期望把良品分类到良品库，缺陷品分类到缺陷品库；良品库中的芯片被分发给用户使用。

然而，正如设计验证的完备性难以得到保障一样，对于 VLSI 芯片，完备的测试也是不可能存在的。芯片测试甚至比设计验证更加困难，这体现在下面两方面：①设计验证时设计代码是可以查看的，是一种白盒测试；而芯片测试时，芯片内部的晶体管是无法控制和观察的,只能通过有限数量(通常是几十到几百个)的输入/输出引脚进行黑盒测试。②芯片测试时,面临的复杂的电气环境和外部环境都将对测试结果造成影响,这些环境因素在设计阶段无法准确建模和仿真,并且测试环境无法完全匹配芯片的正常功能环境,使得最终的测试结果并不一定可靠。因此,测试的不完备性和测试环境的不匹配性会导致如图1-6所示的分类误差:测试的不完备性将导致缺陷品以一定的概率(通常是小概率)通过全部测试,被分类到良品库中;测试条件过度严格,即超出正常功能范围的测试,又称为"过度测试"(over testing),将导致本来能够正常工作的良品以一定的概率(通常是小概率)无法通过全部测试,被分类到缺陷品库中,产生良率损失(yield loss)。

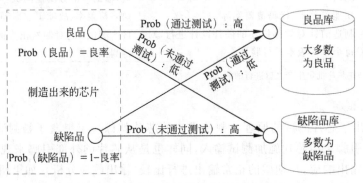

图1-6 芯片测试的分类作用

在制造阶段,单个芯片产品的成本记为 $\text{cost}_{\text{chip}}$,与制造的成本 cost_{fab}、测试的成本 $\text{cost}_{\text{test}}$、良率 Y 以及晶圆上芯片的数量相关,可以用式(1-2)进行计算:

$$\text{cost}_{\text{chip}} = \frac{\text{cost}_{\text{fab}} + \text{cost}_{\text{test}}}{Y \times 制造出来的芯片总数} \qquad (1\text{-}2)$$

由式(1-2)可见,良率损失使得 Y 值下降,造成的影响是芯片产品的成本上升。

比良率损失更难以接受的是,若缺陷品被误放入良品库中,作为"漏网之鱼"送到用户手中使用,最终被用户发现质量问题退回时,将对企业的声誉造成严重损失,进而可能引发产品召回的重大经济损失。这种情况一般使用拒绝率(Reject Rate,RR)或缺陷水平(Defect Level,DL)来评估,用式(1-3)进行计算:

$$\text{RR} = \text{DL} = \frac{通过最终测试的故障芯片数量}{通过最终测试的所有芯片数量} \qquad (1\text{-}3)$$

缺陷水平是产品质量的量化指标,一般用每百万器件数(Parts Per Million,PPM)或者每百万芯片的次品数(Defective Parts Per Million,DPPM)作为其衡量单位。对于一般商业VLSI芯片,如果缺陷水平超过500 DPPM,则被认为是不可以接受的;低于100 DPPM,被认为是具有较高质量的芯片产品;业界常说的 6σ 生产过程(由摩托罗拉公司在1986年提出),即达到99.999 66%的合格率,也就是缺陷水平是3.4 DPPM,被认为是"零缺陷(zero defect)"水平。比如对于汽车电子等对可靠性和安全性有较高要求的应用领域来说,其芯片产品的质量甚至需要达到"零缺陷"水平。

由式(1-3)可见,芯片测试的质量对于出货产品的缺陷水平有很大的影响。直观来说,测试的缺陷覆盖率(Defect Coverage,DC)反映了测试的质量,它表示该测试能够发现电路中的任何物理缺陷的概率;(1−DC)代表了物理缺陷逃脱检测的概率,又称为测试逃逸(test escape)概率。假定所有好的芯片都能通过测试,即不存在良率损失,根据式(1-3),DL可用式(1-4)计算:

$$DL = \frac{(1-DC)(1-Y)}{Y+(1-DC)(1-Y)}$$ (1-4)

进一步研究表明,良率 Y、缺陷水平 DL 和缺陷覆盖率 DC 之间,具有如式(1-5)所描述的关系:

$$DL = 1 - Y^{(1-DC)}$$ (1-5)

但是,物理缺陷的行为很难用简单的模型完全刻画出来,对缺陷行为的建模,称为故障模型(fault model),将在 1.2.1 节进行介绍。在某个特定的故障模型下,可以评估测试的故障覆盖率(Fault Coverage,FC)。由于故障覆盖率仅代表其所刻画的缺陷的缺陷覆盖率,即使一个有着 100% 故障覆盖率的测试,它仍然可能无法检测被考虑的故障模型无法刻画的缺陷行为。当假定故障覆盖率接近于缺陷覆盖率时,可以用式(1-5)所示的关系,来针对给定的制造良率和缺陷水平要求,确定所需要的故障覆盖率。比如,对于商业 VLSI 芯片,针对最基本的单固定型故障(将在 1.2.1 节进行介绍)模型,测试的故障覆盖率需要达到 98% 以上;对于汽车电子等可靠性要求高的应用领域,单固定型故障的覆盖率甚至需要达到 99% 以上。

2. 测试的重要性

如前所述,产品质量与测试的充分性密切相关,而质量在很大程度上决定了产品的成本和利润。历史上发生过很多由于芯片测试不充分导致的产品召回事件,一方面给公司造成了很大的经济损失,另一方面,产品质量问题对公司的信誉以及客户忠诚度的影响,不是简单花钱就能挽回的。

2000 年,Intel 公司有一个奔腾 3(Pentium Ⅲ)微处理器芯片的召回行动,给公司造成的损失超过 10 亿美元。原因是在 AMD 公司 Athlon 芯片的强烈竞争压力下,英特尔匆忙推出当时主频最快(1.13GHz)的奔腾 3 芯片,而这款芯片没有被充分测试即投向市场,其中一个设计错误没有被检测到,导致计算机运行过程中的无故宕机。

2008 年,由于笔记本计算机黑屏问题,几乎所有的笔记本计算机厂商,如苹果、惠普、联想、宏碁、戴尔、索尼等,都有很多型号的笔记本计算机被召回。厂商的解释是图形显卡公司英伟达(NVIDIA)的一款移动显卡芯片 GeForce 8600M 在笔记本计算机的高温状态下出现了功能故障。究其原因是英伟达公司没有做好该款芯片的高温状态下的测试,而笔记本计算机的散热不是很好,其中的芯片通常是在高温下工作的。这个事件给英伟达公司带来的损失超过 2 亿美元。

所以,国际上所有的知名芯片企业,如 Intel、三星(Samsung)、高通(Qualcomm)、博通(Broadcom)、华为海思(Hisilicon)等,都充分认识到了芯片测试对于保证产品质量、降低产品成本、提高产品竞争力的关键作用,并在芯片测试技术的相关研究和开发上有相当大的投入。

在 IEEE 有一个专门的学术组织——测试工艺技术委员会(Test Technology Technical Council,TTTC),专门研究和推动电子测试技术的进展。在国际半导体技术发展路线图(International Technology Roadmap for Semiconductors,ITRS)中,将"测试和测试设备"作为一个独立类别,列在"系统驱动和设计"之后,与"工艺器件和结构""射频与模拟混合电路""建模和仿真""集成和封装"等并列,由专门的技术委员会(主要是 TTTC 中的知名专家)制定测试技术的 15 年发展规划和展望,足见测试的重要性。

3. 测试应用的分类

当集成电路制造之后,测试可以在产品的不同阶段(如图 1-1 所示工艺过程测试和生产测试)、不同形态展开,可以具有不同测试目标,统称为测试应用(test application)。产品不同形态上的测试包括晶圆测试(wafer test)、组件测试(component test)、板级测试(board test)、系统测试(system test);根据不同测试目标,又有特征测试(characterization test)、直流参数测试(DC parametric test)、交流参数测试(AC parametric test)、老化测试(burn-in test)、量产测试(manufacturing test)等。上述测试类别之间又有一定的联系,比如工艺过程测试通常在晶圆上开展,晶圆测试时通常会进行芯片的特征测试;生产测试等同于量产测试,在封装后的芯片上开展。

晶圆测试是在晶圆被切割成芯片之前使用探针来检测晶圆上的缺陷的一个步骤,又称为探针测试(probe test)。晶圆上所有独立的电路都通过测试站点(test site)进行测试,测试仪通过微小的探针测试芯片,并将有缺陷的芯片做上标记。如果在晶圆上被标记的缺陷芯片超过一定比例,则晶圆将被报废,不再进一步加工成芯片。

特征测试是在新设计投入量产(大规模生产)之前进行,以验证设计是否正确,是否符合所有规范,通常运行功能测试向量,并进行全面的交流和直流特征测量,确定芯片正常工作的极限参数范围。直流参数测试包括针对短路、开路、最大电流、漏电流、输出驱动电流或阈值水平的测试过程。交流参数测试,涉及时序关系,检查传播延迟、设置时间、保持时间、上升延迟、下降延迟、访问和刷新时间,以及系统时钟的特性等。有时候还需要使用探针来测试芯片的内部节点,甚至使用扫描电子显微镜和电子束测试仪等专用工具。特征测试也可以用于对检测到的缺陷芯片进行参数分析。

量产测试要对所有芯片进行测试筛选,确保通过测试的芯片能够正常工作、满足质量要求;所采用的测试集不必涵盖所有可能的功能,但必须具有高故障覆盖率。由于每一片芯片都经过测试,为了控制测试成本,应尽量缩短测试应用时间,通常不执行故障诊断。

老化测试被广泛用于生产无故障的电子元件,为部件级可靠性筛选提供了一种有效的方法。通过在恒定温度应力、电应力、温度循环应力或热电复合应力下对单个元件进行测试,老化测试可以识别在组件、模块或系统级别上较难察觉的故障。老化测试在变化的温度和罕见的极端条件下进行试验,目的是确保元件在不断变化的条件下按照设定的目标正常工作,同时保持其性能值。集成电路的可靠性随时间的变化可用如图 1-7 所示的著名的浴盆曲线(bathtub curve)来刻画,该曲线由 3 个部分构成:"早期失效期"呈下降趋势的失效率、"偶然失效期"的稳定较低的失效率,以及"损耗失效期"超过设计寿命时逐渐上升的失效率。老化测试通过加速集成电路老化的进程,可以识别出绝大多数容易在产品寿命后期失效的故障元件,从而提高了通过测试的芯片的可靠性。

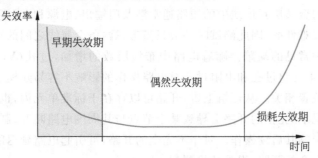

图 1-7 可靠性变化规律的浴盆曲线

组件测试特指芯片作为组件的测试,通常用于芯片的进货检验(也称为验收测试),目的是在将提供的芯片集成到系统(电路板)之前,验证其是否满足相关适用规范以及客户产品规范和要求。这种形式的测试既可以类似于产品测试,也可以更全面,甚至可以使用特定的系统应用程序进行测试。可根据设备质量和系统要求随机抽取样品,关键目标是避免将有缺陷的组件放置在系统中。

板级测试和系统测试,分别指在 PCB 电路板和系统中进行的测试。测试领域有一个流传数十年的 10 倍代价规则,其含义为:如果芯片测试没有检测到一个故障,那么在 PCB 级查找同一个故障的成本是芯片级的 10 倍;类似地,如果 PCB 测试没有捕捉到一个电路板故障,那么在系统级查找同一个故障的成本是电路板级的 10 倍。由于当代芯片、电路板和系统的极端复杂性,这种代价差距可能超过 20 倍甚至更高。这从另一个方面说明了芯片测试的重要性。

1.2 测试技术基础

从 1961 年德州仪器为美国空军研发出第一个基于集成电路的计算机开始,集成电路测试技术就随之不断地发展起来,为集成电路产品的质量和成本控制提供技术保障。本节将概述数字电路测试的主要技术,为读者建立该领域的初步和全局的认识。详细的技术内容将在本书后面各章中具体介绍。

1.2.1 故障模型

由于芯片在制造过程中要经历多次物理和化学变化,不可避免地会引入一些制造缺陷,比如灰尘颗粒的存在会导致某一节点与电源相连接,金属互连线宽度和厚度不符合标准会导致时序出现问题。常见的缺陷类型有短路、开路以及参数波动引起的缺陷。

　　短路是缺陷的主要来源。某些短路是由于粒子污染造成的,某些则是由化学/机械抛光划痕或凹陷及光学效应等造成的。短路的电气行为由物理特性(材料、厚度、长度、温度)和位置决定。例如,在同一位置,高电阻桥接缺陷的行为不同于低电阻桥接缺陷;扩散层的短路通常只涉及单个晶体管;多晶硅层或金属层中的短路会影响一个或多个标准单元的内部结构。较高级别的金属层互连线中的短路通常涉及门输出、电源和/或接地。涉及多条金属线的短路通常是灾难性的,因此测试时一般只需考虑两条金属线之间的短路。

　　开路也是一种常见的缺陷。随着电路中布线层数的增加,过孔(Via)的数量也随之增加。过孔的缺失、不完整过孔和电阻过孔对电路操作的影响不容易建模。与短路一样,开路的具体行为与其位置相关。从逻辑上讲,开路可以存在于标准单元内,也可以存在于标准单元之间。许多情况下,完全的开路会导致某个节点与其周围电路断开,制造过程中存储在该节点上的电荷会影响其后续操作。对于不完全的开路,可引起电路延迟的增加。实际上,许多开路缺陷是不完全的开路,很难被检测到。

　　缺陷行为并不总是由单个孤立的缺陷(如短路或开路)引起。工艺参数在较大范围内的波动可能导致电路的故障,或增加对噪声的敏感性(例如温度效应、串扰等)。参数变化始于物理变化(例如,晶体管栅极长度的变化),并通过电气变化(例如,晶体管延迟增加或漏电增加)影响电路。除栅极长度外,其他相关参数还包括掺杂浓度(器件迁移率、电容),金属厚度(电阻、电容),氧化物厚度(影响漏电、性能)。有些参数波动是预期的,在设计时必须考虑参数波动的统计模型并留出设计余量去适应它们;但在某些情况下,参数波动超过了设计能够容忍的范围或余量,就变成了缺陷。

　　设计方法本身对缺陷形成的影响也不容忽视。例如,布线工具所做的决策决定了哪些连线容易发生短路,哪些不会短路;先进制造技术中出现的低功耗设计中,越来越多地使用可变的电压,不同电压域之间有可能引起新的缺陷行为。又如,对于桥接故障,通常假设当所涉及的节点具有相同的逻辑值时,不会激活它们之间的桥接故障。然而,通过同时使用高阈值电压的晶体管和低阈值电压的晶体管,即使满足上述假设,也可能激活其间的桥接故障,导致错误值传播。

　　综上可见,物理缺陷发生的原因有很多,缺陷行为也很复杂,很难直接针对这些具体的物理缺陷生成测试向量。为了方便检测有缺陷的芯片,通常用一组有限的故障模型来逼近无限的缺陷空间,故障模型中抽象后的故障效应能体现物理缺陷对电路的影响,故障效应可以简单到用恒定值替换电路节点函数,或复杂到需要 SPICE 仿真来评估。显然,没有一个模型足以覆盖所有可能发生的缺陷的行为,因此,研究人员先后抽象出了很多故障模型。

　　有了故障模型,就可以确定全体故障的集合,对电路注入故障并模拟故障电路的行为,针对故障电路生成测试向量,并使用检测到的故障数量、未检测到的故障等,来评估测试的质量水平;甚至还可以对故障电路进行诊断,从而对故障电路中的缺陷进行定位。

　　根据抽象模型的层次,物理缺陷可以抽象成开关级故障模型、门级故障模型和行为级故障模型。开关级故障模型更贴近于实际的物理缺陷,对物理缺陷的覆盖率最高,但是向量生成的复杂度很高;行为级故障模型具有很高的抽象层次,但它很难直接映射到物理缺陷,难以评估对缺陷的覆盖率。门级故障模型是开关级和行为级故障模型的折中,既考虑了复杂度,也考虑了对物理缺陷的覆盖率,因此门级是目前应用比较广泛的一种建模的抽象层次。

根据建模的对象是电路的功能还是结构,又可以分为功能故障模型和结构故障模型。与电路的结构模型一起定义的故障称为结构故障,通常假定它们会修改电路组件之间的互连线的状态(换句话说,组件无故障,只有互连线受到影响)。而功能故障与电路功能模型一起定义,其影响可能是改变真值表或抑制寄存器传输级操作。

根据故障持续的时间特性,其可以分为间歇性(或瞬时)故障和永久性故障。本书中如果没有特别说明,一般考虑的都是永久性故障。瞬态故障(例如,由离子和电磁辐射引起的临时状态改变)通常通过在线测试方法进行处理。

此外,电路中可能存在单个和多个故障。但单一故障假设是绝大多数现有测试生成方法使用的最普遍的规则,即假定系统中最多有一个故障,这样能够降低测试生成算法的复杂度。这一假定背后的基本原理是,在大多数实际情况下,多故障(如果存在)可以通过对多故障所包含的单个故障进行测试来检测出来。

下面介绍数字逻辑电路中常用的几种故障模型。存储器的故障模型将在第7章讲述存储器测试技术时进行介绍。

1. 固定型故障

固定型故障(Stuck-at Fault,SAF)模型是最早出现的、也是最常用的一种故障模型,它假设电路中的每个连线可以有两种类型的故障:固定为1故障和固定为0故障。如图1-8所示,具有固定为1故障的节点一直处在逻辑1状态,跟驱动它的门的值无关,等同于存在缺陷的信号线跟电源短路;具有固定为0故障的节点则一直处于逻辑0状态,等同于存在缺陷的信号线接地。

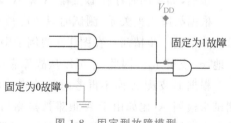

图 1-8　固定型故障模型

固定型故障模型可以覆盖大部分在制造中出现的物理缺陷,许多实验证据表明,检测单固定型故障(Single Stuck-at Fault,SSF)的测试可以检测出许多其他缺陷引起的故障。门级 SSF 的数量是电路中连线数量的两倍,这种随电路规模线性增长的特性有利于控制故障的数量。

图1-9针对一个简单的或门构成的电路,给出了电路的真值表,并给出了电路中每个具有单固定型故障的故障电路在所有可能输入下的电路输出,这种故障电路的真值表又称为故障字典。a_0/a_1 表示节点 a 的固定为 0/1 故障。图中标记出了故障电路的输出与正常电路输出不一致的情形,该情形下对应的电路输入即为相应故障的一个测试。比如,a_0 仅被一个测试向量(xy=10)所检测;c_0 则可以被 3 个测试向量(xy=01,10,11)检测到;a_1、b_1 和 c_1 均被同一个测试向量(xy=00)检测到,而且可以看出,这 3 个故障电路在任意输入下的行为完全一致。

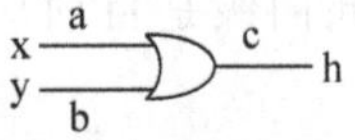

x	y	h	a_0	b_0	c_0	a_1	b_1	c_1
0	0	0	0	0	0	1	1	1
0	1	1	1	0	0	1	1	1
1	0	1	0	1	0	1	1	1
1	1	1	0	0	0	1	1	1

(a) 或门   (b) 或门的真值表及故障字典

图 1-9　一个简单电路的真值表及单固定型故障的故障字典

定义 1-1：等价故障（equivalent faults）。假定一个测试 t 能检测故障 A，则 t 也一定检测故障 B，反之亦然，那么 A 和 B 的故障行为是等价的，称之为：A 和 B 是等价故障。

显然，在图 1-9 中，a_1、b_1 和 c_1 为等价故障，构成一个等价故障集$\{a_1,b_1,c_1\}$。对于等价故障集中的故障，能够检测它们的测试完全一致，只需要选取其中的一个故障来进行测试就能保证整个集合中的故障都能够被检测到。依据故障等价关系可以进行故障精简（fault collapsing），典型情况下，可将故障总数减少 50%～60%。因此，故障等价关系是测试生成（和故障模拟）中用于减少需要处理的故障数的一个关键因素。

故障之间除了等价关系，还有一种称为故障支配的关系，也可以用于故障精简。

定义 1-2：故障支配（fault dominance）。如果某个故障 A 的所有测试都能检测到另一个故障 B，则称故障 B 支配故障 A，或者故障 A 是被故障 B 支配的故障。换句话说，如果 B 支配 A，则检测 A 的任何测试 t 也将在相同的输出上检测 B。

显然，如果同时存在 B 支配 A 和 A 支配 B 的关系，则 A 和 B 是等价故障。

根据故障支配关系，测试时只考虑被支配的故障就行了，比如上面的故障 A，这样可以对故障集进一步精简。在图 1-9 的例子中，检测 a_0 的测试均能检测 c_0，因此 c_0 支配 a_0；类似地，c_0 支配 b_0。因此 c_0 可以从故障表中删除不予以考虑。

根据 B 支配 A 而不再考虑 B 的测试可以获得效率的提升，但是如果没有能够生成一个测试来检测 A（比如由于 A 很难被检测到而放弃了测试生成），就不能保证 B 被覆盖，因为没有直接针对 B 来进行测试。这将有可能导致故障覆盖率损失。

尽管新的故障模型逐渐被提出来，而且仅仅高的 SSF 覆盖率已不足以保证纳米级电路的高测试质量，但 SSF 故障模型仍然会在很长一段时间占主导地位，成为几乎所有芯片设计的测试方案的基础要求。由于 SSF 模型的简洁性，本书后面的内容在阐述各种测试技术（如故障模拟、测试生成等）的基本原理时，也主要针对 SSF 展开。

2. 桥接故障

桥接故障（Bridge Fault，BF）是 CMOS 电路中最常见的缺陷类型——金属线之间短路的模型。前文提到多条金属线的短路通常是灾难性的，很容易被观察到，因此桥接故障只考虑一对金属线之间的桥接，如图 1-10(a)所示。具有 n 条信号线（或节点）的电路中，桥接故障的数量约为 n^2。对于大型电路，在实际测试生成过程中只能考虑桥接故障集的一个子集。为了限制目标桥接故障的数量，根据布局信息选择一组最有可能发生的桥接故障。比如考虑到如果两条金属线彼此较近，发生物理缺陷时更有可能导致这两条线短路。根据桥接故障在发生短路的一组信号线的终端产生的故障值,桥接故障可分为下面几类:线AND、线 OR、支配、支配-AND、支配-OR 等,其故障原理如图 1-10(b)～(i)所示。例如,线AND 型桥接故障将两条信号线源端的逻辑值进行 AND 操作后送到这两条线的终端;A 支配 B 型的桥接故障将 A 线源端的逻辑值送到 B 线的终端(A 线终端的逻辑值不变);A 支配-OR B 型的桥接故障将两条信号线源端的逻辑值进行 OR 操作后的逻辑值送到 B 线的终端(A 线终端的逻辑值不变)。显然,为了测试桥接故障,至少需要让桥接的一组信号线取不同的逻辑值。

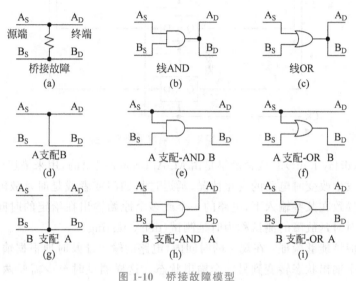

图 1-10　桥接故障模型

　　如果短路发生在同一个门的两个或多个输入端,这种故障称为输入桥接故障。其他类别的桥接属于非输入桥接故障。复杂的桥接故障还可能在电路中产生反馈,从而将组合电路转换为时序电路。这种反馈改变了电路的行为,也可能引起电路振荡。

　　3. 时延故障

　　电信号在电路的每个门和每根连线上传播时都有信号延迟,数字电路系统通常通过时钟对电路中的信号传播进行同步,构成同步时序电路。同步时序电路由组合逻辑和存储电路状态的一组触发器构成,其概念模型如图 1-11 所示。同步时序电路中,信号传播通路的输入端是电路的输入引脚或者触发器的输出端,其输出端是电路的输出引脚或者触发器的输入端。信号传播通路的时延即信号从输入端传播到输出端的延迟。为了保证数字电路正常工作,不仅需要验证其逻辑功能是否正确,同时还要求它在任意给定输入的情况下能在规定的时钟周期内输出正确的响应;换句话说,所有信号传播通路(后文简称通路)的时延不能超过电路的时钟周期。芯片内部时钟频率的不断升级是有目共睹的。对于高速电路,微小的制造缺陷、工艺偏差、电源噪声、串扰效应、温度变化等,都可能引入时延缺陷,造成通路时延增加,导致电路无法在预期的工作频率下正常工作。

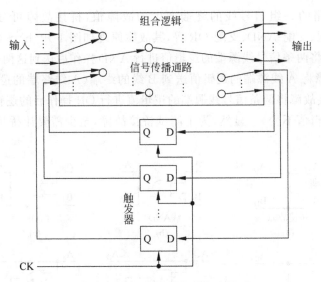

图 1-11 同步时序电路的概念模型

时延故障(delay fault)的概念最早是由 M. A. Breuer 提出的,用来描述当正常的传输延迟或惯性延迟发生改变时电路的变化情况,延迟过长的门或者线是时延故障的根源。时延故障的存在将导致在某些输入下,电路的一个或多个原始输出在给定的时间限制内得不到正确的响应。对时延故障的测试称为时延测试(delay testing)。

时延测试应该能够验证:在规定的时间内,电路的输出能及时地根据输入值做出响应,也就是能从一个输出状态转变到另一个输出状态。这样测试时至少需要两个输入向量,前一个向量将电路的输出稳定在一个状态,而后一个向量在输入处产生一定的跳变以改变电路的输出状态。这一点有别于基于固定型故障模型的测试。时延故障的测试向量一般采用双向量模式< V1,V2>,其中 V1 为初始化向量,用来初始化电路中各点的状态;V2 则用来产生需要的跳变以激发相应的时延故障。时延测试在测试应用时,根据测试时钟周期(接近或与系统时钟周期相同)限定统一的测试采样时刻,对任一测试,只要在这一时刻输出端预期的跳变还未来到,就认为被测电路存在时延故障。

时延测试一般基于两种时延故障模型:跳变时延故障(Transition Delay Fault,TDF)模型和通路时延故障(Path Delay Fault,PDF)模型。其他时延故障模型往往是这两种模型的扩展。

TDF 模型描述由电路中单独某个节点(连线)的延迟过大引起的电路在时间特性上的不正确表现。针对 TDF 的测试称为跳变时延测试。由于电路传播上升跳变的时延与传播下降跳变的时延不一样,故电路中每个节点上有 2 个 TDF,分别是上升跳变故障和下降跳变故障。TDF 模型下的单故障数量,和 SSF 的数量一样,均为电路节点数的 2 倍。例如图 1-12 中,标记了节点 a、节点 g 和节点 z 上的下降跳变故障,即 a/g/z 上的信号在发生从 1 到 0 的翻转时延迟过大,分别记为 ↓a、↓g、↓z。特别地,可以将上升跳变故障(下降跳变故障)与固定为 0 故障(固定为 1 故障)相对应,后者是前者的延迟量(又称为时延故障的尺寸)

无穷大情况下的特例。在 TDF 模型下定义的时延故障的尺寸,被假定为足够大到使得所有经过故障点的通路的传输时延都超过了给定的时钟周期限制,这样只需要测试任何一条通过故障点的通路的延迟,就能检测到故障点的 TDF。这种假定并不合理,会导致针对特定TDF 的跳变时延测试并不一定能检测该 TDF。

例如图 1-12(a)中,acb＝<10x,00x>时,a 上产生一个下降跳变,c 在 V1 和 V2 下均为逻辑 0 值,c 作为扇出源将其两拍的 0 值传播给它的扇出分支 d 和 e,再经过反相器/与门在f/h 上得到两拍的逻辑 1/0 值,使得 a 上的下降跳变可以通过与门传播到 g,再通过或门在输出 z 上得到下降跳变。因此,acb＝<10x,00x>是跳变时延故障 ↓g 的一个跳变时延测试,如果 g 上的额外时延使得通路 a—g—z 的延迟超过测试时钟周期,则该测试可以检测到↓g。但是,如果 g 上的额外时延并不足以使通路 a—g—z 的延迟超过测试时钟周期,那么测试 acb＝<10x,00x>并不能够检测 ↓g;这时候 g 上的额外时延仍可能使另一条较长的通路 c—d—f—g—z 的延迟超过测试时钟周期,使之在图 1-12(b)的输入条件 acb＝< 100,110 >下通过 g 传播下降跳变时引起电路功能失效。

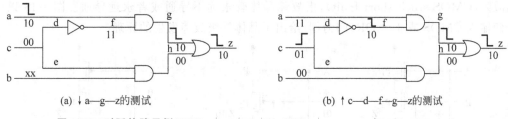

(a) ↓a—g—z的测试　　　　　　　　　(b) ↑c—d—f—g—z的测试

图 1-12　时延故障示例(TDF: ↓a、↓g、↓z; PDF: ↓a—g—z、↑c—d—f—g—z)

因此,TDF 模型具有一个显而易见的缺点:针对 TDF 的时延测试适用于检测局部的尺寸非常大的时延缺陷,当时延缺陷的尺寸较小时,往往能够逃脱 TDF 测试的检测。而在纳米工艺下,各种因素引起的小时延缺陷更为普遍,电路时间特性的失效行为往往是由分布在通路上的许多小时延缺陷累积起来产生的。

PDF 模型直接针对通路来收集故障,因此有利于检测由通路上分布的小时延缺陷导致的电路性能降级。针对 PDF 的测试称为通路时延测试。电路中的每条信号传播通路上,有两个 PDF,分别对应于通路的输入端发生的信号翻转是上升跳变还是下降跳变。例如图 1-12(a)中,给出了通路 a—g—z 在输入端发生下降跳变的通路时延故障的例子,记为↓a—g—z;图 1-12(b)中,给出了通路 c—d—f—g—z 在输入端发生上升跳变的通路时延故障的例子,记为↑c—d—f—g—z。这两个 PDF 的通路时延测试也在图 1-12(a)、(b)中分别展示了。

使用 PDF 模型所面临的一个最严重的问题是:电路的总通路数将随着电路的大小呈指数级增长,试图测试电路中的每一条通路是不现实的。这意味着必须选择所有通路的一个子集合来进行通路时延测试。比如,选择一组通路进行测试,这组通路包含了经过电路中每个 TDF 故障的最长通路。

业界常用的时延测试方法是基于 TDF 模型进行测试,达到尽可能高的 TDF 覆盖率;

然后使用静态时序分析技术识别电路中的关键通路(指决定电路最大时延的通路),增加部分关键通路上 PDF 的通路时延测试。然而,受到工艺偏差和设计优化的影响,电路中关键通路的比例将非常大;并且通路在不同输入下的时延也会不一样,静态的分析方法找到的通路未必是最关键的通路;通路之间的相关性也使每条通路的选择并非独立的问题。因此,目前业界对时延测试的简单应用,离完备的时延测试还有很大距离,会有很大比例的小时延缺陷逃脱检测。

4. 晶体管级故障

前述故障模型,固定型故障、桥接故障和时延故障,均是在门级对电路建模,将故障建模在逻辑门单元的输入/输出连线上。当然,固定型故障也比较方便在更高的抽象层次对电路信号建模。随着集成电路工艺的进化,仅仅考虑对故障的门级抽象,特别是仅仅获得单固定型故障的高覆盖率,已经无法获得高质量、低缺陷水平的芯片产品了。需要在更低的层次对缺陷建模,并生成有效的测试向量。

晶体管级的典型故障模型包括 CMOS 常开故障(CMOS stuck-open fault)和 CMOS 常闭故障(CMOS stuck-short fault),指故障晶体管永远不导通或者永远导通。图 1-13 以一个两输入 CMOS 或非(NOR)门为例,给出了晶体管级故障发生的原理。

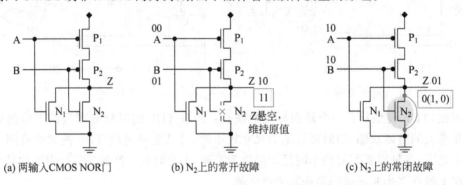

(a) 两输入CMOS NOR门　　(b) N₂上的常开故障　　(c) N₂上的常闭故障

图 1-13　CMOS 常开故障和 CMOS 常闭故障模型

如图 1-13(b)所示,连接到输入 B 的 NMOS 管 N_2 发生常开故障而永远不导通,假定输入 A 和 B 的前一个状态是 00,则输出 Z 的前一个状态是 1;B 的当前状态变为 1 而 A 保持不变时,正常情况下,P_2 不导通而 N_2 导通,Z 的状态变为 0;由于 N_2 发生常开故障,导致 Z 悬空,因此 Z 将维持原来的状态 1。可见,N_2 上的常开故障可以用{00,01}这样一对测试向量激励,并通过观察 Z 的第 2 个状态检测出来。

如图 1-13(c)所示,连接到输入 B 的 NMOS 管 N_2 发生常闭故障即永远导通,假定输入 A 和 B 的前一个状态是 11,则输出 Z 的前一个状态是 0;A 和 B 的当前状态变为 00 时,正常情况下,P_1 和 P_2 导通而 N_1 和 N_2 不导通,Z 的状态变为 1;由于 N_2 发生常闭故障而导通,导致从电源到地之间存在一条导通路径 $P_1 P_2 N_2$,使静态电流显著增加,这时 Z 的状态由其上部连接到电源和下部连接到地之间的电阻的比值决定。由于输出端电压值的不确定,CMOS 常闭故障尽管已被激励,但是不能保证在输出上被观察到,通常采用静态电流

（I_{DDQ}）测试可以检测出来。

I_{DDQ}测试是CMOS电路测试的一种特殊方法，它通过测量电路静止状态（当电路未发生信号翻转，输入保持在静态值时）的电源电流（IDD）来发现晶体管缺陷。I_{DDQ}测试采用的原理是，在正确运行的静止CMOS数字电路中，除了少量泄漏外，电源与接地之间没有静态电流路径。许多常见的制造缺陷都会导致静态电流按数量级增加，很容易通过测量电源电流来检测到。I_{DDQ}测试的优点是，通过一次电流测量可以检查出芯片是否存在许多可能的缺陷，而且可能会捕捉到传统的固定型故障测试中未发现的故障。I_{DDQ}测试需要特定的测试向量，比如为了检测图1-13（c）的N_2常闭故障，需要将A和B设为00，再测量电源电流。但是，I_{DDQ}测试也有一些缺点：与其他测试方法相比，I_{DDQ}测试成本更高，且非常耗时，因为电流测量与在大规模生产中读取数字引脚的值相比要花费更多的时间。此外，随着集成电路工艺的细化，电路的漏电流变得更高，更不可预测，这使得很难区分缺陷导致的漏电流和正常的漏电流，而且电路规模的增大意味着单个缺陷的漏电效应更容易被掩盖，也就很难检测出来。

使用晶体管级故障模型，需要在晶体管级产生测试向量。由于晶体管级的元件数量远远超过门级电路，且结构更加复杂，故在晶体管级产生测试的效率很低，对于超过百万规模的晶体管级的设计就已经力不从心，从而阻碍了晶体管级故障模型和测试生成技术的工业应用。

5. 单元感知故障

前文在介绍逻辑门级的故障模型时，为简便起见，使用的示例是以基本的逻辑单元，如与门、或门、非门组成的逻辑网表，并将故障位置定位在逻辑门之间的连线上。对于完成了工艺映射的工业级电路，其逻辑网表是由工艺库中的标准单元组成的有向图，标准单元内部有复杂的晶体管连接结构，而在逻辑网表上进行故障收集时，考虑的是标准单元的输入/输出引脚上的故障。根据固定型故障的故障等价原理，如果一个标准单元的输出引脚通过一根连线唯一连接到另一个标准单元的输入引脚，该连线上的故障与其连接的这两个标准单元的I/O引脚上的故障等价。

大量工业实践表明，许多逃避测试的缺陷实际上是工艺库的标准单元内部的缺陷，在纳米级先进工艺下这种现象尤为突出。当使用门级的故障模型和测试生成方法时，这些单元的许多内部缺陷仍然没有被发现。而前面已经提到，晶体管级故障的测试生成在应用于数百万个晶体管设计时很快变得无能为力。因此，仅仅测试标准单元I/O Pin上的故障是不够的。

Mentor Graphics公司研究人员与AMD等合作，经过多年探索，提出了一种新的单元感知故障（Cell-Aware Fault，CAF）模型及单元感知测试（Cell-Aware Test，CAT）方法。CAT方法由两个主要部分组成。第一部分是与工艺相关的CAT视图生成流程，这是一个一次性的任务，每个工艺库执行一次。该流程从工艺库的每个库单元的晶体管布局中抽取可能的缺陷（图1-14给了一个3选1的MUX库单元的示例），然后针对所有可能的缺陷进行单故障注入，执行SPICE模拟，找到能够检测特定缺陷的单元输入向量，创建CAT库模型。第二部分是使用新的CAT测试生成方法代替传统的测试生成方法。CAT测试生成方法是一种基于缺陷的测试向量生成方法,它使用 CAT 库模型来生成能够检测单元内部缺陷的高质量的测试向量,以显著降低通过测试的芯片产品的缺陷水平。CAT 方法已被证实可应用于工业界的大规模设计和基于 FinFET 等新兴器件的先进工艺。

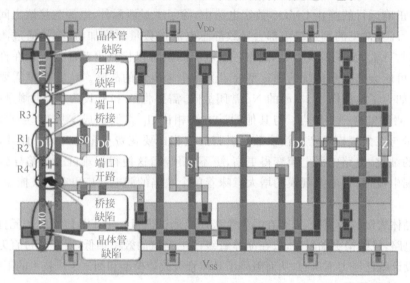

图 1-14   从 3 选 1 的 MUX 库单元的布局中抽取的缺陷视图

1.2.2   测试生成简介

在芯片引脚数量非常有限的情况下要完成对芯片内部可达数以亿计的晶体管的全面测试,测试生成(test generation),即获得测试芯片所需的输入激励的过程,必然是最核心的问题。图 1-15 所示是测试生成的概念模型,一个测试不仅包含测试输入,还包含其应用到无缺陷电路上所期望的正确输出,以便和监测到的有缺陷电路的测试输出进行一对一的比较,只有二者有差异的情况下才能将有缺陷电路识别出来,在图 1-15 的概念模型中表

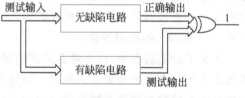

图 1-15   测试生成的概念模型

现为至少需要有一对输出的异或输出结果是逻辑 1 值。

如何快速得到有效而精简的测试集,决定了测试生成方法的优劣。"快速"指生成测试的时间开销尽量小;"有效"指生成的测试的故障覆盖率尽可能高;"精简"指生成测试的数量尽可能少,以节省测试成本。

根据测试面向的对象不同,可以把测试分为功能测试和结构测试两大类。

功能测试针对电路实现的功能进行测试,在设计验证领域经常使用,试图验证被测电路是否按照其规范运行。测试人员不需要知道被测电路的内部结构。功能测试的优点在于与用户体验高度相关,因为它是在功能模式下执行的,能够避免过度测试。准备功能测试既需要芯片架构设计知识,也需要测试专业知识,而且这个过程不容易自动化。此外,无法方便地评估功能测试对物理缺陷的测试质量,并且评估表明功能测试的故障覆盖率曲线增长缓慢,即使很长时间的功能测试也很难达到较高故障覆盖率,因此在芯片的量产测试中并不适用。

相比之下,结构测试在 VLSI 数字电路的量产测试中占主导地位。结构测试以通过充分验证后声明的无缺陷设计为参考模型,其主要目标是识别偏离无缺陷设计的电路。也就是说,在假定设计正确的情况下,结构测试只考虑制造过程中引进的缺陷,面向电路的结构(门的类型、连线、网表等),基于对缺陷建模的故障模型来生成测试,这比基于规范的功能测试的目标要明确得多。在给定的故障模型下,结构测试可以开发各种自动测试生成算法,自动化地对电路生成测试向量,能够通过故障覆盖率有效地评估测试质量,并且有助于进行故障诊断。

最简单的自动测试向量生成(Automatic Test Pattern Generation,ATPG)方法是穷举测试(exhaustive testing)。对于一个有 n 个输入的组合逻辑电路,穷举测试将产生所有 2^n 个可能的输入向量作为测试向量。由于测试向量数呈指数级增长,故穷举测试只在输入个数比较少(例如少于 20)的情况下适用。对于时序电路来说,电路内部状态的数量远远超过 30,穷举测试的测试应用时间已经超过可接受的范围,因此不再适用。

随机测试(random test)是另外一种简单快速的测试生成方法,一般来说在测试的初期施加随机测试即可很快检测到一定比例的故障(比如 70% 的 SSF),但是在测试的后期当剩下的故障都是具有低检测概率的故障——抗随机检测故障(random-resistant fault)时,使用随机测试就很难再有故障覆盖率的提升了。实际上在实现随机测试生成时得到的是伪随机向量(pseudorandom vectors),伪随机向量是由确定的算法或电路结构(如线性反馈移位寄存器)生成的确定的向量序列,只是具有统计意义上的随机性,即 0 和 1 的随机分布。伪随机测试生成适用于逻辑电路的自测试或在线测试,将在第 5 章进一步介绍。

对于具有低检测概率的故障,需要面向故障的确定性测试生成(Deterministic Test Generation,DTG)算法。也只有 DTG,才能兼顾"快速"生成"有效"和"精简"的测试集的三重目标。DTG 一般基于特定的故障模型,面向特定故障实现激励故障效应和传播故障效应两个基本的目标。图 1-16 以 SSF 为例,阐述了如何激励故障效应和传播故障效应。

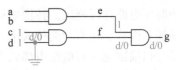

图 1-16　d 固定为 0 故障的故障效应激励和传播

图 1-16 中的电路有 4 个输入 a、b、c、d 和 1 个输出 g,假定 d 上有固定为 0 故障,记为 d/0。激励故障效应是指令故障点的状态与正常电路的状态不一致,显然,使输入 d=1,可以激励d 上的固定为 0 故障效应。传播故障效应,是指将故障效应传播到电路的一个输出上,使得故障电路的输出和正常电路不一样,从而发现故障的存在。在图 1-16 中,传播故障效应到输出,只有唯一的一条路径 d—f—g,当这条路径上的两个与门的其他输入为 1 时,故障效应可以向后传播,即要求 c=1,e=1。如果进一步由 e=1 可以推断出 a=b=1,则对 d 固定

为 0 故障的测试生成就完成了,得到测试向量 abcd=1111。

测试生成过程会经常调用故障模拟算法。故障模拟实现的功能类似于逻辑模拟,可以看作故障电路(对逻辑电路注入故障之后的电路)的逻辑模拟,它是在一定的故障模型下仿真缺陷的行为,确定故障电路的输出。故障模拟能够帮助测试生成来确定当前生成的测试同时能够检测到的其他故障(比如图 1-16 中,测试向量 1111 还能检测到单固定型故障 a/0、b/0、c/0、e/0、f/0、g/0)和故障覆盖率,或者优化测试向量集达到精简的目的。因此,故障模拟算法的效率也对测试生成的效率有很大影响。

本书将在第 2 章讨论故障模拟技术,在第 3 章讨论测试生成技术。

1.2.3 可测试性设计简介

可测试性设计(Design For Test,DFT)将测试和设计紧密结合,在设计的过程中加入辅助后期测试所需要的电路,以达到提高故障覆盖率、降低测试成本的目的。目前业界成熟应用的 DFT 技术包括专用(ad hoc)DFT 技术和通用 DFT 技术,后者包含扫描设计、边界扫描、内建自测试(Build-In Self-Test,BIST)、测试压缩等。专用 DFT 技术解决的主要是局部的可测试性问题;通用 DFT 技术则尝试使用结构化设计方法学来提高整个电路的可测试性。

专用 DFT 技术通常包括从实践中总结得到的一些好的设计规则,这些设计规则可以对电路的局部做出调整以增强电路的可测试性,比如:可测试性设计规则的检查和修复、测试点的插入,可以提高电路内部节点的可控制性和可观察性等。

最早和最广泛使用的通用 DFT 技术是扫描设计技术,其概念模型如图 1-17 所示。该方法将逻辑电路中的触发器(或锁存器)转换为扫描单元,并将所有扫描单元串接成若干移位寄存器,称之为扫描链,扫描链的输入端是扫描输入引脚,其输出端是扫描输出引脚,从而将如图 1-17(a)所示的同步时序电路转换成如图 1-17(b)所示的内部状态可控制和可观察的时序电路进行测试。转换后的电路有三种工作模式:正常功能模式、扫描移位模式和扫描捕获模式。正常功能模式下,扫描设计电路不会影响电路的正常功能;扫描移位模式下,通过扫描链完成对电路内部状态的控制和观察,即通过特定的输入引脚(扫描输入引脚)将测试激励移位至扫描单元中,同时将扫描单元的当前状态(之前得到的测试响应)移位到特

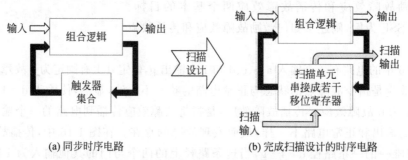

(a) 同步时序电路 　　　　　　　　(b) 完成扫描设计的时序电路

图 1-17 扫描设计的概念模型

定的输出引脚(扫描输出引脚)来观察;扫描捕获模式下,对电路施加准备好的测试激励,并将测试响应捕获到扫描单元中。扫描设计将时序电路的测试生成转换为类似于组合电路的测试生成,降低了测试生成的复杂度,能够有效提高故障覆盖率、减少测试数据量从而缩短测试应用时间。

扫描设计作为数字电路芯片 DFT 的代表性技术,将在第 4 章具体介绍。

边界扫描,是将扫描设计应用于芯片的输入/输出引脚,目的在于支持在印制电路板(Printed Circuit Board,PCB)上对芯片或板上逻辑与连接进行测试、复位和系统调试。图 1-18 所示为边界扫描的概念模型,边界扫描是指对芯片引脚与核心逻辑之间的连接进行扫描(指串行移位进行控制或观察)。这是因为在电路板一级,一般不能对芯片的引脚直接进行控制或观察,所以要方便存取只有通过扫描。边界扫描同时也可以提供对 PCB 上的芯片的内部 DFT 结构的访问能力,通过测试指令对芯片进行测试。

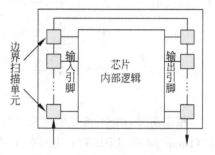

图 1-18　边界扫描的概念模型

边界扫描设计一般遵循 IEEE 1149.1 标准或在 IEEE 1149.1 标准基础上扩展的其他标准。IEEE 1149.1 标准是由一个被称为 JTAG 的工作组制定的,所以通常也称为 JTAG 标准。它是为支持板上芯片或逻辑的测试而定义的一种国际上通用的芯片边界扫描结构及其测试访问端口规范。边界扫描测试逻辑主要包括 TAP(Test Access Port,测试访问端口)控制器、指令寄存器、旁路寄存器以及由边界扫描单元构成的边界扫描链等。

在 IEEE 1149.1 标准的基础上,为了支持更丰富的电路类型及其系统集成,以及为了支持在芯片内部不同 IP 核的系统集成,发展出一系列新的电路接口封装标准,其中目前在 SoC 设计中获得工业界普遍认可的是 IEEE 1687 标准(又称 Internal JTAG,IJTAG)。IJTAG 标准发布于 2014 年,旨在为芯片上的嵌入式器件(IP 核)提供测试机制,通过 1149.1 定义的 TAP 端口(或者其他类型的端口)以及该标准定义的扫描段控制位(Segment-Insertion-Bit,SIB)访问嵌入式器件,无须对嵌入式器件本身进行定义。该标准的重点在于 1687 片上网络的构建,它定义了两种描述语言,包括用于描述该网络的连接情况的器件连接语言(Instrument Connectivity Language,ICL)以及用于描述网络与器件通信的过程描述语言(Procedural Description Language,PDL)。1687 网络可以看为 1149.1 的扩展,可利用 TAP 控制器来管理嵌入式器件的配置、操作和数据收集。JTAG 设计及其扩展的 IJTAG 设计将在本书第 8 章具体介绍。

内建自测试(BIST)是节省芯片测试时间和测试成本的有效手段。BIST 减少了测试对外部测试设备(ATE)的依赖性,也可支持现场测试(in-field test)或在线测试(on-line test),这些特征在减少测试成本的同时,还能帮助提高系统的可靠性和可用性。从某种意义上说,BIST 是把 ATE 做到了电路内部,如图 1-19 所示,它包含一个测试向量生成器(Test Pattern Generator,TPG),用于给被测电路提供测试向量的输入激励,以及一个测试响应分析器(Test Response Analyzer,TRA),用于对被测电路在输入激励下的输出响应(或输出响应的特征值)进行判断以给出测试是否通过的结论。与外部 ATE 不同的是,设计的这个 ATE 专门为这个待测电路而工作,功能单一、固定。例如,它的 TPG 只能提供预先设计好的测试向量序列(如用伪随机序列发生器产生伪随机的测试向量序列)。进行 BIST 设计,需要考虑故障覆盖率、面积开销、性能代价等关键问题。

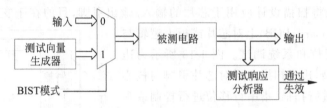

图 1-19　内建自测试的概念模型

根据需要,BIST 测试的对象可以是一个随机逻辑电路,这时 BIST 称为逻辑内建自测试(Logic BIST,LBIST);也可以是存储器,这时 BIST 称为存储器内建自测试(Memory BIST,MBIST),也可以是其他模拟电路。BIST 测试可以基于固定型故障,也可以基于时延故障和其他故障类型。LBIST 将在本书第 5 章具体介绍;MBIST 将在本书第 7 章具体介绍。

测试压缩是用来解决 VLSI 芯片测试存在的测试数据规模大、测试时间长、需求的测试设备通道数量大等问题。合理设计的测试压缩可以减少测试的数据规模与测试时间,节约测试成本。前面已经提到过,一个测试包括测试输入和测试输出两部分,前者是测试激励,后者是测试响应。因此,测试压缩也相应地包括测试激励压缩和测试响应压缩两种技术,其概念模型如图 1-20 所示,压缩后的测试激励数据存储在 ATE 上,由芯片上的测试激励解压缩器进行解压处理后施加到被测芯片的扫描链中,测试响应压缩器则收集测试响应并将压缩后的响应数据送到 ATE 上进行比较。

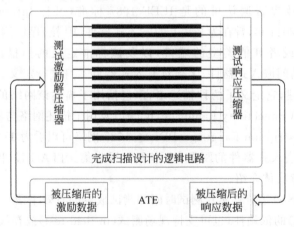

图 1-20　测试压缩的概念模型

测试激励压缩得以进行的原因是测试数据中存在大量的可自由赋值的无关位(X 位),对测试激励的压缩要求不应该降低故障覆盖率。测试响应的压缩一般是将多个输出或多个测试向量的响应一起压缩成一个特征(signature)进行比较,以减少测试比较时间和测试仪上的存储开销。由于正常电路的输出和故障电路的输出在压缩成很小的特征后存在一定的混淆概率,因此对测试响应的压缩是有损的。测试压缩将在本书第6章具体介绍。

目前工业级芯片中,通常有十分之一甚至更多的芯片面积是专门用于测试的,而这些面积在芯片的功能模式下并没有被利用到。从这里可以看出可测试性设计对于保证芯片质量和提高产品竞争力的重要性。具体而言,可测试性设计通常在数字电路芯片的逻辑设计之后、物理设计之前进行,成为衔接数字电路前端和后端设计的必不可少的环节。

1.3　测试技术与EDA

EDA技术将图1-1所示的超大规模集成电路芯片的设计过程进行自动化,从而加速芯片的开发、减少人为错误的引入、降低设计门槛并支持更大规模的设计等。该技术领域是从20世纪60~80年代的计算机辅助设计(Computer-Aided Design,CAD)、计算机辅助制造(Computer Aided Manufacturing,CAM)、计算机辅助测试(Computer Aided Test,CAT)和计算机辅助工程(Computer-Aided Engineering,CAE)等技术领域发展而来的,围绕设计的进程,逐渐形成了包含前端体系结构设计、寄存器传输级设计和逻辑设计,中间环节的可测试性设计,后端的物理设计等多个环节的细分EDA技术。这些细分的EDA技术完成不同层次和不同形式的设计描述之间的自动变换。

作为芯片设计的大型工业软件,EDA工具是芯片产业的支点,每一款芯片的设计都需要EDA工具的支持。图1-21给出了当前EDA工具链上支持的主流设计过程及其相关EDA工具。注意设计的每次转换都需要进行设计验证,为了方便展示主要的设计流程,在图1-21中没有标出设计验证的工具。

芯片的前端设计包括体系结构设计、寄存器传输级设计、逻辑设计以及相关的设计验证,如图1-21的上端部分所示。体系结构设计尚缺少通用的EDA工具支持。前文已经提到,高层综合技术,可自动化地将设计从高层C模拟器(或System C、System Verilog)描述,转换成包含控制流和数据流的RTL描述。由于RTL描述有行为级描述和结构级描述两类,因此也可以对高层综合技术进一步划分:高层的设计描述先自动转成RTL行为级描述,又称为行为综合(behavioral synthesis);再从RTL行为级描述自动转为RTL结构级描述,后者称为寄存器综合(RTL synthesis)。前文提到的狭义的逻辑综合技术,指自动化地将设计从RTL描述转换成逻辑门级描述,除了完成到布尔逻辑的映射外,也包括工艺映射和优化。而广义的逻辑综合技术,泛指前端设计中通过EDA工具完成的所有自动化转换技术,也就是将行为综合和寄存器综合也纳入逻辑综合的范畴。

芯片的后端设计主要指物理设计,包括版图规划、布局布线、时钟树综合、电源网络综合、参数抽取、可制造性设计和物理验证等,为方便起见,将上述后端设计过程的自动化实现统称为物理综合,如图1-21的下端部分所示。

由早期的CAT技术发展而来的可测试性设计,是衔接前端设计和后端设计的中间环

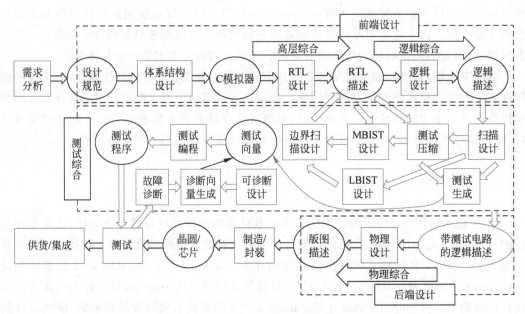

图 1-21 EDA 工具链上支持的主流设计过程及其相关 EDA 工具

节,DFT 将测试电路添加到设计中,DFT 的自动化称为测试综合。图 1-21 的中间部分将测试综合涉及的业界常用的系列 EDA 工具的功能进行了展示,并通过箭头指向,给出了这些工具通常的使用顺序或者依赖关系。

在使用测试综合 EDA 工具进行可测试性设计之前,首先要进行测试方法的选择,比如考虑哪些故障模型,是否要进行时延测试;使用什么样的扫描单元,扫描链的长度和数量各设为多少,需要增加哪些测试引脚;测试时钟如何控制;是否需要层次化的设计;是否需要内建自测试;测试电路在逻辑网表插入还是在寄存器传输级插入;是否需要专门的测试控制逻辑;是否使用边界扫描控制测试的实施等。测试方法的选择,不仅跟设计本身相关,还与可以获取的 EDA 工具、芯片制造厂、未来使用的 ATE 相关。其次,要对设计进行可测试性设计的规则检查,发现设计中对测试不友好的特征,进行可测试性设计的修复。这部分内容也将在本书第 4 章具体介绍。

扫描设计,涉及工艺库中扫描单元的选择,通常是逻辑级可测试性设计的首个任务,完成扫描单元的替换和扫描链的初步链接。测试压缩可在扫描设计的基础上完成,也可以在寄存器传输级进行测试压缩结构设计。完成了扫描设计和测试压缩,就可以对门级网表进行测试生成了。LBIST 设计通常也是在扫描设计的基础上开展。

MBIST 和边界扫描设计,都是既可以在逻辑级开展,也可在寄存器传输级开展的可测试性设计技术。边界扫描设计还可以提供对扫描设计、MBIST、LBIST 等测试模式的控制,因此在所有 DFT 设计完成后需要对边界扫描设计支持的各种测试模式进行验证。

测试生成得到的测试向量,需要经过测试编程,转换成 ATE 可以接受的测试程序,在设计流片之后由 ATE 对芯片施加测试程序。

　　EDA 公司提供通用的测试综合工具支持完成可测试性设计,对于特殊的设计或者特殊的需要,也可定制专门的测试综合工具。比如,为了提升良率,可以针对未通过测试的有缺陷的芯片进行失效分析或故障诊断。为了提升故障诊断的成功率和精度,有时候还需要补充新的测试向量,即采用自动诊断向量生成工具生成用于诊断的测试向量;甚至对于尚不成熟的工艺和复杂的设计,在芯片设计阶段要定制可诊断设计工具,对芯片实施可诊断设计。故障诊断将在本书第 9 章进行介绍。

　　最后必须强调的是,由于对设计进行了改变,针对测试综合的验证也是必需的。设计人员必须验证在测试模式下测试电路能够完成预期的测试,且在功能模式下测试电路不会改变电路的功能。可测试性设计还需要确保最终的测试生成能够达到预期的故障覆盖率。在后端设计时,要根据布局布线来调整扫描链上扫描单元的顺序,以优化时序;后端设计完成后需要对测试向量进行后仿真,确保测试电路在时序上的正确性。

1.4　本章小结

　　我国集成电路产业常被划分为设计、制造、封测 3 大产业。把测试和封装连接在一起称为"封测",主要是因为大家看到芯片测试是在芯片封装之后进行的。但实际上,这种分类对于测试只关注了流片之后的测试应用及 ATE 的重要性,忽略了设计阶段的 DFT 的重要性。

　　产品质量是一个企业的命脉,芯片产品的质量就是靠测试技术来保障的。而对于超大规模集成电路,测试绝对不是等芯片制造出来才考虑的问题,用非常有限的芯片引脚测试内部上亿的晶体管,离不开设计阶段测试综合工具包的大力支持;对于航天、汽车电子等关键应用领域,DFT 的支持甚至扩展到可靠性设计、安全性设计等。然而,我国芯片设计起步较晚,以高性能处理器为代表的高端数字电路芯片产品少,很多小型的设计公司(Design House)并没有意识到 DFT 的重要性。很多设计公司只关注设计得对不对,也就是设计验证,而认为生产工艺线是可靠的,忽视了工艺线上的良率也是用测试技术筛选后的结果,因此会导致故障覆盖率不够,会产生伪良率,导致送到用户手中的芯片产品出现质量问题。

　　本章重点掌握以下要点。

　　(1) 理解数字电路测试的基本概念,认识测试的重要性。

　　(2) 了解数字电路测试的主要技术,这些技术将在后续章节具体介绍。

　　(3) 了解数字电路芯片设计所依赖的 EDA 开发流程及其中的测试 EDA 工具,在后续章节中将提供测试技术的 EDA 工具实例,供读者学习实践。

1.5　习题

　　1.1　简述集成电路芯片设计的开发过程。

　　1.2　说明设计验证和芯片测试技术的区别。

　　1.3　说明缺陷、故障和失效的关系。

1.4　针对基本的逻辑门类型 AND,OR,NAND,NOR,INV(反相器),基于 SSF 模型,分析它们的等价故障集。

1.5　请计算图 1-12 中的 SSF 总数,以及使用故障等价关系进行故障精简后的 SSF 故障总数。

1.6　如果组合电路只由习题 1.4 中提到的 5 种基本逻辑门构成,使用故障等价关系进行故障精简,请证明故障精简后的 SSF 故障总数 N_{SSF} 为:$2 \times (N_{output} + N_{fanout}) + N_{GateInput} - N_{Inv}$,其中 N_{output} 为电路的输出数,N_{fanout} 为电路中的扇出源数,$N_{GateInput}$ 为电路中所有门的输入数之和,N_{Inv} 为电路中反相器的个数。

1.7　请为图 1-12 中的 f 固定为 0 故障找到一个测试。

1.8　请为图 1-12 中的跳变时延故障 ↓e 找到一个测试。

1.9　说明 I_{DDQ} 测试的原理。

1.10　为什么要进行可测试性设计?

1.11　测试综合一般在设计的哪个抽象层次进行?其与前端设计和后端设计的关系如何?

1.12　EDA 工具链上,主要的测试综合工具有哪些?

参 考 文 献

[1]　赖李洋,李华伟.芯片可测性设计的源起、现状、应用及影响[J].中国计算机学会通讯,2019,15(5):55-61.

[2]　ABRAMOVICI M,BREUER M A,FRIEDMAN A D.数字系统测试与可测试设计[M].李华伟,鲁巍,译.北京:机械工业出版社,2006.

[3]　周艳红.基于路径约束求解的半形式化激励生成方法研究[D].北京:中国科学院大学,2016.

[4]　BUSHNELL M L,AGRAWAL V D. Essentials of electronic testing for digital,memory and mixed-signal VLSI circuits[M]. Boston:Kluwer Academic Publishers,2000.

[5]　HAPKE F,REDEMUND W,GLOWATZ A,et al. Cell-aware test[J]. IEEE Transactions on Computer-Aided Design of Integrated Circuits and Systems,2014,33(9):1396-1409.

[6]　RAJSKI J,TYSZER J,KASSAB M,et al. Embedded deterministic test[J]. IEEE Transactions on Computer-Aided Design of Integrated Circuits and Systems,2004,23(5):776-792.

[7]　AITKEN R C. An overview of test synthesis tools[J]. IEEE Design & Test of Computers,1995,12(2):8-15.

第 2 章

故 障 模 拟

在数字集成电路的诸多环节中,如验证、测试、设计、诊断等,模拟都是至关重要的。模拟不仅可以反映出数字集成电路在特定输入下的正常工作状态,也可以得到电路在发生特定故障的情况下可能导致的失效响应,对电路设计周期中的多个环节具有重要的指导意义。模拟可以分为逻辑模拟(logic simulation)和故障模拟(fault simulation),逻辑模拟是计算电路在特定输入下电路内部各个连线的逻辑值及输出响应,故障模拟是计算电路在特定故障下产生的输出响应。本章将首先介绍逻辑模拟和故障模拟的概念,以及它们在测试中的作用,然后介绍逻辑模拟和故障模拟的模型,最后依次介绍逻辑模拟和故障模拟的基本算法及其优化算法。

2.1 简介

模拟可以预测电路的工作行为,在流片之前确定其工作状态。对于数字集成电路而言,在设计阶段,设计人员验证所写代码是否符合功能规范、集成电路是否会按照预期的行为工作、其中是否存在代码错误等,都可以通过逻辑模拟来发现。在测试综合环节中,故障模拟可以帮助工程师了解故障行为,从而判断哪些向量能够测试出电路中是否存在故障,这是自动测试向量生成(ATPG)不可或缺的组成部分。逻辑模拟越快,各个环节的速度也会越快,可以加速开发流程。

2.1.1 逻辑模拟在测试中的作用

随着集成电路尺寸进入纳米级别,单个芯片能够集成的晶体管数目也不断增加,电路设计越来越复杂,集成的模块也越来越多。在对电路中各个模块进行设计时,都需要用到逻辑模拟,才能判断模块设计的正确性。工程师一般使用硬件描述语言 Verilog 或 VHDL 等来描述拟设计的电路,该电路的功能应该与设计规范一致,而如何判断这个一致性,就需要逻辑模拟,它是设计阶段验证正确性的必要工具。一般会将特定的向量输入电路,通过观察电路的逻辑模拟结果,判断所写的电路功能是否与预期一致。

芯片在制造过程中可能会出现缺陷,所以需要进行测试,保证流通到市场上的芯片是没有缺陷的,可以正常工作。换言之,测试需要检查的是待测芯片的行为和所设计的电路行为之间是否有差异,设计的电路行为称为黄金模型,在测试过程中,一个芯片在特定的输入测试向量下会产生预期的输出响应,这些响应可以通过逻辑模拟得到,是判断芯片是否存在缺陷的重要依据,所以逻辑模拟在测试中至关重要。

模拟可以在不同的层级进行,但由于不同层级的复杂度不相同,因此所需要的时间也并不相同。在晶体管级进行模拟,需要提取电路的电阻、电容等电气特性,达到精确模拟电路行为的目标,但这种方式往往速度很慢,在测试中不太常用,但是在电路特性分析过程中常常会使用。测试综合环节一般使用门级逻辑模拟即可,对每一个逻辑门的输入/输出行为进行模拟,最终得到整个集成电路的输出响应。

2.1.2　故障模拟在测试中的作用

是否处理非正常的电路状态是逻辑模拟和故障模拟的主要区别。逻辑模拟反映的是电路完全正确运行时的状态,但是故障模拟则是为了获得当电路中存在某种故障时,在输入向量下会产生什么样的响应,这里的故障一般指由制造过程中不可避免的工艺缺陷导致的问题。

故障模拟对于测试与诊断电路故障至关重要。首先,故障会使得芯片在某些输入下的输出与预期的输出数据不相符,这种输出响应被称为失效响应(failing response),但是并非任何输入下,故障都会产生失效响应。ATPG的目的就是找到特定的输入从而尽可能发现存在缺陷的芯片。因为没办法观察芯片内部的信号是什么样的,因此只能对芯片的输入进行控制,而能够观察的只有芯片的输出。故障模拟做的就是预测每一个故障可能在一个输入下产生什么样的输出,而这里的故障是人们通过经验总结出来的对缺陷进行描述的模型。如果一个输入向量使得当故障发生的时候,电路的输出结果与实际的输出结果并不相同,那么这个输入向量就可以测得这个故障。当然,因为实际情况下,芯片中的缺陷行为可能和故障模型并不完全相符,因此能够测试到所有潜在故障的输入向量集合也并不能保证测试到所有缺陷。故障模拟能够做的就是将所有潜在故障的行为进行有效的仿真。

其次,故障模拟因为可以预测每个故障的故障行为,因此对于故障诊断有非常大的帮助。故障诊断是为了发现一个失效芯片中故障的所在位置。当两个故障在特定输入下的失效响应不同的时候,就可以通过失效芯片的实际响应来判断到底发生了哪个故障。但是,由于实际芯片中的缺陷与故障模型的行为并不完全一致,所以往往没办法找到故障模拟响应和失效芯片响应完全相同的情况,而且,芯片中可能不只存在一个故障,而在故障模拟时,又没办法模拟所有可能的故障组合,所以在这种情况下,如何判断芯片中发生的故障是什么,将在本书后面的章节中进行介绍。

2.2 模拟的基本概念

如图 2-1 所示,模拟所需输入包括输入向量、电路网表和故障列表。其中,逻辑模拟只需要输入向量和电路网表,而故障模拟还需要待模拟的故障,最终产生输出响应。图 2-2 给出了一般同步时钟数字集成电路的时序电路模型。在一开始,触发器处于初始逻辑值,输入的逻辑信号值和触发器的初始值输入给组合逻辑电路,组合逻辑电路计算后,一方面产生输出信号,另一方面输出给触发器,在时钟驱动下,触发器更新其逻辑值。在工业电路中,可能有多个时钟,触发器可能上升沿有效也可能下降沿有效,另外还有锁存器的存在,所以在模拟过程中需要准确分析信号的变化,才能得到正确的模拟结果。然后,在下一个时钟周期,新的输入信号和更新后的触发器逻辑值输入给组合逻辑电路,进而产生新的输出信号,并在时钟驱动下更新触发器逻辑值。组合逻辑由逻辑门构成,逻辑门是实现布尔运算或表达式的电路元件,从标准门,例如与门、或门、非门、与非门、与或门等,到复杂的逻辑门,例如异或门、同或门、多路复用选择器(multiplexer,MUX)等。

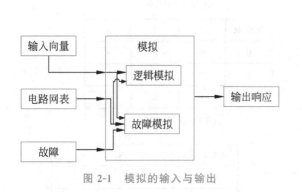

图 2-1 模拟的输入与输出

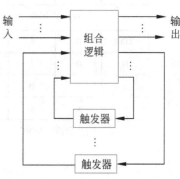

图 2-2 时序电路模型

2.2.1 逻辑符号

数字集成电路的基本逻辑符号由 0 和 1 表示。在电路运行过程中,0 和 1 其实是表示电压的大小,在 CMOS 逻辑中,当一根线的电压高于某个阈值的时候为 1,否则为 0,但如果这根线的电压正好在阈值附近波动的话,那这根线的逻辑值就非常不稳定,这种情况在集成电路设计过程中应尽可能地去避免。

除了 0 和 1 之外,模拟一般还包括两个逻辑符号:x 和 z。x 代表不确定的电路行为,比如逻辑值在阈值附近波动,故障引起的问题,存储器的不确定初始状态等。z 代表高阻抗,主要是针对三态门的情况。

在数字集成电路中一般都包含存储单元,比如触发器,一些存储单元的初始值可以通过 set 或者 reset 信号来设置 1 或 0,也有一些存储单元没有初始值,这时候就可以使用 x 来表示,也就是无法确认到底是 0 还是 1。在加入 x 之后,组合逻辑的计算需要做相应的调整。

图 2-3 给出了常见的几种标准门和复杂门的三值逻辑真值表。以与门 AND 为例,在二值逻辑的情况下,仅在两个输入都是 1 的情况下,与门的输出为 1。在三值逻辑下,由于当与门的输入为 0 时,无论另外一个输入是什么,与门的输出都是 0,因此 0 和 x 进行计算的输出也是 0;而当 1 和 x 进行计算的时候,输出结果是无法确认的,因此依然是 x。

AND	0	1	x
0	0	0	0
1	0	1	x
x	0	x	x

(a) 与门AND

NAND	0	1	x
0	1	1	1
1	1	0	x
x	1	x	x

(b) 与非门NAND

OR	0	1	x
0	0	1	x
1	1	1	1
x	x	1	x

(c) 或门OR

NOR	0	1	x
0	1	0	x
1	0	0	0
x	x	0	x

(d) 或非门NOR

XOR	0	1	x
0	0	1	x
1	1	0	x
x	x	x	x

(e) 异或门XOR

XNOR	0	1	x
0	1	0	x
1	0	1	x
x	x	x	x

(f) 同或门XNOR

值	NOT
0	1
1	0
x	x

(g) 非门NOT

MUX	S		
AB	0	1	x
00	0	0	0
01	0	1	x
0x	0	x	x
10	1	0	x
11	1	1	1
1x	1	x	x
x0	x	0	x
x1	x	1	x
xx	x	x	x

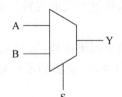

(h) 多路选择器MUX

图 2-3 标准门与复杂门的三值逻辑表达式

这里需要注意的是,x 的非值依然是 x,在三值逻辑下,并没有对这种情况进行区分。而正由于没有区分,可能导致一些并非未知的逻辑值在模拟时被计算成 x。例如,图 2-4 中当输入是 x 时,因为经过非门后的逻辑值依然是 x,因此与门的输出是 x。但实际上,当输入为 0 时,与门上面的输入为 1,而下面的输入为 0,所以输出为 0,而当实际的输入为 1 时,与门上面的输入为 0,而下面的输入为 1,所以输出依然为 0。换言之,无论输入是 0 还是 1,输出的结果都是 0。这种扇出重汇聚的情况,可能导致本来是确定的逻辑值的信号线,在模拟的过程中被当成 x。

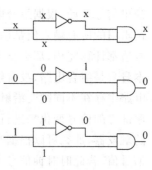

图 2-4 三值逻辑的局限性

然而,对于引入 x 会导致模拟不准确、部分准确的逻辑值丢失的情况,简单地引入第四个逻辑值表示 x 的非值是不够的,因为每一个输入的 x 和另外一个输入的 x 都是不一样的,虽然它们用了同一个符号来表示,但是并不代表相同的逻辑值,因此一个输入的 x 和另外一个输入的非 x 做逻辑计算时,也是无法得到准确的输出结果的。针对此类问题,可以用静态学习(static learning)的方式解决,该技术在自动测试向量生成的过程中也会使用到,它可以发现电路中一些确定的逻辑值。

2.2.2 缺陷与故障模型

在实际生产制造过程中,发生在芯片中的缺陷是未知的,无法提前预知实际发生了什么样的缺陷,为此,人们提出了一些故障模型用于故障模拟和自动测试向量生成,这些故障模型虽然不能覆盖所有的缺陷,但是经验告诉我们,如果测试向量集能够测试到一些典型的故障模型,那么实际芯片中存在的缺陷也能很好地被测试出来。

1.2.1 节介绍了多种故障模型,本章只采用最典型的故障模型——固定型故障(Stuck-at Fault,SAF)。固定型故障指的是单个连线的逻辑值固定为 0 或者固定为 1,即固定为 0 故障(Stuck-at 0,s-a-0)、固定为 1 故障(Stuck-at 1,s-a-1)。s-a-0 描述的缺陷是一根连线与地短路,所以它的逻辑值一直为 0,s-a-1 描述的缺陷是一根连线与电源短路,所以它的逻辑值一直为 1。在实际芯片中,缺陷对于每一个向量而言,其实产生的故障效应只可能是产生故障值 0 或者故障值 1,所以无论什么缺陷,只要它在一个向量下产生了故障效应,那在这个向量下,缺陷的行为肯定是 s-a-0 或者 s-a-1。但是,在不同的向量下,一个缺陷并不一定总是 s-a-0,或者总是 s-a-1,这也是固定型故障的局限。幸运的是,经验告诉我们,如果一个测试向量集能够有效地测试一个电路中所有潜在的固定型故障,那么这个测试向量集也能够在一定程度上测试其他类型的故障。

2.3 逻辑模拟的算法

2.3.1 逻辑模拟的基本算法

基于图 2-2 所示的时序电路模型,每个时钟周期的逻辑模拟都是从电路输入和触发器输出信号开始,根据组合电路计算电路输出并更新触发器存储的值。算法可概括为当一个逻辑门的所有输入值都确定后,即可计算这个逻辑门的输出信号值,当所有逻辑门的输出信号值都计算完毕,那么整个逻辑模拟也就完成了一个输入向量的计算了。进一步,如果电路本身只是组合电路,没有触发器,那么电路的输出就直接随着电路输入的变化而变化;如果电路中存在不同跳变沿触发的触发器、不同电平触发的锁存器等,则需要根据时钟等控制时序部件的信号变化来进行逻辑模拟。例如,若同时存在上升沿有效的触发器和下降沿有效的触发器,那么可以根据当前的输入值和当前的触发器值计算到达各个触发器 D 端的逻辑信号值,若此时时钟信号为 0,那么先更新所有上升沿触发器的逻辑值,然后由于这些触发器的输出值发生了变化,所以需要重新计算在当前的输入值和更新后的触发器值下,到达各个触发器 D 端的逻辑信号值,然后更新下降沿触发器的逻辑值。

如图 2-5 所示,输入 a 和 b 的逻辑值分别为 1 和 0。c 和 d 分别是 a 的两个扇出,因此 c 和 d 的逻辑值都是 1。e 和 f 分别是 b 的两个扇出,因此 e 和 f 的逻辑值都是 0。此时 G1 的输入 d 和 e 的逻辑值都已计算完毕,因此可以计算 G1 输出值为 0。然后 G2 的输入 c 和 g 也计算完毕,因此可以计算 G2 的输出值为 1。最后 G3 的输入 h 和 f 也计算完毕,因此最终的电路输出 i 为 1。

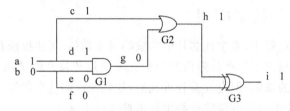

图 2-5　逻辑模拟示例

为了实现上述计算过程,逻辑模拟的基本算法如伪代码 2-1 所示。仍然以图 2-5 为例,Q 保存了所有已经计算了逻辑值的连线,在最开始,Q={a,b}。

- 从 Q 中随机取出一根连线 b,它的扇出集合是{e,f},因为 e 和 f 都没有计算逻辑值且它们的输入只有 b,所以 Q 变为{a,e,f};
- while 进行下一次循环后,若取出的是 e,会发现它连接的逻辑门是 G1,输出是 g,但是 G1 的两个输入中,d 的逻辑值还没有计算,所以 Q 变为{a,f};
- 从 Q 中随机取出 f,同样发现 f 连接的逻辑门 G3 的另外一个输入 h 的逻辑值还没有计算,所以 Q 变为{a};
- 从 Q 中取出 a,它的两个扇出 c 和 d 的逻辑值被计算,Q 变为{c,d};
- 从 Q 中取出 d,它连接的逻辑门是 G1,此时 G1 的两个输入都有逻辑值了,所以它的输出 g 可以计算,Q 变为{c,g};
- 从 Q 中取出 c,它连接的逻辑门是 G2,G2 的两个输入正好是 c 和 g,所以它的输出 h 可以计算,Q 变为{g,h};
- 从 Q 中取出 g,因为 h 已经被计算,所以不做重复计算,Q={h};

- 从 Q 中取出 h,h 连接了 G3,G3 的两个输入 h 和 f 都已计算逻辑值,因此可以计算 G3 的输出 i 的逻辑值,到此为止 Q 为空集,程序结束,所有连线的逻辑值都已计算完毕。

伪代码 2-1   逻辑模拟基本算法
输入:电路网表、一个输入向量
输出:输出响应

算法:
set Q =所有输入连线组成的集合
while(Q 不为空集):
{
  从 Q 中取出一根连线 i;
  set j =输入 i 连接的逻辑门的输出或者扇出集合;
  if(j 还没有计算逻辑值 && j 的所有输入都已经计算逻辑值)
  {
    计算 j 的逻辑值;
    if(j 不是电路输出)
    {
      将 j 放入 Q 中;
    }
  }
}

在实际工业电路中,可能出现组合电路逻辑回环的情况,即一个逻辑门的输出通过一些组合电路连接到了这个逻辑门的输入。对于这种情况,在模拟的时候需要判断该逻辑回环的值是否稳定:若该逻辑门存在输出值 v,基于 v 经过组合电路模拟得到该逻辑门的输出依然为 v,则该逻辑回环的输出即为 v,如果不存在这样的输出值,那么在逻辑模拟中可以设该输出的值为 x。

2.3.2 逻辑模拟的算法优化

模拟的速度是评估模拟算法的重要指标,随着集成电路规模的不断扩大,晶体管数目越来越多,所需要的测试向量数目也越来越多,如何提高模拟速度是关键问题之一。本节将介绍几种常见的优化算法。

1. 逻辑深度计算

对于一个电路而言,需要对大量的向量进行逻辑模拟。对于伪代码 2-1 给出的逻辑模拟基本算法,可以发现,对同一个逻辑门需要不断地判断其输入是否已经计算完毕,这会增加程序运行过程中多余的计算量。换言之,如果能够提前给出一个逻辑门输出逻辑值计算的顺序,那么可以有效降低多余的计算量,从而提高计算的速度。

为了解决这个问题,可以预先对电路的逻辑深度(logic depth)进行计算,逻辑深度的计算过程和伪代码 2-1 非常相似,只不过,逻辑深度不是计算具体的逻辑值,而是判断逻辑门计算的先后顺序。逻辑深度计算只需要进行一次，而后续所有的逻辑模拟都可以基于该逻辑深度进行计算，其基本算法如伪代码 2-2 所示。

伪代码 2-2　逻辑深度计算基本算法
输入：电路网表
输出：各个连线的逻辑深度
算法：
set Q =所有输入连线组成的集合
for (所有输入连线)
{
设置输入连线的逻辑深度为 0；
}
while(Q 不为空集)：
{
从 Q 中取出一根连线 i；
set j =输入 i 连接的逻辑门的输出或者扇出集合；
if(j 还没有计算逻辑深度 && j 的所有输入都已经计算逻辑深度)
{
j 的逻辑深度=max(j 的所有输入的逻辑深度)+1；
if(j 不是电路输出)
{
将 j 放入 Q 中；
}
}
}

以图 2-6 为例：

- 输入 a 和 b 的逻辑深度设为 0；
- 在最开始，Q={a,b}；
- 从 Q 中随机取出一根连线 b，它的扇出集合是{e,f}，因为 e 和 f 都没有计算逻辑深度且它们的输入只有 b，e 和 f 的逻辑深度是 b 的逻辑深度加 1，同时 Q 变为{a,e,f}；
- while 进行下一次循环后，若取出的是 e，会发现它连接的逻辑门是 G1，输出是 g，但是 G1 的两个输入中，d 的逻辑深度还没有计算，所以 Q 变为{a,f}；

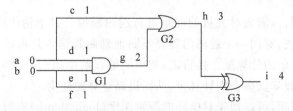

图 2-6　逻辑深度示例

- 从 Q 中随机取出 f,同样发现 f 连接的逻辑门 G3 的另外一个输入 h 的逻辑深度还没有计算,所以 Q 变为{a};
- 从 Q 中取出 a,它的两个扇出 c 和 d 的逻辑深度被计算,Q 变为{c,d};
- 从 Q 中取出 d,它连接的逻辑门是 G1,此时 G1 的两个输入都有逻辑深度了,所以它的输出 g 可以计算逻辑深度,即 d 和 e 中较大的逻辑深度加 1,同时 Q 变为{c,g};
- 从 Q 中取出 c,它连接的逻辑门是 G2,G2 的两个输入正好是 c 和 g,所以它的输出 h 可以计算逻辑深度,因为 g 的逻辑深度比 c 要大,所以 h 的逻辑深度是 g 的逻辑深度加 1,即 3,同时 Q 变为{g,h};
- 从 Q 中取出 g,因为 h 已经被计算,所以不做重复计算,Q={h};
- 从 Q 中取出 h,h 连接了 G3,G3 的两个输入 h 和 f 都已计算了逻辑深度,因此,可以计算 G3 的输出 i 的逻辑深度,到此为止 Q 为空集,程序结束,所有连线的逻辑深度都已计算完毕。

有了逻辑深度之后,可以看到,在做逻辑模拟时,可以从逻辑深度为 1 的逻辑门输出开始计算,然后计算逻辑深度为 2 的逻辑门,换言之,当逻辑深度为 h 的逻辑门输出计算完毕,就可以计算逻辑深度为 $h+1$ 的逻辑门。通过这样的方式,在逻辑模拟时,就可以减少冗余的判断。

2. 比特级并行计算

首先,可以利用计算机运行程序时按位与、按位或等功能,实现比特级并行加速。在编程语言中,一根连线的逻辑值由变量存储,而一个整型变量可以存储 32 比特,对于 01 二值逻辑而言,意味着一个整型变量可以同时存储 32 个向量的逻辑值。在模拟过程中,不必一个向量一个向量地计算,而是可以通过将一个整型变量和另一个整型变量按位操作,来实现 32 个向量的同时计算,以此来提高模拟的速度。

以图 2-7 所示,考虑 4 个输入 ab=01,11,00,10,如果需要分开计算,则每个向量都需要从电路的输入向输出逐一进行计算,但是若使用一个变量同时存储 a 的 4 比特 0101,用另一个变量同时存储 b 的 4 比特 1100,那么在后续的计算过程中,g 的逻辑值等于 d 的逻辑值变量和 e 的逻辑值变量按位与操作,即 0101&1100=0100;h 的逻辑值等于 c 的逻辑值变量和 g 的逻辑值变量按位或操作,即 0101|0100=0101;最后输出 i 的逻辑值等于 h 的逻辑值变量和 f 的逻辑值变量按位异或,即 0101^1100=1001。所以,仅需要一次从输入向输出方向的计算就完成了四个向量的同时计算。

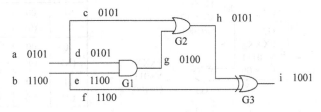

图 2-7 比特级并行逻辑模拟示例

需要注意的是,虽然在计算的过程中,多个向量能够同时并行地计算逻辑值,但是向量导入变量也是需要时间的,一般可以通过移位的方式将各个向量的逻辑值移进一个变量中,而变量导出向量同样也需要时间。综合考虑,如果电路规模太小,向量转成变量每一比特的速度可能成为整个逻辑模拟的瓶颈,换言之,虽然从电路输入到输出的计算速度很快,但构造多比特输入的过程很慢。

对于二值逻辑模拟而言,这种方法能够实现并行加速,因为变量的每一比特正好可以表示一根连线在一个向量下的逻辑值,但是,对于多值逻辑模拟而言,例如0、1、X、Z,则并不容易。由于程序只能按位进行逻辑运算,因此一个变量的一比特只能表示 2 种值,为了表示 4 种值,则需使用两个变量。这两个变量的同一位组成了一根连线在一个向量下的逻辑值。

首先,0、1、X、Z 共有 4 个逻辑值,因此可以用 2 比特来表示这 4 种逻辑值,例如,使用 00 表示 0,01 表示 1,10 表示 X,11 表示 Z。

然后,每个连线的逻辑值由两个变量 VU 表示,V 存储上述 2 比特的高位,U 存储上述 2 比特的低位。例如,一根连线的 V=0110,U=1010,那么 V 和 U 一共描述了 4 个向量,这四个向量分别是 01、10、11、00,即 1、X、Z、0。

在逻辑计算中,由于使用了 2 比特来表示一个逻辑值,因此需要设定相应的按位逻辑计算策略。如图 2-8 所示,输入 a 共有 4 个向量,其逻辑值分别为 1XX1,因此 $V(a)=0110$,$U(a)=1001$;输入 b 共有 4 个向量,其逻辑值分别为 011X,因此 $V(b)=0001$,$U(b)=0110$。根据逻辑关系,G1 是一个与门,因此 g 的逻辑值是 1XX1 与 011X,即 0XXX,因此 $V(g)=0111$,$U(g)=0000$。根据逻辑关系,G2 是一个或门,因此 h 的逻辑值是 1XX1 或 0XXX,即 1XX1,因此 $V(h)=0110$,$U(h)=1001$。最终 G3 是一个异或门,因此 i 的逻辑值是 1XX1 异或 011X,即 1XXX,因此 $V(i)=0111$,$U(h)=1000$。

为了实现四值逻辑的比特级并行逻辑模拟,需要得到每一根线针对不同逻辑门下的 V 和 U 的布尔表达式。图 2-9 给出了与门的四值逻辑比特级计算真值表,用 a 和 b 分别代表逻辑与的两个输入,它们的逻辑值分别是 V(a)U(a) 和 V(b)U(b),用 y 代表逻辑与的输出,它的逻辑值是 V(y)U(y)。根据图 2-9 可以得到:

$$V(y)=(\sim V(a))U(a)V(b)+V(a)(\sim V(b))U(b)+V(a)V(b)$$

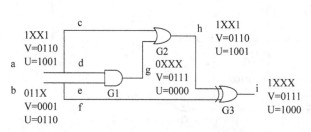

图 2-8 四值逻辑的比特级并行逻辑模拟示例

逻辑与	00 (0)	01 (1)	10 (X)	11 (Z)
00 (0)	00 (0)	00 (0)	00 (0)	00 (0)
01 (1)	00 (0)	01 (1)	10 (X)	11 (Z)
10 (X)	00 (0)	10 (X)	10 (X)	10 (X)
11 (Z)	00 (0)	11 (Z)	10 (X)	11 (Z)

图 2-9 逻辑与门的四值逻辑比特级计算

利用上式就可以完成面向与门的四值逻辑比特级并行计算。由于每根线的逻辑值需要由两个变量来表示,所以每个变量的计算复杂度比二值逻辑要复杂得多。但是由于可以同时对很多的向量进行计算,其加速效果依然是十分显著的。

3. 事件驱动

在前述的方法中,同时对多个向量进行模拟是提高模拟速度的核心思路,本节介绍的事件驱动(event driven)优化方法则是尽可能减少每个向量需要模拟的计算量。当一个向量已经完成了逻辑模拟时,若要对其他向量进行模拟,那么可以比较这两个向量的区别,只有在向量输入有差异的引脚所对应的逻辑锥内,信号值才会发生变化,其他的逻辑值都不会发生任何变化,通过该方法,可以有效减小逻辑模拟过程中需要执行的计算量。

如图 2-10(a)所示,在该电路图中,输入 abcd=0010,在该输入下,可以得到输出 pqr=011。如果下一个需要模拟的向量是 abcd=1010,如图 2-10(b)所示,那么,该向量与上一个向量相比,仅仅是 a 的逻辑值从 0 变成了 1,那么,该向量的响应与上一个向量相比,只有 a 的扇出逻辑锥内的连线逻辑值可能发生变化。因此,在这种情况下,仅仅需要从 a 开始,向输出的方向更新逻辑值。由于 a 是 G1 的一个输入,当 a 从 0 变为 1 时,因为 b 的逻辑值是 0,因此 G1 的输出依然是 0,与上一个向量 i 的逻辑值一样,因此无须再向后计算连线的逻辑值,可以直接判断在该向量下,电路的输出响应与上一个输入的输出响应应该是完全相同的。通过这种方式,能够有效地减少多余的计算量。

如图 2-10(c)所示,若下一个向量输入是 abcd=1110,和上一个向量相比,b 从 0 变成了 1,那么在逻辑模拟时,仅需关注 G1、G2、G4 和 G5。当 b 为 1 的时候,e 和 f 都是 1。f 是 G2 的一个输入,但 G2 的另一个输入 g 为 1,因此 G2 的输出和上一个向量的输出一样都是 1。而 e 是 G1 的一个输入,当 e 变成 1 后,G1 的输出由 0 变成了 1,从而进一步导致 G4 的输出由 0 变成了 1。因此,在这个向量下,电路的输出值由 pqr=011,变成了 pqr=111。

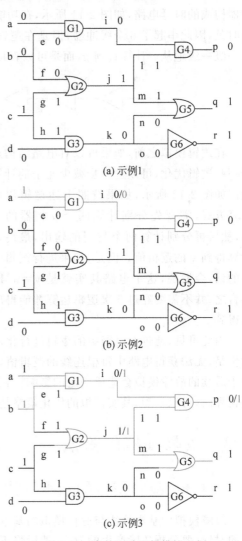

图 2-10 事件驱动逻辑模拟示例

可以看到,事件驱动的方式通过仅更新可能发生逻辑值变化的部分电路,来减少计算量,从而达到提高速度的目标。但是由于不同向量的"事件"并不相同,所以不能将比特级并行计算和事件驱动直接结合起来。可行的一种结合的方式是对向量进行比较,将具有相似"事件"的向量放在一起进行并行计算,这样既可以达到并行的效果,又可以减少多余的计算量。此外,电路的结构特性,比如最大逻辑深度等,也会影响优化策略的效果,对于不同的电路结构,事件驱动的效果也可能有较大差异。

4. 逻辑优化

逻辑优化的目的是减少多余的计算量。在电路网表中,可能存在一些冗余的电路结构,这些电路结构在逻辑上可以进一步简化,但是在功能上可能有专门的作用。比如由一串缓冲器构成的时延电路,如图 2-11 所示,在功能上,可能是为了在 a 这根连线上产生一个较大的时延,因此串起了 6 个缓冲器,但是在逻辑上,g 的逻辑值等于 a 的逻辑值,因此,并不需要一级一级地从 a 计算直到 g,而是可以直接根据 a 的值得到 g 的值。

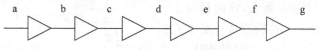

图 2-11　缓冲器逻辑优化示例

在逻辑模拟之前,如果可以对电路结构进行一些逻辑优化,可以进一步减少冗余的计算量。如图 2-12 所示,如果按照上述逻辑深度计算方式,需要先分别计算两个反相器的输出,然后再分别计算两个与门的输出,最终才计算得到 y 的逻辑值。但是,如果进行逻辑分析的话,会发现,这个电路其实就是 y＝a^b,

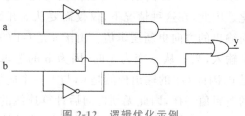

图 2-12　逻辑优化示例

换言之,并不需要经过 5 次逻辑运算才能得出 y 的逻辑值,只需要经过一次逻辑运算,便可以得到。

由此可见,通过对电路中的逻辑进行化简,可以进一步加快模拟速度。当然,这样做的代价是,无法获得电路中每根连线的逻辑值,因为内部的一些逻辑门和连线被优化掉了,这对于后续的故障模拟会造成一定的影响。在下一节中将继续介绍故障模拟的基本算法及其优化算法,可以发现,其实模拟的优化策略是相通的。

2.4　故障模拟的算法

2.4.1　故障模拟的基本算法

故障模拟的基本算法与逻辑模拟的基本算法相似,差别在于当模拟的过程到达故障位置的时候,要分析故障产生的效应,然后将正确的逻辑值替换成故障值,进而继续向输出方向模拟。

如图 2-13 所示,当输入 ab＝10 时,电路正确的输出值是 i＝1。当发生了 c s-a-0 故障时,在故障模拟的过程中,计算 c 的逻辑值时,其正确值为 1,但是由于它发生了故障,所以 c 的逻辑值设为 0,然后继续向后进行模拟,就会计算得出 i＝0。

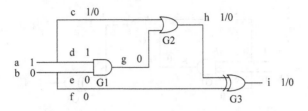

图 2-13　c s-a-0 故障模拟

所以,对伪代码 2-1 进行少量改造,可以得到故障模拟的基本算法,如伪代码 2-3 所示,以固定型故障为例。

伪代码 2-3　固定型故障模拟基本算法
输入:电路网表、一个输入向量、一个故障
输出:输出响应

算法:
set Q ＝所有输入连线组成的集合
while(Q 不为空集):
{
　从 Q 中取出一根连线 i;
　set j ＝输入 i 连接的逻辑门的输出或者扇出集合;
　if(j 还没有计算逻辑值 && j 的所有输入都已经计算逻辑值)
　{
　　计算 j 的逻辑值;
　　if(j 发生故障)
　　{
　　　根据故障行为更新 j 的逻辑值;
　　}
　　if(j 不是电路输出)
　　{
　　　将 j 放入 Q 中;
　　}
　}
}

并非所有的故障都会产生故障效应,如果一个故障的故障值和这个故障在一个向量下的正确值是相同的,那么它就不会产生故障效应,电路的输出依然是正确结果。如果一个故障的故障值和这个故障在一个向量下的正确值不同,那么就要判断这个故障值是否能够传播到输出,如果能够传播到输出,那么它就会在这个向量下产生故障响应。

如图 2-14 所示,如果发生的是 d s-a-0 故障,那么由于 G1 的另外一个输入 e 的逻辑值是 0,因此其输出 g 依然是正确值 0,此时虽然 d 因为故障而获得了故障值 0,但是并不会传播到输出 i。

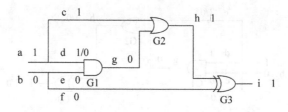

图 2-14　d s-a-0 故障模拟

表 2-1 给出了图 2-13 和图 2-14 所示电路中,在输入为 ab=10 情况下,所有固定型故障的故障模拟结果。每根线都有可能发生 s-a-0 或者 s-a-1 故障,在 18 个故障中,只有 6 个故障是可以在这个向量下产生失效响应的。

表 2-1　故障模拟结果

故　　障	输 出 响 应	故　　障	输 出 响 应
a s-a-0	0	a s-a-1	1
b s-a-0	1	b s-a-1	0
c s-a-0	0	c s-a-1	1
d s-a-0	1	d s-a-1	1
e s-a-0	1	e s-a-1	1
f s-a-0	1	f s-a-1	0
g s-a-0	1	g s-a-1	1
h s-a-0	0	h s-a-1	1
i s-a-0	0	i s-a-1	1

2.4.2　故障模拟的算法优化

逻辑模拟是计算一个电路在一定数量的向量下产生的输出响应,而故障模拟是计算一个电路中一定数量的故障在一定数量的向量下产生的输出响应。根据应用的不同,有时候需要快速计算一个故障在一定数量的向量下产生的输出响应,或者是否能够被测试到,有时候是需要快速计算一个向量对于一定数量的故障产生的输出响应,或者是否能够被测试到,因此在算法优化方面,有面向多个向量单个故障的优化算法,也有面向多个故障单个向量的优化算法。逻辑模拟的优化算法在故障模拟中依然适用,虽然有时叫法并不相同,但是核心思想是相通的。

1. 逻辑深度计算

逻辑深度计算可以避免重复判断一个逻辑门的输出是否可以计算,这在故障模拟的过程中也是完全相同的,由于故障模拟只是在逻辑模拟的基础上,对于故障所在连线的逻辑值要更新为故障值,因此,逻辑深度依然适用,此处就不再累述。但是逻辑深度对于事件驱动的优化算法而言,有额外的作用,这将在下文中解释。

2. 比特级并行计算

在故障模拟中,比特级并行计算有两种方式,一种是对向量进行并行计算,和逻辑模拟类似,另一种是对故障进行并行计算。

对向量进行并行计算,与逻辑模拟的差异是在计算到故障连线的时候,将故障连线的逻辑值替换成故障值。如图 2-15 所示,通过比特级并行模拟,同时计算四个输入向量 ab=01, 11,00,10 的输出响应。d 的正确逻辑值为 0101,若 d 发生 s-a-1 故障,那么 d 的逻辑值被替换成 1111,进一步向后模拟,h 的逻辑值为 1101,最终输出响应 i=0001,换言之,输入 ab=01 可以测到该故障。

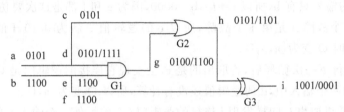

图 2-15　d s-a-1 比特级并行故障模拟

整个模拟过程与逻辑模拟无异,前文提到的四值或者多值并行模拟的方式同样适用于故障模拟。需要注意的是,故障类型并非只有固定型故障一种,对于其他故障类型,所涉及的连线可能不止一根,比如桥接故障是建模了两根连线发生短路的缺陷。若故障涉及的连线不止一根,那么在故障模拟时,应当在所有故障相关的连线都计算了逻辑值之后,再来计算故障效应,并更新相应连线的逻辑值,这一步骤同样可以通过并行计算来完成。

例如,线 AND 桥接故障,指的是当两根连线 u 和 v 发生桥接故障时,u 和 v 的故障值为 u 和 v 的正确值做逻辑与计算的结果。如图 2-16 所示,若 g 和 f 发生了线 AND 桥接故障,g 的正确逻辑值是 0100,而 f 的正确逻辑值为 1100,这两个值做与操作,得到 0100 即为 g 和 f 的故障值,所以输出 i 为 0001。

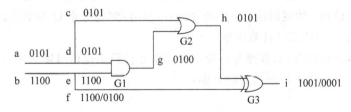

图 2-16　g 和 f 发生与桥接故障(比特级并行故障模拟)

对故障进行并行计算是指对同一个向量,把不同故障同时进行计算。例如,图 2-17 针对发生在 c、d、e、f 的四个 s-a-1 故障进行故障模拟。可以使用伪代码 2-3,但是每个变量存 4 比特,每一比特对应一个故障的效应,只要遇到四个故障中的任何一个故障连线,都需要对变量相应的比特位赋故障值。

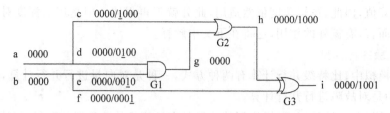

图 2-17　c d e f s-a-1 比特级并行故障模拟

输入向量为 ab＝00,因为同时对 4 个故障进行模拟,因此 a 和 b 都存储 4 比特,即 a＝0000,b＝0000。在最开始,Q＝{a,b}。

- 从 Q 中随机取出一根连线 b,它的扇出集合是{e,f},因为 e 和 f 都没有计算逻辑值且它们的输入只有 b,所以 e＝f＝b＝0000,因为 e 和 f 都是这次要仿真的故障,而且 e 是第 3 个故障、f 是第 4 个故障,所以 e 的逻辑值更新为 0010,f 的逻辑值更新为 0001,此时 Q 变为{a,e,f};

- while 进行下一次循环后,若取出的是 e,会发现它连接的逻辑门是 G1,输出是 g,但是 G1 的两个输入中,d 的逻辑值还没有计算,所以 Q 变为{a,f};

- 从 Q 中随机取出 f,同样发现 f 连接的逻辑门 G3 的另外一个输入 h 的逻辑值还没有计算,所以 Q 变为{a};

- 从 Q 中取出 a,它的两个扇出 c 和 d 的逻辑值被计算,c＝d＝a＝0000,由于 c 和 d 是需要模拟的第一个故障和第二个故障,因此更新它们的逻辑值分别为 c＝1000,d＝0100,同时 Q 变为{c,d};

- 从 Q 中取出 d,它连接的逻辑门是 G1,此时 G1 的两个输入都有逻辑值了,所以它的输出 g 可以计算,g＝0100＆0010＝0000,同时 Q 变为{c,g};

- 从 Q 中取出 c,它连接的逻辑门是 G2,G2 的两个输入正好是 c 和 g,所以它的输出 h 可以计算,h＝1000|0000＝1000,同时 Q 变为{g,h};

- 从 Q 中取出 g,因为 h 已经被计算,所以不做重复计算,Q＝{h};

- 从 Q 中取出 h,h 连接了 G3,G3 的两个输入 h 和 f 都已计算了逻辑值,因此,可以计算 G3 的输出 i 的逻辑值,i＝1000^0001＝1001,到此为止 Q 为空集,程序结束,所有故障的输出响应都已计算完毕。

从上面内容也可以看出,故障并行模拟和向量并行模拟也可以同时进行,只要对存储逻辑值的变量中每一比特进行合理的赋值即可。

3. 事件驱动

故障的发生本身就是一个事件,对于故障连线而言,正确的逻辑值变成了错误的逻辑值,这个故障只会影响其扇出逻辑锥范围内的输出响应,因此,故障模拟同样可以使用事件驱动优化方法。

当一根连线 f 发生故障时,并不需要从输入开始根据逻辑深度向输出方向计算,而只需要从 f 开始计算比 f 逻辑深度大且在 f 扇出逻辑锥中的连线逻辑值。事件驱动的故障模拟算法如伪代码 2-4 所示。

伪代码 2-4 事件驱动故障模拟算法
输入：电路网表、逻辑深度、一个输入向量、一个故障、该输入向量下所有连线的正确逻辑值
输出：输出响应

算法：
将所有连线的逻辑值设置为正确逻辑值
set Q＝{故障连线}
while(Q 不为空集)：
{
  从 Q 中取出逻辑深度最小的一根连线 i；
  if(i 是故障连线)
  {
    if(i 的正确值和故障值不相等)
    {
      i 的逻辑值设置为故障值；
      将 i 的所有后继连线加入 Q；
    }
  }
  else
  {
    根据 i 的前驱连线计算 i 的逻辑值；
    if(i 的正确值和本次计算的逻辑值不相等)
    {
      i 的逻辑值设置为本次计算的逻辑值；
      将 i 的所有后继连线加入 Q；
    }
  }
}

如图 2-18(a)所示，若故障是 e s-a-1，那么在输入向量 ab＝10 下：

- Q＝{e}；
- 从 Q 中取出逻辑深度最小的 e，由于 e 是故障连线，因此它的逻辑值更新为 1，同时将它的后继连线 g 放入 Q 中；
- 从 Q 中取出逻辑深度最小的 g，g 的逻辑值是 d 的逻辑值和 e 的逻辑值做与操作，因此为 1，和 g 的正确值 0 不相等，因此，把 g 的后继连线 h 放入 Q 中；
- 从 Q 中取出逻辑深度最小的 h，h 的逻辑值是 c 的逻辑值和 g 的逻辑值做或操作，因此为 1，和 h 的正确值 1 相等，因此不放入 Q 中；
- 此时 Q 为空集，计算结束。

在该示例中，由于 e s-a-1 故障在传播故障效应的过程中，被 c＝1 屏蔽了故障效应，因

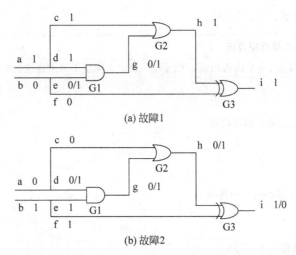

(a) 故障1

(b) 故障2

图 2-18　e d SA1 事件驱动故障模拟

此它并不会产生失效输出响应。

如图 2-18(b)所示,若故障是 d s-a-1,那么在输入向量 ab＝01 下:

- Q＝{d};
- 从 Q 中取出逻辑深度最小的 d,由于 d 是故障连线,因此它的逻辑值更新为 1,同时将它的后继连线 g 放入 Q 中;
- 从 Q 中取出逻辑深度最小的 g,g 的逻辑值是 d 的逻辑值和 e 的逻辑值做与操作,因此为 1,和 g 的正确值 0 不相等,因此,把 g 的后继连线 h 放入 Q 中;
- 从 Q 中取出逻辑深度最小的 h,h 的逻辑值是 c 的逻辑值和 g 的逻辑值做或操作,因此为 1,和 h 的正确值 0 不相等,因此,把 h 的后继连线 i 放入 Q 中;
- 从 Q 中取出逻辑深度最小的 i,i 的逻辑值是 h 的逻辑值和 f 的逻辑值做异或操作,因此为 0,和 i 的正确值 1 不相等,由于 i 没有后继,所以 Q 为空,计算结束。

在该示例中,由于 d s-a-1 故障能够经过 G1、G2、G3 一直传播到输出 i,因此它会产生失效输出响应。可以看到,在有了逻辑深度的情况下,故障模拟可以从故障所在逻辑深度层向输出进行计算,而不需要考虑逻辑深度比它小的连线。因此,如果进行故障并行模拟的话,可以将逻辑深度相似的故障放在一起并行计算,这样应该比随机将故障并行计算的速度更快一些。

4. 逻辑优化与故障优化

在故障模拟中,故障可能发生在电路中的每一根连线上,为了提高故障模拟的速度,要么减少模拟过程中的计算量,要么减少需要模拟的故障数目。对于前者,逻辑优化方式依然有效,只不过如果对整个电路进行逻辑优化,那很有可能会删除一些故障,因此逻辑优化需要一些新的策略。一方面,对于某些可以优化的逻辑关系而言,可能删除的故障和保留的故障是等价的,因此删除了也不影响故障模拟。例如图 2-11 所示的缓冲器链,这个电路中的所有故障都是等价的,也就是 a 发生 s-a-0 或者 s-a-1 故障产生的故障效应和 b、c、d、e、f、g

发生 s-a-0 或者 s-a-1 故障的效应是完全相同的。另一方面,可以对电路进行划分子电路操作,对子电路进行逻辑优化,当对一个故障进行故障模拟时,除了这个故障所在的子电路不进行逻辑优化外,其他子电路依然使用优化后的结果,这样便可以起到一定程度的加速作用。

对于后者,可以挖掘故障之间的关系,例如,若故障 A 要传播到输出必然要经过故障 B,那么若故障 B 能够传播到输出,且故障 A 能够传播到故障 B,则故障 A 可被测试到,因此在做故障模拟的时候不需要既模拟故障 A 又模拟故障 B,只需要模拟故障 B,然后分析故障 A 是否能够到达故障 B 即可。这样一来,进一步减少了故障模拟的计算量。

2.5 本章小结

本章介绍了逻辑模拟与故障模拟,逻辑模拟是用于计算集成电路在输入向量下的正确输出,而故障模拟是计算一个故障在输入向量下产生的失效响应。逻辑模拟与故障模拟在测试向量生成、故障诊断、可靠性评估等许多领域有重要的意义,其速度是关键指标。为了提高模拟的速度,主要有两大类方法,一类是并行,比如利用位与、位或等功能实现并行计算,另一类是减少计算量,比如通过计算逻辑深度来确定模拟顺序避免多余的判断、通过事件驱动仅对可能发生逻辑值变化的部分进行模拟、通过逻辑优化精简需要进行的逻辑计算。

目前,已有一些开源的逻辑模拟与故障模拟项目可供参考[①]。

2.6 习题

2.1 图 2-9 给出了逻辑与门的四值逻辑比特级计算方法,在文中给出了 V(y) 的逻辑表达式:

(1) 请给出 U(y) 的逻辑表达式;

(2) 请给出逻辑或门 V(y)U(y) 的逻辑表达式。

2.2 请计算图 2-19 中电路的逻辑深度。

2.3 请计算图 2-19 中电路在以下 7 个连线的 9 比特输入向量下的输出响应。

连线 1:100110001;连线 2:001001001;连线 3:100001110;连线 4:101110100;连线 5:110000100;连线 6:001011101;连线 7:100101001。

2.4 请针对以下 8 个故障,计算图 2-19 中电路在习题 2.3 中 9 个输入向量下这些故障的失效响应。

连线 1 s-a-0;连线 1 s-a-1;连线 9 s-a-0;连线 9 s-a-1;连线 10 s-a-0;连线 10 s-a-1;连线 14 s-a-0;连线 14 s-a-1。

---

① https://www.gitlink.org.cn/opendacs/ictest/tree/master/FaultSim

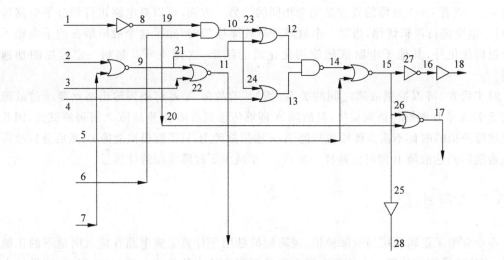

图 2-19　ISCAS`89 基准电路 s27

参 考 文 献

［1］ BREUER M A. A note on three-valued logic simulation［J］. IEEE Transactions on Computers,1972,
100(4)：399-402.

［2］ WAICUKAUSKI J A. Fault simulation for structured VLSI［J］. VLSI System Design,1985,6(12)：
20-32.

第 3 章

测 试 生 成

本章首先介绍与测试生成有关的基本概念,包括测试的定义和相关术语,以及对于测试生成的基本要求。测试生成方法根据是否以故障为对象可分为非面向故障型和面向故障型两类,本章的侧重点在于说明面向故障型的测试生成,特别是基于通路敏化法的测试生成。本章通过固定型故障的测试生成来阐明通路敏化法的基本原理并介绍作为其代表性算法的PODEM。本章还会对减少测试数据量所需的测试精简技术进行简述,并介绍时延故障测试生成的基本原理。最后,本章介绍一个基于商用测试生成软件工具的测试生成流程的实例。

3.1 基本概念

芯片制造是一个非常复杂的过程,涉及大量的工艺、技术、设备、材料等。只要有一个环节出现哪怕是极其微小的异常,制造出来的芯片就会有缺陷,成为不良品芯片。芯片测试的根本目的就是把不良品芯片与良品芯片区分开来。如图 3-1 所示,为了进行芯片测试,首先需要进行测试生成(test generation),其目的是产生测试激励(test stimulus),即芯片测试所需的电路逻辑输入值,以及期待响应(expected response),即正常电路应有的逻辑输出值。一个测试激励往往由逻辑 0 和逻辑 1 的组合来定义,故又常被称为测试码(test pattern)或测试向量(test vector)。测试一个电路(芯片)所需的全部的测试激励与期待响应的集合,就是测试数据(test data)。以考试来做比喻,测试激励相当于考试题目,期待响应相当于标准答案,一个被测电路(芯片)相当于一位考生。在实施芯片测试时,通过自动测试设备(Automatic Test Equipment,ATE)把测试激励逐个施加于芯片,并取得该芯片的实际响应(actual response),然后把它与相应的期待响应相比较。若对于所有的测试激励,芯片的实际响应与其期待响应完全一致,则该芯片测试的结果为合格(被测芯片被认为是良品芯片,可以出厂);若在某个测试激励下,芯片的实际响应与其期待响应不一致,则该芯片测试的结果为不合格(被测芯片被认为是不良品芯片,必须废弃)。

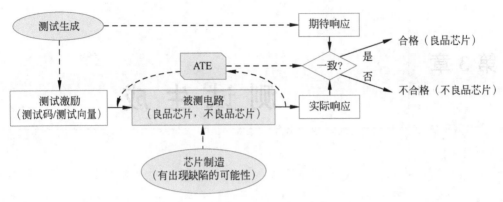

图 3-1　芯片测试的基本流程

　　测试生成所产生的测试数据对测试结果具有决定性的影响。如图 3-2 所示,若测试激励不充分,就有可能产生故障电路(不良品芯片)被误测为合格的现象(伪合格),造成测试不足(under-test);若测试数据不正确,就有可能产生无故障电路(良品芯片)被误测为不合格的现象(伪不合格),造成过度测试(over testing)。这两种现象都会降低测试质量(test quality),从而有可能给芯片的使用方(因为伪合格)和生产方(因为伪不合格)造成重大的经济损失。因此,测试生成的第一要求是尽量提高测试质量,即尽可能降低不良品芯片被误测为合格(伪合格)的概率以及良品芯片被误测为不合格(伪不合格)的概率。另外,芯片测试具有对象数量庞大(有时每月需测试数十万到数百万的芯片),可用时间极短(一个数字芯片的测试时间往往不能超过几秒到几十秒),所需设备昂贵(一台高端 ATE 往往价值数百万人民币)的特点,很容易导致测试开销(test cost)过高。因此,测试生成的第二要求是尽量降低测试开销。

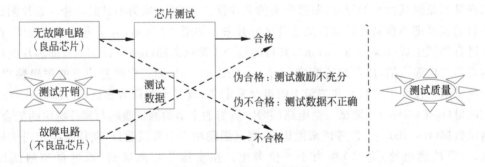

图 3-2　测试数据的重要性

　　多年以来,测试生成的第一要求(提高测试质量)主要是依靠尽量提高所生成的测试激励的芯片缺陷检测能力,以减少伪合格的概率来达到的。这涉及选择更好的测试生成策略,使用更好的故障模型(即用于反映芯片缺陷影响的各种假设),使用更好的测试生成算法等。近年来,通过减少伪不合格的概率来提高测试质量也受到了重视,其代表性的例子是低功耗测试生成,因为过高的测试功耗往往使良品芯片无法通过测试。另外,测试生成的第二要求(降低测试开销)主要是靠尽量减少测试数据量来达到的。这涉及测试生成的过程当中利用各种测试精简技巧,以及在可测试性设计的过程当中利用各种测试压缩技术。

3.2 测试生成的分类

在作为测试对象的电路(芯片)的规模较小的年代,测试数据往往由电路设计者手工生成。但随着电路规模的不断增大,自动测试向量生成(Automatic Test Pattern Generation,ATPG)已占据主导地位,并由自动测试生成程序(Automatic Test Generation Program,ATGP)依据特定的测试生成方法来实现。测试生成方法可分为两大类,即非面向故障的测试生成和面向故障的测试生成。在电路规模不断增大的现代,面向故障的测试生成(又称为确定性测试生成或结构测试生成)已成为主流。

3.2.1 非面向故障的测试生成

非面向故障的测试生成的特点是它只需考虑被测电路的输入,而不用直接针对存在于其复杂的内部结构当中的物理缺陷或作为物理缺陷模型的逻辑故障,因此实现起来比较简便。但是,这种测试生成方法的缺点是为了达到一定的测试质量往往需要非常多的测试向量。此外,虽然非面向故障的测试生成不需考虑被测电路的内部结构及其物理缺陷或逻辑故障,但为了评估所生成测试向量的质量,往往还是需要通过故障模拟来计算故障覆盖率,这依然需要考虑被测电路的内部结构和逻辑故障。因为需要处理的测试向量非常多,这种故障模拟一般非常耗时。以下介绍三种典型的非面向故障的测试生成方法。

1. 功能测试生成

功能测试生成(functional test generation)可分为两种类型,即完全型功能测试生成和选择型功能测试生成。完全型功能测试生成是指产生一组测试向量来全面地验证被测电路是否能实现所有功能。比如,16 位加法器有 33 根输入线(包括 1 根进位输入线),17 根输出线(包括 1 根进位输出线)。要全面地验证这个加法器的所有功能,需要 2^{33} 个 50 位测试向量。尽管这些测试向量和期待响应非常容易生成,但因数量巨大,导致无法使用其全部来进行测试。在现实当中,人们往往使用选择型功能测试生成,即挑选一些用来验证被测电路关键功能的输入值作为功能测试向量,以便能在较短时间内完成测试。但是在这种情况下,需要通过故障模拟来计算故障覆盖率以评估测试质量。因此,当被测电路规模较大或功能测试向量较多时,故障模拟的时间开销往往非常大。

2. 穷举测试生成

穷举测试生成(exhaustive test generation)是指对于具有 n 根输入线的电路,产生 2^n 个测试向量。与完全型功能测试生成相似,当 $n > 15$ 时,穷举测试生成的测试向量因所需测试时间太长而难以实际应用。为了解决这个问题,可以利用伪穷举测试生成(pseudo-exhaustive test generation),即在被测电路的输入线数 n 较大的情况下,把被测电路分割成若干逻辑锥,以使每个逻辑锥的输入线数较小(比如不大于15),再针对每个逻辑锥的输入组进行穷举测试生成。如图3-3所示,伪穷举测试生成的优点是,即使被测电路的输入线总数较大(本例当中为26),也可使用较少的测试向量对各个输入组(本例当中为输入组♯1和输入组♯2)对应的非重叠部分(本例当中的A部分和B部分)进行充分的测试。但是,伪穷举测试生成的缺点是不同输入组对应的重叠部分(本例当中的C部分)中的某些故障的检测可能需要从多个输入组同时输入某个特定的逻辑值组合,从而导致其不能得到充分的测试。

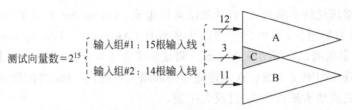

图 3-3　伪穷举测试生成

3. 随机测试生成

随机测试生成(random test generation)是指从所有可能的输入向量当中随机地选择一部分作为测试向量。若选择的随机测试向量的数目不大,则可实际应用于大规模电路的测试。但由于随机测试向量的不完全性,需要进行故障模拟来计算故障覆盖率,以便对测试质量进行评估。一般来说,随机测试向量可以比较容易地达到一定的故障覆盖率(比如70%~80%)。但是,电路当中往往会存在一些很难用随机测试向量检测的故障。比如,被测电路内部的一个5输入AND门的输出线上的固定为0故障(s-a-0)的检测至少需要该门的所有输入值都为逻辑值1,这个要求很难通过对被测电路的输入线施加随机测试向量来达到。这样的故障被称为随机测试向量抵抗性故障(random pattern resistant fault)。这个问题可以通过分析被测电路的结构并改变其输入线的逻辑值1(或0)的出现概率得到一定的缓解,但其最终解决还是需要利用面向故障的测试生成。

3.2.2　面向故障的测试生成

非面向故障的测试生成由于不考虑被测电路的内部结构以及存在于其中的物理缺陷或逻辑故障,因此实现起来非常简单,测试生成时间也很短。但是,非面向故障的测试生成的最大的缺点是为了达到一定的测试质量往往需要非常多的测试向量,从而造成测试时间及测试开销的剧增。为了解决这个问题,面向故障的测试生成,也称为确定性测试生成(deterministic test generation),采用了根据被测电路的内部结构而直接针对其中的逻辑故障(即用来反映物理缺陷的影响的某种模型,往往简称为故障)来产生测试向量的思路。一般情况下,检测一个故障需要一个测试向量。由于被测电路内部可能存在的故障的总数远远少于其输入线的全部逻辑值组合数,因此面向故障的测试生成的测试向量数通常远远少于非面向故障的测试生成的测试向量数。面向故障的测试生成因为需要考虑被测电路的内部结构,故又常被称为结构测试生成(structural test generation)。

目前,结构测试生成是测试生成的主要实际应用方式。如图 3-4 所示,16 位加法器有 33 根输入线(包括 1 根进位输入线 C_{in}),要完全验证这个加法器的所有功能,功能测试生成需要产生 2^{33} 个测试向量。从结构上看,16 位加法器由 16 个全加器组成。在门级实现当中,全加器有 16 个位置有可能发生单固定型故障,可能是固定为 0 故障(s-a-0)也可能是固定为 1 故障(s-a-1),所以全加器共有 32 个可能发生的单固定型故障。这样,由 16 个全加器所构成的 16 位加法器就有 512 个可能发生的单固定型故障。因此,结构测试生成最多只需产生 512 个测试向量(由于 1 个测试向量通常可以检测多个故障,实际所需的测试向量的数目会少于 512),远远少于功能测试向量的数目(2^{33}),非常适合应用于实际的芯片测试。

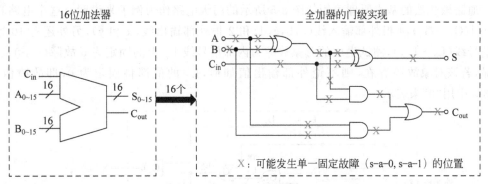

图 3-4　面向故障的测试生成(结构测试生成)

结构测试生成具有两个明显的特点。第一,结构测试生成需要用到被测电路的结构信息,可以是门级的,也可以是晶体管级的,还可以是 RTL 级的。在实际当中,使用门级电路结构信息的结构测试生成最为常见。第二,结构测试生成需要选定作为测试生成对象的故障模型,如固定型故障、桥接故障、时延故障等。要达到较高的测试质量,往往需要针对包括固定型故障模型在内的多个故障模型进行结构测试生成。在实际的结构测试生成中,往往首先生成针对固定型故障的测试向量,并利用故障模拟计算故障覆盖率来评估测试质量。若需要进一步提高测试质量,则可追加使用其他的故障模型(比如时延故障)进行结构测试生成,产生更多的测试向量。

另外,作为测试对象的芯片的内部电路往往是时序电路,其特征是具有内部状态,致使其输出值不仅取决于现在的输入值,还取决于过去的输入值,从而导致即使规模很小的时序电路的测试生成时间也非常长。因此,在实际当中,往往需要对时序电路进行可测试性设计(第 4 章介绍),建立完整的扫描链。这样做的好处是可以把时序电路的测试生成问题转换成为组合电路(其输出值完全取决于现在的输入值)的测试生成问题。尽管组合电路的测试生成问题依然是 NP 完全问题,但是通常都可以在比较现实的时间内产生所需的测试向量。下面介绍的通路敏化法和 PODEM(Path Oriented Decision Making)算法,就是用来解决组合电路的测试生成问题的常用策略和代表性算法。

3.3   通路敏化法

结构测试生成可以利用包括布尔差分在内的多种方式来实现,但其最主要的实现方式是通路敏化(path sensitization)法。这种方法原理简单,适用于大规模电路,因此在实际当中得到了广泛的应用。下面以门级逻辑电路的固定型故障的测试生成为例,来介绍通路敏化法的基本原理及作为其代表性算法的 PODEM。

3.3.1   基本原理

通路敏化法的基本原理可用如图 3-5 所示的门级电路作为例子来说明。这个电路具有 6 个门($G_1 \sim G_6$),4 根外部输入线(a, b, c, d)和 2 根外部输出线(x 和 y),另外还有 10 根内部信号线($L_1 \sim L_{10}$),测试生成的对象故障为内部信号线 L_7 上的固定为 0 故障(s-a-0)。很明显,若该对象故障存在,则不论外部输出值如何,L_7 的值都将固定为 0,即故障值,在图 3-5 中用"0"来表示。

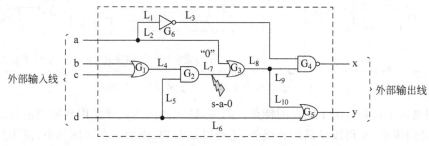

图 3-5   被测电路与对象故障

通路敏化法通过以下 3 个主要步骤来实现。

步骤 1:故障激活。故障激活(fault sensitization)是指通过把与固定型故障的故障值相反的逻辑值赋予故障线,以暴露该故障的存在。图 3-5 所示电路的故障线是 L_7,故障值是 0,因此激活这个故障需要把 1 赋予 L_7(表示为 <L_7,1>)。如图 3-6 所示,这个赋值的结果是使故障效果(fault effect)出现在 L_7 上。也就是说,若 s-a-0 故障存在于 L_7,则故障值 0 会出现在 L_7 上;若 s-a-0 故障不存在于 L_7,则正常值 1 会出现在 L_7 上。如图 3-6 所示,这个故障效果常用记号 D(正常值为 1/故障值为 0)来表示。若故障效果是正常值为 0 而故障值为 1,则可用记号 $\overline{\text{D}}$(正常值为 0/故障值为 1)来表示。此外,至少有一个输入值为 D 或 $\overline{\text{D}}$ 而输出值尚未确定的所有逻辑门组成集合称为 D 前沿(D-frontier)。在图 3-6 所示的例子当中,D 前沿为 $\{G_3\}$。

步骤 2:故障传播。故障传播(fault propagation)是指通过对包括内部信号线在内的一些信号线的赋值而使故障效果沿着一条或多条通路向外部输出线传播,使其最终到达至少一根外部输出线,从而达到检测该故障的目的。如图 3-7(a)所示,由于此时的 D 前沿为 $\{G_3\}$,可以通过把 0 赋予 G_3 的输入线 L_2(表示为 <L_2,0>)以使 L_7 上的故障效果 D 传播到

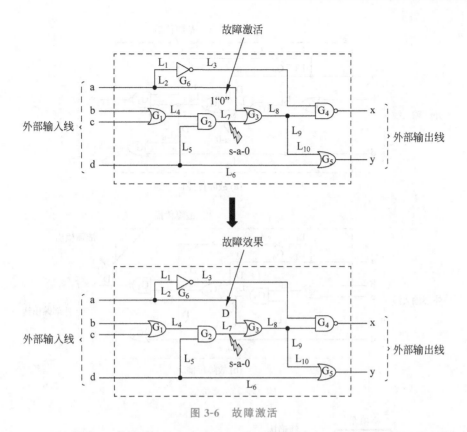

图 3-6　故障激活

L_8、L_9、L_{10} 上,这导致 D 前沿由 $\{G_3\}$ 变为 $\{G_4,G_5\}$。如图 3-7(b)所示,可以通过把 1 赋予 G_4 的输入线 L_3(表示为 $<L_3,1>$)使得 L_9 上的故障效果 D 进一步传播到外部输出线 x 上,从而使 L_7 的 s-a-0 故障得到检测。在图 3-7 所示的例子当中,故障传播(共计两次)所需的赋值为 $<L_2,0>$ 和 $<L_3,1>$。

　　步骤 3:线确认。线确认(line justification)是指通过确定一些外部输入线的逻辑值而使故障激活和故障传播所需的所有信号线赋值得以实现。若线确认成功,则对外部输入线所赋的逻辑值组合就是可检测对象故障的测试向量。在图 3-8 所示的例子当中,故障激活所需的赋值为 $<L_7,1>$,故障传播所需的赋值为 $<L_2,0>$ 和 $<L_3,1>$。如图 3-8 所示,这些赋值要求可以成功地通过线确认来实现,其结果是 $<a=0,b=1,c=X,d=1>$,这就是 L_7 的 s-a-0 故障的测试向量。在这里,X 表示其逻辑值尚未确定,即可为 0 亦可为 1,不会影响测试结果。这样的含有未确定值 X 的外部输入线逻辑值组合也称为测试立方(test cube)。应该注意的是,测试立方是测试生成过程中的中间产物,其中的 X 最终必须以某种方式设置为 0 或 1 之后才能用于实际测试,这个操作叫作 X 填充(X-filling)。为了区别起见,测试向量往往指不含有未确定值 X 的外部输入线逻辑值组合。测试立方和测试向量的这种区别如图 3-8 所示。

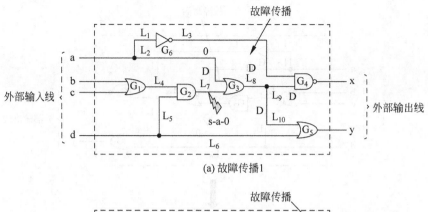

(a) 故障传播1

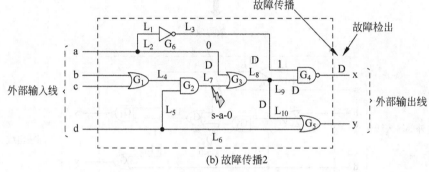

(b) 故障传播2

图 3-7　故障传播

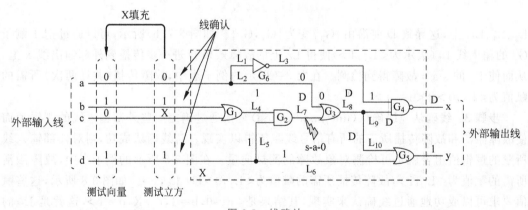

图 3-8　线确认

3.3.2　PODEM

通路敏化法催生了众多的测试生成算法。下面要介绍的 PODEM 算法以简洁明了著称,它的许多基本技法被广泛应用于其他的基于通路敏化法的测试生成算法当中。图 3-9 为 PODEM 的概念性流程,其中的测试向量是广义的,既可指不含有未确定值 X 的输入线逻辑值组合(即狭义的测试向量),也可指含有未确定值 X 的输入线逻辑值组合(即测试立方)。

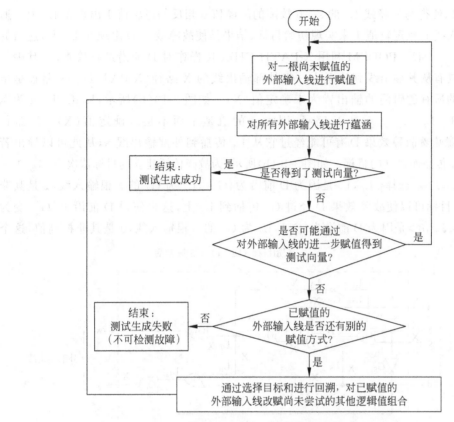

图 3-9　PODEM 的概念性流程

　　PODEM 的特点是把测试向量生成作为一个探索问题来解决,其探索空间由全部的外部输入线构成。假设被测电路共有 n 根外部输入线,因每根输入线都有 0 和 1 两种选择,因此探索空间的大小为 2^n。针对一个故障的测试生成,就是试图在该探索空间中找到一个可以检测该故障的测试向量(即对被测电路外部输入线的一组赋值)的过程。PODEM 利用下面介绍的几个技法使这个探索尽可能快速有效地完成。

　　如图 3-9 所示,PODEM 每次选一根外部输入线进行赋值,并通过蕴涵(implication)操作来确定其他一些信号线的逻辑值。随后,PODEM 确认一个测试向量是否已被生成。倘若测试向量尚未被生成但是继续探索有望成功,PODEM 会选择下一根外部输入线并重复以上的操作。若继续探索不可能成功,PODEM 会进行回溯(backtrack)操作,以尝试外部输入线的其他的赋值方式是否可使测试生成成功。以下列出 PODEM 需要面对的 5 个关键问题并介绍其解决思路和技巧。

　　【问题 1】　每次选择哪一根外部输入线并赋予其什么逻辑值(0 还是 1)?

　　PODEM 利用建立目标(objective)和进行回退(backtrace)操作来解决这个问题。一个目标由一根信号线 g 和对它的赋值 v 所组成,可表示为<g,v>。初始目标(initial objective)为故障激活。如图 3-10(a)所示,若对象故障为 L_4 上的固定为 0 故障(s-a-0)时,初始目标为<L_4,1>,以使得与故障线 L_4 的 s-a-0 故障的故障值 0 相反的逻辑值 1 出现在 L_4 上。通过对外部输入线 b 赋逻辑值 1 来实现初始目标,结果是使故障效果 D 出现在 L_4 上,这时的 D 前沿为{G_2}。随后,PODEM 利用 X-PATH-CHECK 操作对 D 前沿进行检查,看其中是否有逻辑门具有从其输出线到达至少一根外部输出线的 X 路径(X-PATH)。X 路径是指构成该路径的所有逻辑门的输出皆为未确定值(X)。如图 3-10(b)所示,L_7-L_8-L_9-x 为 X 路径,但 L_7-L_8-L_{10}-L_{12}-y 不是 X 路径,因为 y 的值是 1 而不是未确定值(X)。X 路径 L_7-L_8-L_9-x 意味着故障效果 D 有可能经过它从 L_4 传播到外部输出线 x,从此可以导出若干为实现故障传播而建立的目标。如图 3-10(b)所示,为故障传播建立的目标依次为<L_5,1>、<L_2,0>、<L_3,1>。选择<L_5,1>是因为 D 前沿为{G_2},L_5 为 G_2 的一根输入线,1 是其非控制值,这个目标可以使故障效果 D 经过 G_2 传播到 L_7 上,这也使得 D 前沿由{G_2}变为 {G_3}。选择<L_2,0>是因为 D 前沿为{G_3},L_2 为 G_3 的一根输入线,0 是其非控制值,这个

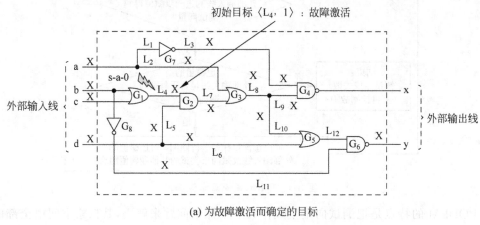

(a) 为故障激活而确定的目标

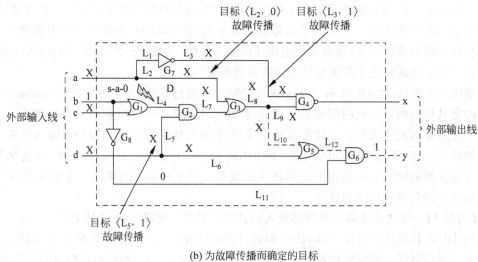

(b) 为故障传播而确定的目标

图 3-10 确定目标的例子

目标可以使故障效果 D 经过 G_3 传播到 L_8 和 L_9 上,这也使得 D 前沿由 $\{G_3\}$ 变为 $\{G_4\}$。选择 $<L_3,1>$ 是因为这时的 D 前沿为 $\{G_4\}$,L_3 为 G_4 的一根输入线,1 是其非控制值,这个目标可以使故障效果 D 经过 G_4 传播到外部输出线 x 上,从而使 L_4 的 s-a-0 故障得到检测。

确定目标的一般算法 objective 的概要如图 3-11 所示。

```
objective (g, V)
{
    /* 对象故障为门g的输出线的固定v故障 (s-a-v) */
    if (门g的输出线尚未赋值)
        /* 目标为故障激活 */
        return (g, v̄) ;
    /* 目标为故障传播 */
    从D前沿中选取一个门p;
    g=门p的尚未赋值的输入中选取一个输入;
    v=门p的非控制值;
    returnn (g, v)
}
```

图 3-11　确定目标的算法 objective 的概要

把目标转换成为对外部输入线的赋值是通过回退(backtrace)操作来实现的。针对由一根信号线 g 及其赋值 v 所组成的目标 $<g,v>$,回退操作需要从信号线 g 逆向退回到一根外部输入线,并确定针对该外部输入线的赋值。在图 3-12 的例子当中,目标是 $<x,1>$,即希望将 1 赋值于外部输出线 x。针对这个目标的回退操作由三个步骤组成。第一个步骤的目的是选择逻辑门 G_6 的一根输入线并决定它应有的逻辑值,以使其有助于目标 $<x,1>$ 的实现。G_6 是 NAND 门,欲使其输出线 x 为 1,只需要它的任何一根输入线为 0 即可。为使测试生成尽快完成,可先选 G_6 的最容易设置为 0 的输入线 L_8,并确定应出现在 L_8 的逻辑值为 0。第二个步骤是选择逻辑门 G_3 的一根输入线并决定它应有的逻辑值,以使其有助于使 0 出现在 L_8 上。G_3 是 OR 门,欲使其输出为 0,需要它的所有输入为 0。为使测试生成不成功时能被尽早知道,可先选 G_3 的最难设置为 0 的输入线 L_1,并确定应出现在 L_1 的逻辑值为 0。第三个步骤的目的是选择逻辑门 G_1 的一根输入线并决定它应有的逻辑值,以使

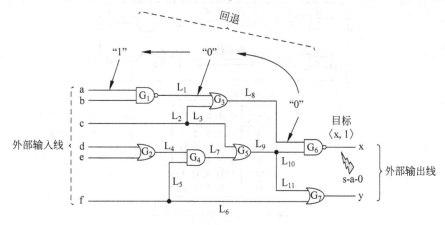

图 3-12　回退操作的例子

其有助于使 0 出现在 L_1 上。G_1 是 NAND 门，欲使其输出为 0，需要它的所有输入线为 1。为使测试生成不成功时能被尽早知道，可先选 G_1 的最难设置为 1 的输入线 a（在这个例子当中亦可选择 b），并确定应出现在 a 的逻辑值为 1。

回退操作的一般算法 backtrace 的概要如图 3-13 所示。进行回退往往需要选择逻辑门的某根输入线，它或是最容易设置为某个逻辑值，或是最难设置为某个逻辑值。这种设置为某个逻辑值时的难易度可以用信号线的可控制性来衡量。

```
backtrace (s, v_s) /* 把目标转换成为对外部输入线的赋值 */
{
    v=v_s ;
    while (s为门的输出线)
    {
        if (s对应的门为NAND门，NOR门，NOT门) v=v̄ ;
        if (目标要求对该门的所有输入进行赋值)
            选择s的尚未赋值而且最难控制成逻辑值v的输入线a ;
        else
            选择s的尚未赋值而且最容易控制成逻辑值v的输入线a ;
        s=a ;
    }
    /* 这时的s为一个外部输入线 */
    return (s，) /* 指示把v赋予s*/
}
```

图 3-13　回退算法 backtrace 的概要

【问题 2】 如何进行蕴涵？

蕴涵是指根据某些信号线的现有的逻辑值而自动确定其他一些信号线的应有的逻辑值的操作。在 PODEM 中用到的蕴涵是由对外部输入线的赋值而引起的，是所谓前向蕴涵（forward implication），即根据逻辑门的某些输入信号线的现有逻辑值来确定该门应有的输出值，尽管该逻辑门的其他输入信号线的逻辑值尚未确定。如图 3-14 所示，蕴涵可利用逻辑门的扩大真值表来进行。扩大真值表是针对逻辑值（0 和 1）、未定值（X）以及故障效果（D 或 $\bar{D}$）的逻辑运算，可以通过门的逻辑功能直接建立。

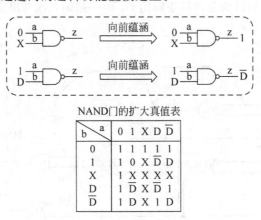

NAND门的扩大真值表

b＼a	0	1	X	D	$\bar{D}$
0	1	1	1	1	1
1	1	0	X	$\bar{D}$	D
X	1	X	X	X	X
D	1	$\bar{D}$	X	$\bar{D}$	1
$\bar{D}$	1	D	X	1	D

图 3-14　向前蕴涵的例子

【问题3】 如何确认一个测试向量或测试立方是否已被生成？

这可通过故障效果（D 或 $\overline{D}$）是否已经出现在至少一根外部输出线上来判断。若 D 或 $\overline{D}$ 已经出现在至少一根外部输出线上，则该对象故障可以被检测。若此时所有的外部输入线都已被赋予了逻辑值（0 或 1），则外部输入值的组合为该对象故障的测试向量。若此时至少有一根外部输入线的逻辑值尚未确定（X），则外部输入值的组合为该对象故障的测试立方。

【问题4】 如何判断是否可能通过对外部输入线的进一步赋值得到测试向量？

在通过故障激活产生故障效果（D 或 $\overline{D}$）之后，会出现由至少一个输入值为 D 或 $\overline{D}$ 而输出值尚未确定（即为 X）的所有逻辑门组成的集合，即 D 前沿。若对外部输入线的赋值造成 D 前沿变成空集合（即 D 前沿消失），则意味着不可能通过对外部输入线的继续赋值得到测试向量。在这种情况下，就需要进行回溯等操作。

【问题5】 如何进行回溯？

如前所述，PODEM 的本质是把测试向量生成当成一个探索问题来解决，其探索空间由全部外部输入线构成。探索过程的管理是通过蕴涵栈（implication stack）来实现的。蕴涵栈的每一个单元包含信号线的名称，该信号线当前所赋的逻辑值（v），以及是否已经对该信号线尝试过赋相反的逻辑值（$\overline{v}$）的信息。图 3-15 所示的蕴涵栈表示如下的探索过程：首先是对 a 已赋值 0，其相反值 1 已被尝试赋值；其次是对 c 已赋值 1，其相反值 0 尚未被尝试赋过；之后是对 d 已赋值 0，其相反值 1 已被尝试赋过。如图 3-15 所示，这个探索过程也可用二叉树来表示。

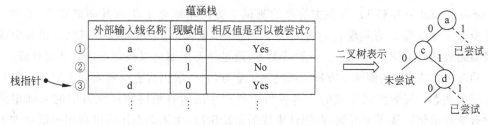

图 3-15 利用蕴涵栈的探索过程管理

在图 3-15 的例子当中，若对外部输入线的现有赋值 <a=0,c=1,d=0> 导致了 D 前沿消失，则在外部输入线的现有赋值的基础上继续对外部输入线赋值就不可能最终产生测试向量。在这种情况下，就应该进行回溯操作。在图 3-15 的例子当中，会从栈指针指向的单元③（<d,0,Yes>）开始回溯操作。这个单元表示外部输入线 d 的现有赋值为 0 而且其相反值 1 已被尝试赋过，也就是说，关于 d 已无任何选择余地。因此，PODEM 会删除单元③，并取消对外部输入线 d 的赋值（恢复为未确定值 X），栈指针指向单元②。单元②（<c,1,No>）表示外部输入线 c 的现在赋值为 1 但其相反值 0 尚未被尝试赋过。在这种情况下，PODEM 会把对外部输入线 c 的赋值从 1 改为 0，并判断对外部输入线的赋值组合 <a=0,c=0> 是否可能最终产生测试向量，回溯操作就是这样进行的。

参照以上的 PODEM 的概念性流程的说明，就比较容易理解 PODEM 算法的基本原理和思路。

3.4　测试精简

在测试生成过程中一般需要进行测试精简,其目的是减少生成的最终测试向量的数量,从而降低所需的测试时间以降低测试开销。测试精简有两种类型,即在测试生成进行当中实施的动态压缩(dynamic compaction)和在测试生成完成之后实施的静态压缩(static compaction),它们有时也被统称为测试精简。

针对一个故障所进行的测试生成的结果,是对电路外部输入线的一个赋值组合。在一般情况下,这个组合除了确定了的逻辑值(0,1)之外,往往还含有未确定值(X)。如 3.3.1 节所述,这样的由 0、1、X 组成的赋值组合称为测试立方。为了区别起见,仅由 0 和 1 组成的赋值组合往往被称为测试向量。

在图 3-8 所示的例子当中,信号线 L_7 的 s-a-0 故障的测试生成的直接结果为测试立方 $<a=0,b=1,c=X,d=1>$。对拥有许多外部输入线的大型电路来说,其测试立方往往含有非常多的未确定值(X)。很明显,在现有的测试立方的基础之上可以继续进行测试生成,以通过对其中的未确定值(X)进一步赋值来检测其他的故障。这个操作就是动态压缩,它可以使一个测试立方或测试向量同时检测更多的故障,从而减少整个电路所需的测试向量的总数。动态压缩的一般过程如下:在每次开始测试生成时,先从尚未检测的故障当中选择一个主故障(primary fault)并生成其测试立方;之后,从尚未检测的故障中选择一个副故障(secondary fault)(步骤 1),并在主故障的测试立方的基础之上生成其测试立方(步骤 2);重复步骤 1 和步骤 2,直到现有的测试立方中的未确定值(X)已变得很少或已经很难生成可以检测副故障的测试立方为止。一般情况下,通过动态压缩可以检测不止一个副故障。

动态压缩结束后的测试立方称为最终测试立方,它一般仍含有一些未确定值 X。图 3-16 为实施了动态压缩的测试生成的全过程当中所产生的所有最终测试立方中的未确定值 X 的含有率的示例。从图中可见,在测试生成的初始阶段,实施动态压缩以利用测试立方中的未确定值 X 来检测副故障比较容易成功,导致最终测试立方中的残余未确定值 X 的含有率

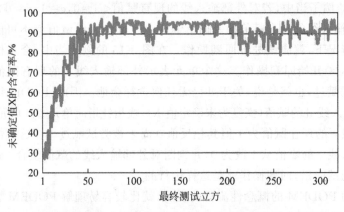

图 3-16　测试生成过程中的最终测试立方的未确定值 X 的含有率的示例

较低。但是,随着测试生成过程的进行,针对副故障的测试生成的成功率下降,造成最终测试立方中的未确定值 X 的含有率非常高。

由上述可见,即使在测试生成过程中实施了动态压缩,其结果仍会是含有大量未确定值 X 的测试立方。对于这些测试立方,可以利用静态压缩来进一步减少测试所需的最终测试立方的数量。如图 3-17 所示,静态压缩是指把两个相互兼容的测试立方合并为一个测试立方的操作。在图 3-17 的例子当中,有两个测试立方,$V_x = <0, X, 1, X, X>$ 与 $V_y = <0, 1, X,$ $1, X>$,它们相互兼容,因此可以把它们合并为一个新的测试立方 $V_z = <0, 1, 1, 1, X>$。显然,这个新的测试立方(V_z)可以检测两个旧的测试立方(V_x 与 V_y)所能检测的所有故障。由此可见,通过实施静态压缩可以有效地减少测试立方的数量而不影响故障检测能力。

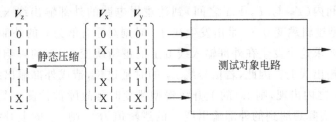

图 3-17 静态压缩的例子

一般情况下,在实施了动态压缩和静态压缩之后,测试生成的结果依然可能还是测试立方,即仍然含有一些未确定值(X)。因为实际测试中使用的 ATE 只能接受处理逻辑值(0,1),测试立方中的未确定值 X 必须依靠某种方法设置为 0 或 1 之后才能用于实际测试,这个操作称为 X 填充(X-filling)。最为直接的和常用的 X 填充方法是随机填充(random-fill),即随机地选择 0 或 1 来对测试立方中的每一个 X 进行赋值。随机填充的结果是只由 0 和 1 组成的测试向量,可以应用于实际测试。值得注意的是,一个测试立方经过随机填充变成一个测试向量后,往往可以检测出一些新的故障。这个现象称为偶然检测(fortuitous detection),它有助于减少测试向量数。但是,随机填充也有一些缺点,比如容易造成测试功耗的上升等。因此,如果需要降低测试向量所产生的测试功耗,就需要使用随机填充以外的 X 填充方法,比如 0 填充(0-Fill),1 填充(1-Fill)等。

3.5 时延故障的测试生成

对芯片来说,不仅要保证其输出值的正确性,还要保证其具有设计要求的性能。也就是说,芯片电路的外部输入线的逻辑值跳变(0→1 或 1→0)的影响必须能够在设计要求的时间内反映在该电路的外部输出线。然而,在芯片制造过程当中,有许多因素(比如,晶体管或信号线的缺陷)会使其工作速度达不到设计要求。时延故障(delay fault)就是用来对造成逻辑电路的外部输入线的跳变不能在设计要求的时间内反映在外部输出线的现象进行建模的故障模型。代表性的时延故障包括跳变时延故障(transition delay fault)和通路时延故障(path delay fault)。在实际当中经常需要对跳变时延故障生成测试向量,以下简单地介绍跳变时延故障的测试生成的基本原理。

　　跳变时延故障是指逻辑电路的某根信号线的时延过长,导致该信号线上的逻辑跳变(0→1 或 1→0)造成的影响不能在设计要求的时间内到达逻辑电路的外部输出线。跳变时延故障有两种类型,即上升缓慢(slow-to-rise)型和下降缓慢(slow-to-fall)型。前者是指对象故障信号线的逻辑跳变为 0→1,后者是指对象故障信号线的逻辑跳变为 1→0。与固定型故障相似,逻辑电路的每一根信号线对应两个跳变时延故障,一个为上升缓慢型,另一个为下降缓慢型。

　　图 3-18 为上升缓慢型跳变时延故障的例子,其中,对象信号线为 L_7,其时延过长,从而导致 L_7 上的上升型逻辑跳变 0→1 造成的影响(即外部输出端 x 上的逻辑跳变 1→0)不能在设计要求的时间内(T_2 与 $T_2+\Delta$ 之间)到达逻辑电路的外部输出线 x。在这个例子当中,L_7 上的上升型逻辑跳变 0→1 是由发生在 T_2 时刻对原有值为 0 的外部输入线 b 赋值 1 造成的。设计上要求这个发生在外部输入线 b 上的逻辑跳变 0→1 的影响能在时间间隔 Δ 之内反映到外部输出线上。因此,若信号线 L_7 的时延过长,造成外部输出线 x 上的逻辑跳变 1→0 不能在 Δ 之内出现,则 L_7 的上升缓慢型跳变时延故障被检测。具体来说,若在观测时间点 $T_2+\Delta$ 实际观测到的外部输出线 x 的逻辑值为 0,则 L_7 的上升缓慢型跳变时延故障不存在或未被检测。若在观测时间点 $T_2+\Delta$ 实际观测到的外部输出端 x 的逻辑值为 1,则 L_7 的上升缓慢型跳变时延故障被检测。

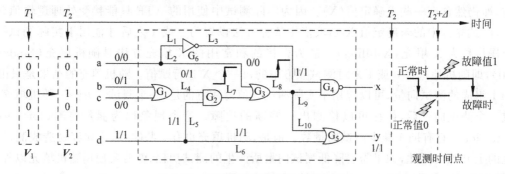

图 3-18　跳变时延故障及其测试向量

　　由图 3-18 的例子可以看出,信号线 L_7 的上升(0→1)缓慢型跳变时延故障的检测需要一对输入向量 $\{V_1, V_2\}$,其中 V_1(称为初始向量,在 T_1 时刻施加于逻辑电路)将 L_7 设置为 0,而 V_2(称为测试向量,在 T_2 时刻施加于逻辑电路)将 L_7 设置为 1 并且将 L_7 上的故障效果传播到至少一个外部输出线上。因此,V_2 实际上是一个针对 L_7 的固定型故障 s-a-0 的测试向量,可以利用诸如 PODEM 之类的测试生成算法来生成。

　　在图 3-18 的例子中,做如下假设:

$$d_1 = \text{b-}G_1\text{-}L_4\text{-}G_2\text{ 的传输时延}$$

$$d_f = L_7 \text{ 的上升缓慢型跳变时延故障的时延}$$

$$d_2 = G_3\text{-}L_8\text{-}L_9\text{-}G_4\text{-x 的传输时延}$$

在这种情况下，L_7 的上升缓慢型跳变时延故障被检测出的条件为：

$$d_1 + d_f + d_2 > \Delta$$

其中，$d_1 + d_2$ 是为检测 L_7 的跳变时延故障而被敏化的通路（b-G_1-L_4-G_2-L_7-G_3-L_8-L_9-G_4-x）的正常传输时延。当故障时延 d_f 较大时，即便这个敏化通路的时延比较小，L_7 的跳变时延故障亦可被检测出；但是，当 d_f 较小（微小时延故障）时，若这个敏化通路的时延比较小，L_7 的跳变时延故障即使存在也有可能不被检测出。在实际当中，通路的时延大小往往与通路的长短相关。而且，d_f 较小的时延故障，即微小时延故障，随着集成电路微细加工技术的发展呈现多发的趋势。因此，较短的敏化通路无法检测出微小时延故障的问题越来越严重。

如图 3-19（a）所示，通常的自动测试向量生成（ATPG）工具不考虑敏化通路的长短，在这个例子当中，敏化通路为 P_{12}-L-P_{22}，其长度较短，因此即使成功地生成了跳变时延故障的测试向量，也可能无法检测出 L 上的微小时延故障。为了解决这个问题，可以利用如图 3-19（b）所示的考虑时序的 ATPG 工具。这种 ATPG 会试图敏化尽可能长的通路，在这个例子当中为 P_{11}-L-P_{23}，其长度较长，因此有较大的可能利用所生成的测试向量成功地检测出 L 上的微小时延故障。一般来讲，考虑时序的 ATPG 生成的测试向量更有可能检测出微小时延故障，但相对于通常的不考虑时序的 ATPG，考虑时序的 ATPG 的测试生成时间较长，生成的测试向量的数量也较多。

(a) 敏化通路较短的例子　　　　　　　(b) 敏化通路较长的例子

图 3-19　不同的 ATPG 的敏化通路的差异

3.6　实例介绍

测试生成是芯片测试设计实现当中的一个重要步骤。本节简单地介绍一下利用商用软件工具（Tessent）生成测试向量的基本流程，以便读者对测试生成有一些具体的感知。基于 Tessent 的测试生成建立在原有电路设计中插入扫描链的基础上。图 3-20 包含了完整的插入扫描链电路（第 4 章介绍）和利用 ATPG 工具生成测试向量的流程，其基本步骤如下。

（A1）**获得原始设计信息**：准备和综合 RTL 级的芯片设计。

（A2）**插入扫描链电路**：运行 Tessent Shell，以综合后的门级网表和 DFT 库文件作为输入，自行指定扫描链的长度和数量以及其他插入的要求，使用 Tessent Scan 在门级网表中插入扫描链。

（A3）**获得测试设计信息**：生成并保存带扫描链电路的门级网表以及 TCD（Tessent Core Description）文件。TCD 文件用于 ATPG，包含了扫描链的定义和操作过程。

（A4）**生成测试向量**：运行 Tessent Shell，以 A2 中插完扫描链之后的门级网表和 TCD

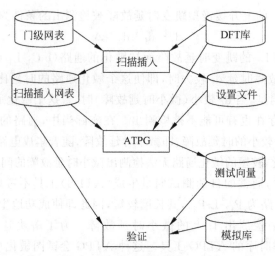

图 3-20 测试向量生成的流程

文件作为输入,以 Tessent FastScan 作为 ATPG 工具来生成测试向量。测试向量可以根据需要保存成不同格式,如 STIL 和 Verilog 等。

(A5) **功能仿真**:用逻辑模拟器模拟(A4)中产生的测试向量来完成功能仿真,以发现可能存在的问题。通常的要求是模拟所有的并行测试向量和选出的若干串行测试向量。

利用商用软件工具(Tessent)生成测试向量时用到的主要操作命令如下。

(B1) 通过命令行启动 Tessent Shell,其默认模式是配置(Setup)模式。

```
$ tessent - shell
```

(B2) 通过 set_context 命令,将工具的 context 设成使用 ATPG 生成测试向量的环境。

```
SETUP > set_context patterns - scan
```

(B3) 通过 set_tsdb_output_directory 定义保存修改后的设计以及其他输出文件的tsdb 目录位置。

```
SETUP > set_tsdb_output_directory ../tsdb_outdir
```

(B4) 通过 read_design 工具自动在 tsdb 目录下寻找并加载插完扫描链的门级网表以及相关设计信息。

```
SETUP > read_design cpu_top - design_id gate - verbose
```

(B5) 通过 read_cell_library 命令载入单元模拟库。

```
SETUP > read_cell_library ../library/standard_cells/tessent/adk.tcelllib
SETUP > read_cell_library ../library/memories/picdram.tcelllib
```

(B6) 通过 set_current_design 命令设置工具处理的当前设计。

```
SETUP > set_current_design
```

(B7) 通过 set_current_mode 定义当前的测试模式的名字为 scan_stuck,默认类型为

unwrappered。

```
SETUP > set_current_mode scan_stuck
```

（B8）通过 import_scan_mode 导入 TCD 文件，即 scan_mode 的配置，包括插入的 scan chain 组成信息。

```
SETUP > import_scan_mode scan_mode
```

（B9）通过 set_system_mode 命令，将系统模式切换到 Analysis 模式，该模式进行电路扁平化、电路学习和设计规则验证。

```
SETUP > set_system_mode analysis
```

（B10）通过 create_patterns 命令生成针对单固定型故障的测试向量。

```
ANALYSIS > create_patterns
```

（B11）通过 write_tsdb_data 保存 flat model、TCD、patdb 格式的测试向量以及故障列表到 tsdb 中。

```
ANALYSIS > write_tsdb_data - replace
```

（B12）通过 write_flat_model 生成 flat model 用于后续的诊断过程。

```
ANALYSIS > write_flat_model results/pipe.flat - replace
```

（B13）通过 write_patterns 命令保存不同格式的测试向量。STIL 格式用于 ATE 测试，Verilog 格式用于功能验证。

```
ANALYSIS > write_patterns results/cpu_top_stuck.stil  - stil - parallel  - replace
ANALYSIS > write_patterns results/cpu_top_stuck_par.v - verilog - parallel - replace
ANALYSIS > set_pattern_filtering - sample 2
ANALYSIS > write_patterns results/cpu_top_stuck_ser.v - verilog - serial - replace
```

（B14）退出 Tessent Shell。

```
ANALYSIS > exit
```

3.7 本章小结

测试生成是集成电路测试的核心技术之一。本章在简述了测试生成的基本概念和基本要求之后，对非面向故障型及面向故障型的测试生成方法的基本原理做了介绍。本章的重点在于通过固定型故障的测试生成来说明通路敏化法的基本原理并介绍其代表性算法 PODEM。本章还介绍了测试生成当中常用的两种测试精简手法（动态压缩和静态压缩），以及跳变时延故障测试生成的基本原理。目前，已有一些开源的 ATPG 项目可供参考[①]。

随着集成电路设计和制造技术的不断发展，电路规模不断增大，制造缺陷的类型不断增

---

① https://www.gitlink.org.cn/opendacs/oATPG

多,车载电子等高可靠性应用对测试质量的要求不断提高,低功耗高性能电路对降低测试功耗的要求更加紧迫,使测试生成不断面对许多新的挑战。利用分布式并行算法及高性能通用图形处理器(GPGPU)来提高测试生成系统的性能,利用新的故障模型或检测条件(例如,Cell-Aware ATPG、Timing-Aware ATPG 等)来提高测试向量的质量,利用人工智能来提高测试生成算法的效率,利用 X 填充来降低测试功耗等新的测试生成技术正在不断涌现,值得持续关注。

3.8 习题

3.1 某电路由 7 根外部输入线(a,b,c,d,e,f,g)和 3 根外部输出线(x,y,z)组成;从电路结构上看,x 只可能受到 a、b、c 的影响,y 只可能受到 c、d、e、f 的影响,z 只可能受到 e、f、g 的影响。为这个电路设计一个尽量小的伪穷举测试集合。

3.2 简要说明回溯(backtrack)和回退(backtrace)的区别。

3.3 给出 OR 门的扩大真值表。

3.4 图 3-21 所示电路的单固定型故障的总数是多少? 测试向量 $V(<a=0,b=1,c=1,d=0,e=1>)$一共可检测几个故障?

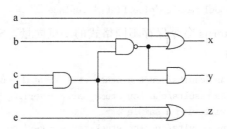

图 3-21 单固定型故障测试生成的练习电路

3.5 利用 PODEM 分别为图 3-22 所示电路中的以下两个故障生成测试立方或测试向量。
(1) 信号线 L_5 的固定为 0 故障(s-a-0);
(2) 信号线 L_4 的固定为 1 故障(s-a-1)。

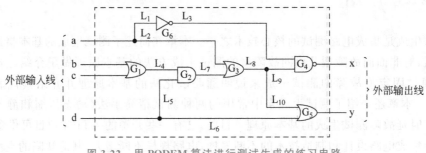

图 3-22 用 PODEM 算法进行测试生成的练习电路

参 考 文 献

[1] FUJIWARA H. Logic testing and design for testability[M]. Cambridge, MA: The MIT Press, 1985.

[2] ABRAMOVICI M, BREUER M A, FRIEDMAN A D. Digital systems testing and testable design [M]. New York: Computer Science Press, 1990.

[3] CROUCH A L. Design-for-test for digital IC's and embedded core systems[M]. Upper Saddle River, NJ: Prentice Hall PTR, 1999.

[4] BUSHNELL M L, AGRAWAL V D. Essentials of electronic testing for digital, memory and mixed-signal VLSI circuits[M]. Boston: Kluwer Academic Publishers, 2000.

[5] WANG L T, WU C W, WEN X. VLSI test principles and architectures: Design for testability[M]. San Francisco: Elsevier, 2006.

第 4 章

可测试性设计

第 3 章主要介绍了组合逻辑电路的测试生成技术。即使是对于组合逻辑电路,基于单固定型故障的测试生成也是一个 NP-完全问题,也就是说在最坏的情况下它的计算复杂度随着电路输入引线的增加而呈指数级增加。当将组合电路的测试生成技术应用于时序电路时,这个问题就更加复杂了。有些故障需要非常长的时间才能被激励和传播到最近的观察点。比如,一个 32 位计数器的输出最高位上的固定为 0 故障需要在 2^{31} 个时钟周期后才能被观察到。不仅功能或伪随机测试不可能达到满意的故障覆盖率,确定性的测试生成也会花费很长的时间去生成测试向量,这使得无法在可接受的处理时间内获得高覆盖率的测试集。事实上,业界至今仍然没有令人满意的时序电路的测试生成工具:一方面,它们普遍需要消耗大量的计算时间,而对故障覆盖率的提升非常有限;另一方面,它们会生成过大的向量集或过长的测试序列(测试向量的周期数很大),造成测试应用时间过长,及测试成本不可接受。为了应对上述问题,20 世纪 80 年代,可测试性设计技术得到了快速发展和广泛应用。

4.1 可测试性设计的重要性

集成电路测试对可测试性设计的需求,不仅因为时序电路测试生成很困难,还和很多因素有关。

第一,随着半导体工艺的细化,集成电路的规模以摩尔定律的速度在攀升,集成电路功能和内部结构也越来越复杂;而其可接触的输入/输出引脚数量仍然只有几百到上千个,使得集成电路的逻辑引脚比(逻辑电路的晶体管数与输入/输出引脚数之比)不断增长到非常高的程度。这种有限数量的输入/输出端口和内部空前复杂的集成电路芯片之间的高度不平衡关系,给只能通过输入/输出引脚施加的集成电路测试带来了极大的挑战。确定性测试生成需要很长的处理时间来提升故障覆盖率,同时也需要大量的时钟周期来激发故障效应并将其传播到外部输出,这样带来的后果是:测试向量生成时间越来越长,测试应用时间越来越长等。前者会使测试开发成为芯片设计阶段的瓶颈,影响芯片的面市时间(time-tomarket),后者和在自动测试设备上支出的芯片测试成本直接相关。

第二,集成电路特征尺寸的缩小带来越来越高的密度和运行速度,使得由于工艺参数波动、串扰和电源噪声等效应带来的电路缺陷更容易发生,测试需要考虑的故障模型更加复杂多样,需要昂贵的 ATE 提供高速测试时钟,测试数据量也随之大幅攀升,需要占用 ATE 的大量存储空间并导致测试数据多次加载,这进一步延长了测试应用时间,提高了测试成本。

第三,除了支持芯片的量产测试之外,在集成电路芯片产品的不同阶段,有不同的测试需求,进一步扩大了可测试性设计的外延,并在可测试性设计成本约束下对测试电路在不同阶段的复用提出了要求。

在芯片完成设计后的首次流片到最终能够大规模量产之间,一般会有相当长的调试过程,芯片的设计越复杂、规模越大,调试过程往往也越长,从几个月、半年到一年不等。这个调试过程称为硅后调试(post-silicon debug)或硅后验证(post-silicon validation),用来发现和修正设计缺陷,改进生产工艺等,这是因为流片前的设计验证已经很难保证对复杂电路的功能和难以准确建模的电气行为进行充分的验证。在硅后调试过程中,当一个芯片的测试未通过时,工程师需要知道芯片的内部状态来分析它的失效原因,因此需要调试电路的支持,比如调试电路可借助可测试性设计(Design For Test,DFT)中的扫描设计来获取电路内部的状态。

在芯片集成到电路板上之后,需要在印制电路板上访问芯片的引脚,测试板上集成的芯片的稳定性,测试芯片之间连接的可靠性,以及必要时进行板级故障的诊断。

当芯片运行在系统中时,一些关键的应用领域(如航天、汽车等)需要确保芯片的可靠稳定运行,支持加电时自检、空闲时间在线测试、故障的远程调试甚至故障的自修复等。

可测试性设计,是解决上面讨论的所有问题的有效和基本的技术手段。在可测试性设计中,必须将所有与测试相关的设计开销以及由上述问题引起的成本保持在合理范围内,满足一定的设计规则,以牺牲少量的面积和尽可能小的性能降级,提供足够的可控制性和可观察性,实现调试、量产测试和系统测试中统一的经济的解决方案,从而降低测试开发成本,增加故障覆盖率,最终降低缺陷水平。

4.2 可测试性分析

可测试性(testability),反映了对一个电路进行充分测试的难易程度。对被测电路的可测试性进行量化分析的过程,称为可测试性分析。尽管影响测试质量和成本的因素很多,但从前面章节的讨论可以看出,对故障进行测试生成的难易主要取决于两大问题,即对电路内部节点的控制和观察问题。因此,可测试性常常被分解成两类指标:可控制性(controllability)和可观察性(observability),并针对电路中的每个节点(或每根信号线)来进行评估。

信号线的可控制性用于衡量将一根信号线设置为所需的值(0 或者 1)有多困难,比如在测试生成中故障激活时所需要的值,或者为了不影响故障效应传播时所需要设置的逻辑门输入的非控制值。信号线的可观察性指观察这根信号线的状态的难度,在测试生成中用于衡量将代表故障效应的特定信号值从当前信号线传播到电路输出的难度。显然,由于信号的传播需要对传播通路上的逻辑门赋值,可观察性也受到可控制性的影响。

可测试性分析结果可用于指导可测试性设计通过提高电路内部节点的可控制性和可观察性,改善被测电路的可测试性;也可用于指导测试生成中对信号赋值或传播路径的选择,从而提高测试生成效率和故障覆盖率,降低测试成本,相关内容可参见第 3 章。

可测试性分析技术最好能够通过对电路的拓扑结构的静态分析(不需要测试向量)来实现,并具有线性时间复杂度。

Goldstein 发明了 SCOAP(Sandia Controllability/Observability Analysis Program)可测试性度量的方法,该方法具有线性复杂度。SCOAP 度量包括三个特征值,代表相对的困难程度:0 可控制性($C0_i$)和 1 可控制性($C1_i$),分别刻画将一根信号线 i 设置成 0 和 1 的难度;可观察性(O_i),刻画将故障效应通过信号线 i 向电路的输出方向传播的难度。电路的外部输入可以直接控制,因此具有最小的 0/1 可控制性值 1;内部各节点的 0/1 可控制性需要从输入向输出方向计算,每经过 1 级逻辑门,难度会加 1。电路的外部输出可以直接观察,因此具有最小的可观察性值 0;内部各节点的可观察性需要从输出向输入方向计算,每回退 1 级逻辑门,难度会加 1。也就是说,SCOAP 使用的可测试性度量范围从 0 到无穷大,SCOAP 可测试性值越大,则表明可控制性或可观察性越差,当某个电路节点对应的可测试性取值无穷大时,代表该节点不可控制或不可观察。

图 4-1 给出了组合逻辑电路中 SCOAP 可测试性特征值计算规则,包含了与、或、非三种基本的逻辑门,以及电路中常见的扇出源/分支结构。

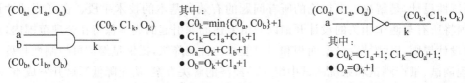

（a）计算 AND 门输出的 0/1 可控制性、输入的可观察性

其中:
- $C0_k = \min\{C0_a, C0_b\} + 1$
- $C1_k = C1_a + C1_b + 1$
- $O_a = O_k + C1_b + 1$
- $O_b = O_k + C1_a + 1$

（b）计算 NOT 门的 0/1 可控制性与可观察性

其中:
- $C0_k = C1_a + 1$; $C1_k = C0_a + 1$;
- $O_a = O_k + 1$

（c）计算 OR 门输出的 0/1 可控制性、输入的可观察性

其中:
- $C0_k = C0_a + C0_b + 1$
- $C1_k = \min\{C1_a, C1_b\} + 1$
- $O_a = O_k + C0_b + 1$
- $O_b = O_k + C0_a + 1$

（d）计算扇出源/分支的 0/1 可控制性与可观察性

其中:
- $C0_k = C0_m = C0_m = C0_a$
- $C1_k = C1_m = C1_m = C1_a$
- $O_a = \min\{O_k, O_m, O_n\}$

图 4-1　组合逻辑电路中 SCOAP 可测试性特征值的计算规则

由图 4-1 可见,从电路的输入向输出方向计算可控制性时,对于每个逻辑门,只有当它的所有输入的可控制性已经得到后,才能计算它的输出的可控制性。为了满足这个条件,需要对电路进行分级的操作,使得每个门的级数比它的所有前驱门的级数至少大一级,这样就可以按照级数从低到高的顺序计算逻辑门的可控制性,同一级的逻辑门可按任意顺序计算。

图 4-2 给出了一个简单电路的从输入开始的逻辑门分级情况(参见带圈的数字),并标注了按照级数顺序计算得到的 SCOAP 可控制性(参见括号中的数字)。

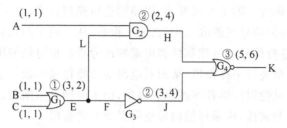

图 4-2 从输入到输出方向的电路分级(带圈的数字)与 0-可控制性、1-可控制性

同样,为了从电路的输出向输入方向计算可观察性,也需要对电路进行分级,使得每个门的级数比它的所有后继门的级数至少大一级,图 4-3 给出了同一个电路的从输出开始的逻辑门分级情况(参见带圈的数字),并标注了按照级数顺序计算得到的 SCOAP 可观察性(参见括号外的数字)。

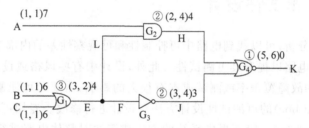

图 4-3 从输出到输入方向的电路分级(带圈的数字)与可观察性(括号外数字)

SCOAP 有一个明显的缺陷,就是没有考虑重汇聚的扇出分支上信号之间的依赖性,因此导致分析的不精确性。如图 4-4 所示,PI2 扇出的 3 个分支在或非门的输入端汇聚得到输出 PO1,很明显或非门的 3 个输入的可控制性是相互影响的,而 SCOAP 没有考虑这种影响。因此,SCOAP 在估算每个独立信号是否可测方面有一定的局限性,但是它在估算整个电路可以达到的故障覆盖率方面仍然是非常有效的。

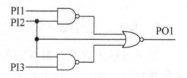

图 4-4 扇出分支重汇聚引起
的信号相关性

SCOAP 也定义了时序电路的可测试性特征值计算规则,即信号值经过一个触发器后对可控制性和可观察性的影响,可用于引导时序电路的测试生成。

静态的可测试性分析,还可以基于信号取值的概率,这类概率计算刻画了使用随机向量将某根信号线设置成 0(或 1)的概率,以及信号线的值传播到输出的概率。根据概率计算的原理,一根线的 0 可控制性和 1 可控制性的取值范围在 0~1,并且二者之和为 1;可观察性的特征值取值范围也在 0~1。显然,0 值代表不可控制或不可观察;电路输入的 0 可控制性和 1 可控制性可各设为 50%,或者按照电路的功能输入特性来设置偏置的取 0 和取 1 的概率;电路输出的可观察性特征值可定义为 1。可以使用类似于图 4-1 的原理来推导出每个逻辑门的基于概率的可控制性和可观察性特征值的计算公式。这种方法同样具有如图 4-4 所示的由扇出重汇聚引起的计算误差。

为了弥补静态分析方法的不准确性，可以使用逻辑模拟技术，通过模拟小部分随机向量或者功能向量，记录每根信号线的取 0 次数、取 1 次数、从 0 到 1 的翻转次数、从 1 到 0 的翻转次数，在此基础上进行信号的可控制性和可观察性分析。也可以使用故障模拟技术，对少量的随机或伪随机向量进行采样模拟，从而对电路的故障覆盖率做一个初步的估计，并在没有覆盖的区域为可测试性设计推荐测试点。显然，由于时间开销限制，使用逻辑模拟和故障模拟方法分析电路可测试性，所采样的向量空间必须非常有限。

此外，可测试性分析技术也可以在寄存器传输级进行。相比于逻辑门级，高层设计代码更精简，扇出重汇聚的情况更少，可以使分析更高效和更准确。并且提前在寄存器传输级做可测试性分析，可以在逻辑综合之前，根据分析结果进行寄存器传输级可测试性设计，提高电路的可测试性。

4.3 专用可测试性设计

经过可测试性分析，可以找到电路中可控制性和可观察性差的内部节点，有针对性地修改这些节点周围的电路以提升其可测试性。此外，设计中有些风格或设计模式是对测试不友好的，即对电路的故障覆盖率或测试成本有很大的影响，需要尽可能避免。这两类情况，都需要采用专用（ad hoc）的可测试性设计方法对设计进行修改。专用可测试性设计方法主要针对局部的设计进行，一般不提供系统的方法或算法对整体电路进行可测试性的提升。但是可以从专用可测试性设计方法中总结出一些规则，用于对可测试性设计进行规则检查与修复。

4.3.1 测试点插入

测试点插入技术是最常用的专用 DFT 方法，用于提高特定的电路内部节点的可控制性和可观察性。测试点分为两种：观察点和控制点。

对于电路中低可观察性节点，直接引出到输出引脚或者通过多路选择器 MUX 复用输出引脚来观察其逻辑值的方法一般来说不可取，因为芯片的引脚资源是非常有限的。一种常用的方式是添加触发器来作为观察点捕获低可观察性节点的值。图 4-5 显示了一个逻辑电路的观察点插入的例子。K 是电路中的一个低可观察性节点，将 K 连接到一个添加的观察点扫描单元 B，B 由一个 MUX 连接一个 D 触发器的数据输入端构成，这是一种典型的扫描 D 触发器结构，又称为扫描单元（参见 4.4 节扫描设计）。K 连接到 B 内部 MUX 的 0 端口，B 内部 MUX 的 1 端口（SI 端）与电路中原有的扫描单元 A 相连，B 内部 D 触发器的输出 SO 端与电路中添加的观察点 B 即扫描单元 B 相连，A、B、C 串行连接形成称为"扫描链"的移位寄存器（参见第 4.4 节扫描设计）。这样，低可观察性节点 K 的逻辑值可被捕获到观察点 B 中，通过观察点 B 所在的扫描链的移位操作，在扫描链的输出端观察到。

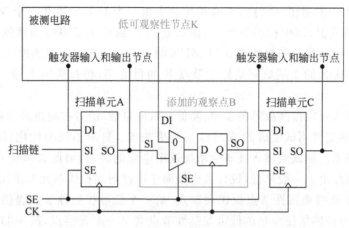

图 4-5 逻辑电路的观察点插入示例

对于电路中低可控制性节点,可以选择插入 0-控制点、1-控制点或通用的控制点来提高将其控制为逻辑值 0、逻辑值 1 或任意的逻辑值的能力,如图 4-6 所示。图 4-6(a)针对低 1-可控节点 N,用一个或门和一个与门来实现 1-控制点的插入,CP1 为添加的 1 控制点,当测试模式信号 TM 有效(TM=1)时,或门的输出 N′被 CP1 设置成 1。类似地,图 4-6(b)针对低 0-可控节点 M,用一个与门、一个或门和一个非门来实现了 0-控制点的插入,CP0 为添加的 0 控制点,当测试模式信号 TM 有效(TM=1)时,与门的输出 M′被 CP0 设置成 0。图 4-6(c)显示了采用触发器插入通用的控制点的例子:低可控制性节点 K 的源端和目

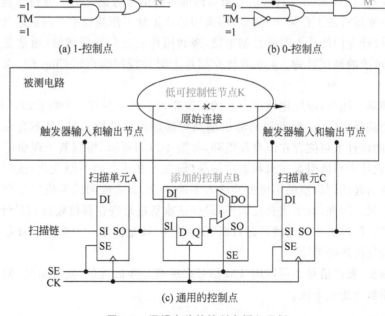

图 4-6 逻辑电路的控制点插入示例

的端中间被插入一个通用控制点,该通用控制点由一个 D 触发器和一个 MUX 组成,并被串接到一条扫描链上(图中扫描单元 A、控制点 B、扫描单元 C 串接为移位寄存器)。在功能模式下,节点 K 的源端和目的端通过 MUX 的 0 端口连接;在扫描模式下,存储在 D 触发器的值通过 MUX 的 1 端口驱动原始节点 K 的目的端,将扫描链上输入的值传递给目的端。

测试点的插入可以提高故障覆盖率,降低测试向量数,前者在随机或伪随机测试中更关键,后者对基于确定性测试生成的 ATPG 系统更关键。针对不同的优化目标,可以有不同的测试点选择技术。测试点插入技术会增加逻辑电路的时延,因此必须注意尽量不要将控制点插入关键路径上。一般来说,设计者更倾向于通过增加扫描单元来添加测试点,扫描单元可同时给一个低可观察性节点提供观察点、给一个低可控制性节点提供通用的控制点。另外,可以通过异或网络使少量的低可观察性节点共享一个观察点,减少 DFT 电路的面积开销,但是会增加布线的复杂性。

4.3.2　影响电路可测试性的设计结构

在对逻辑电路进行可测试性分析时,人们发现有一些特定的结构会造成可测试性的下降,并由此总结出一些对测试不友好的设计结构,通过增加测试点等方式来对这些结构进行修改,可提高电路的易测性并降低电路的测试成本。下面列举一些常见的对测试不友好的设计结构,并介绍针对它们对电路进行修改的方法。

内部时钟。时序电路的时钟信号,有时候会由内部的触发器单元或时钟生成器生成。在测试阶段,所有时钟信号应该是可控的,以免干扰测试时序。因此,对于内部时钟,一般需要采用测试模式(Test Mode,TM)信号来将内部时钟信号旁路。为了支持实速(At-Speed,通常指电路正常运行的工作频率)测试,即采用芯片正常工作的频率来测试芯片是否存在时序问题,可以设计专门的片上时钟控制电路,来利用片上的时钟生成器(通常是片上的锁相环电路)生成可控的测试时钟。4.6 节将介绍片上时钟控制器(On-Chip Clock Controller,OCC)。

组合反馈环。通常,时序电路中存在的反馈路径上都至少有一个触发器,因而其包含的组合逻辑中的路径(从一个触发器的输出端到后继触发器的输入端)是不存在环路的。然而,一些特殊的设计上可能存在组合反馈环,如图 4-7(a)所示,根据其上逻辑门的反向次数的奇偶性,在设计中可能引起逻辑状态的振荡(即在 0 和 1 之间不断变化)或时序行为。由于组合反馈环引起的逻辑值的不可控性或者不确定性,会造成测试生成复杂度的上升或故障覆盖率的损失。因此,对于组合反馈环,最好是重新进行寄存器传输级的设计;或者使用测试模式信号控制添加测试点将环路打断,图 4-7(b)就是使用一个多路选择器和一个触发器实现了组合反馈环的消除。

异步的置位/复位信号。可以用 TM 信号来屏蔽异步的置位/复位信号,使其在测试模式下不对电路状态造成干扰。

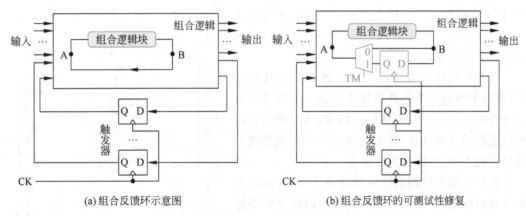

(a) 组合反馈环示意图　　　　　　　　(b) 组合反馈环的可测试性修复

图 4-7　组合反馈环及反馈环的可测试性修复

嵌入式存储器。由于嵌入式存储器的内容未知,为了方便测试,嵌入式存储器应该与电路的其余部分隔离。首先,除非能方便地将嵌入式存储器进行初始化以控制其存储的内容,否则对带有嵌入式存储器的电路进行测试是非常困难的。其次,当将嵌入式存储器与电路其他部分分离时,可以通过特别为存储器开发的测试方案如内建自测试技术来方便地测试嵌入式存储器电路。同样的方法也适用于其他嵌入式模块。

时序电路的初始化。在复杂的工业级设计中,尽管会采用通用的可测试性设计技术如4.4 节介绍的扫描设计技术来提高电路的可测试性,但时序电路的测试生成仍然无法回避。时序电路在实际测试前必须进入已知状态,这可以通过定制的初始化序列来实现。然而,这样的序列通常是由设计人员提供的,它不太可能简单到 ATPG 工具能够自动创建。因此,通常的做法是对触发器等时序单元采用复位或置位的方式确定其初始状态。

逻辑冗余。逻辑冗余是指对电路功能没有影响的冗余电路。除非设计人员因特殊目的添加(如用以消除电路中的竞争冒险或提高可靠性)的冗余电路,否则逻辑冗余应该完全避免,以去除不必要的面积和功耗等开销。冗余的存在会导致电路中存在对电路功能没有影响的冗余故障,ATPG 算法在试图对冗余故障生成不存在的测试数据时将浪费大量搜索时间。

长计数器和移位寄存器。对于位数很多的计数器和移位寄存器,更改其最高有效位所需要的时钟周期数将大到不可接受的程度。可以通过添加控制点,将这样的计数器(或移位寄存器)划分成更小的单元,从而只需要很少的时钟周期数就能设置它的高有效位的状态。

非法状态。由于 ATPG 工具无法识别非法功能状态,因此设计时应将其尽可能从设计中删除。否则,ATPG 工具生成的测试数据中可能含有非法功能状态,可能会引起总线冲突等问题,或者导致对电路的过度测试。

大型组合电路。由于测试生成和故障模拟的时间复杂性高,有必要对大型组合电路进行电路划分(circuit partitioning),以便分别进行测试生成。分区不仅可以增加电路的可测试性,还能简化 ATPG 算法中的故障激励、故障效应传播和线值确认等任务。各分区的独立测试是通过添加到分区边界上的测试点来执行的。如图 4-8 所示,电路被划分成两个块

C1 和 C2，控制输入 $test_1$ 和 $test_2$，用于分别测试 C1($test_1/test_2 = 01$) 或 C2($test_1/test_2 = 10$)，或将电路置于正常模式($test_1/test_2 = 11$)。

在芯片设计过程中的测试开发是一次性的开销，可以平摊到每个芯片的成本中去。在设计阶段充分考虑各种对测试不友好的因素，通过修改设计提高电路的可测试性，可大幅提高测试生成的效率及故障覆盖率，并降低测试成本。

在各种提高可测试性的设计方法中，有些方法对所有时序电路具有普适性，能够对时序电路整体的可测试性有很大的提高，称为通用的可测试性设计方法，下面要介绍的扫描设计方法就是一种在数字集成电路设计中普遍应用的通用可测试性设计方法。

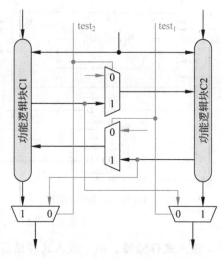

图 4-8 通过电路划分独立测试不同分区

4.4 扫描设计

第 1 章图 1-17(a)将时序电路模型化为一个组合逻辑网络和一组带记忆元件（触发器）的概念模型，触发器的取值体现了电路的状态，但由于很难控制或观察它们的取值，所以很难对时序电路生成有效的测试。扫描设计就是如图 1-17(b)所示，把这些记忆元件修改为扫描触发器，并连接成为扫描链，扫描链的输入在芯片引脚可控，其输出在引脚可观察，从而达到对记忆元件的取值进行控制和观察的目的。

4.4.1 扫描单元设计

最基本的扫描单元由一个 D 触发器和一个多路选择器 MUX 组成，如图 4-9 所示的 MUX-D 扫描单元，为被扫描的 D 触发器增加了扫描使能信号 SE 和扫描输入信号 SD。当 SE＝0 时，扫描单元工作在正常功能模式下，将功能输入 DI 存入 D 触发器；当 SE＝1 时，扫描单元工作在扫描模式下，将扫描输入 SD 存入 D 触发器。

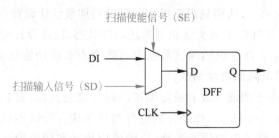

图 4-9 由 D 触发器和多路选择器组成的 MUX-D 扫描单元

　　通过连接前一个扫描单元的数据输出 Q 和后一个扫描单元的扫描输入 SD,所有扫描
单元链成一条或者多条扫描链,如图 4-10 所示。当 SE＝0 时,扫描链工作在正常功能模式
下,将来自组合逻辑电路的输出数据存入扫描单元;当 SE＝1 时,扫描链工作在扫描移位模
式下,将来自扫描链的数据通过移位操作存入扫描单元。就整个芯片而言,扫描设计不仅需
要增加一个扫描使能引脚 SE,还需要对每条扫描链增加一个扫描输入引脚 SI 和一个扫描输
出引脚 SO。由于芯片的引脚有限,故通常将芯片的扫描输入/输出引脚与功能引脚进行复用。

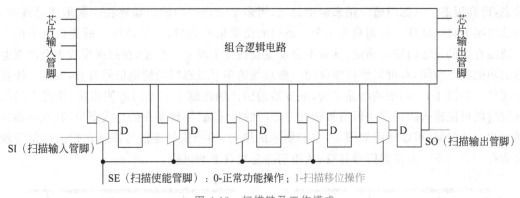

图 4-10　扫描链及工作模式

　　工艺库中触发器的类型更丰富,相应地,每种触发器一般有对应的扫描触发器可用于扫
描替换。

4.4.2　扫描设计规则

　　前文已提及一些对测试不友好的设计结构会造成电路可测试性的下降,根据这些结构
可以制定一些设计规则,在做扫描设计之前,用这些设计规则识别出逻辑电路中对测试不利
的结构,并通过增加测试点等方式来对这些违反规则的结构进行修改,提高电路的易测性并
降低电路的测试成本。这类规则称为可测试性设计规则或者扫描规则。表 4-1 列举了一些
常用的扫描规则检查(scan rule checking)及其修复方法。

表 4-1　常见的扫描规则检查及其修复方法

设 计 类 型	扫描规则检查	规则违例的修复方法
内部时钟	避免	使用专门的测试时钟,旁路内部时钟
组合反馈环	避免	添加测试点打断环
异步置位/复位信号	避免	使用外部引脚来使其处于非使能状态
嵌入式存储器	需要特殊处理	初始化为已知状态、旁路或使其透明
时钟驱动数据	避免	不要将时钟作为数据
悬浮总线	避免	增加总线保持单元
悬浮输入	不推荐	接地或电源
三态总线	扫描移位过程避免	扫描移位修复总线冲突
双向 I/O 端口	扫描移位过程避免	扫描移位时强制为输入或输出模式
门控时钟	扫描移位过程避免	扫描移位时使能时钟

在 4.3.2 节中,已经介绍了表 4-1 中的前几种对测试不友好的设计结构,可使用测试模式信号 TM 达到对规则违例进行修复的目的。有些情况下,可以使用扫描使能信号 SE 来控制对电路的修复,比如针对表 4-1 中最后的三种设计类型:三态总线、双向 I/O 端口、门控时钟,就可以采用此种方式。

三态总线。三态门在工业级电路中普遍存在,它在缓冲器(buffer)上增加了一个使能信号 EN,当 EN=1 时,三态门就是一个缓冲器;当 EN=0 时,三态门的输出处于一种关断状态,即高阻态。三态门通常用来驱动总线,当多个三态门的输出端连在一起形成总线时,功能情况下将保证任一时刻只有一个三态门的使能信号有效,此时总线上的逻辑电平由唯一使能有效的三态门输出确定,从而不会发生总线竞争现象。但是,在扫描模式下会改变电路的功能状态空间,有可能使得驱动同一根总线的多个三态门的使能信号有效,发生总线竞争现象。如图 4-11(a)中的电路结构,触发器的输出端连到了三态门的使能端,使得在扫描移位阶段可能输入的任意逻辑值被送到三态门的使能端,导致潜在的总线竞争,甚至可能损坏芯片。这时候,可以使用如图 4-11(b)所示的结构,用扫描使能信号控制在扫描移位阶段仅会有一个三态门的使能信号有效,从而消除总线竞争的风险。

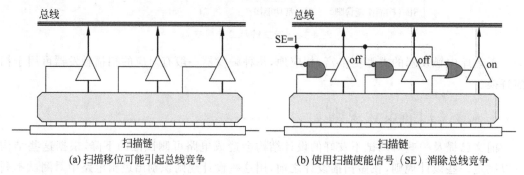

(a) 扫描移位可能引起总线竞争　　　　(b) 使用扫描使能信号(SE)消除总线竞争

图 4-11　扫描模式下对三态总线结构的总线竞争风险的修复

双向 I/O 端口。芯片上常常存在双向 I/O 端口。通常使用一个三态门驱动双向 I/O 端口,当三态门的使能端无效时,该端口可作为输入引脚使用,反之则作为输出引脚使用。扫描移位时,三态门的使能端有可能有效,在三态门的输入逻辑值与测试仪送入的逻辑值不一致时就会发生冲突。因此,在测试时,可以通过 SE 控制使三态门的使能端在扫描移位时处于无效状态(其控制方式与图 4-11 类似),从而使双向 I/O 端口处于固定的输入模式,通过测试仪可以输入测试数据。

门控时钟。为了减少芯片工作的功耗,设计人员经常使用门控时钟电路来对时钟进行选通,以消除不必要的信号翻转。门控时钟虽然有利于降低功耗,但可能会阻止某些触发器的时钟端口被直接控制,从而阻止测试时的扫描移位操作。因此,需要进行修改以允许在这些触发器上执行扫描移位操作,也就是说,时钟选通功能应至少在扫描移位期间禁用,如图 4-12 所示,在测试的扫描移位模式下禁用门控时钟逻辑。如果使用测试模式引脚控制时钟选通,会引起门控时钟电路的故障覆盖率损失,因此最好使用扫描使能引脚来控制时钟选通。

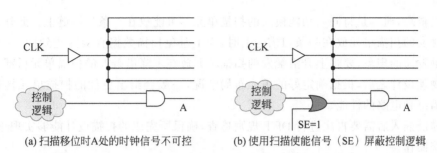

(a) 扫描移位时A处的时钟信号不可控　　　(b) 使用扫描使能信号（SE）屏蔽控制逻辑

图 4-12　扫描模式下对门控时钟电路的修复

4.4.3　扫描设计流程

实现扫描设计包括许多步骤,简述如下。

首先,需要进行扫描设计规则检查,如果在设计中发现不可接受的规则违例,可返回到寄存器传输级设计中修改设计代码,也可以使用工具本身提供的自修复能力进行修复。必须识别并修复所有违反扫描设计规则的情况,以便将原始设计转换为可测试的电路。由于时钟信号被送到所有扫描触发器单元,所以必须正确处理相邻扫描单元之间的时钟偏移。同样,由于扫描使能信号也需要送到所有的扫描单元,所以扫描使能信号也需要像时钟信号一样谨慎处理。

其次,要完成各种扫描设计相关参数的配置。一方面,需要定义与测试有关的信号,如时钟、复位、扫描使能、测试模式、扫描输入和扫描输出等信号,创建测试协议。另一方面,需要确定扫描链的数量、扫描单元的类型和替换例外、扫描单元在扫描链中的排列方式等。

扫描链的数量。最简单的方式是将所有扫描单元链接成单条扫描链。但是这样会使得测试应用时需要大量的时钟周期进行扫描移位,带来很长的测试时间。使用多个扫描链并行输入测试数据和输出测试响应,可以显著减少测试应用时间。确定扫描链的数量需要考虑多种因素。每个扫描链需要一对扫描输入引脚和扫描输出引脚,虽然可以与芯片的功能引脚进行复用,仍然需要考虑能够复用的功能输入/输出引脚的数量限制。未来测试时计划采用的测试仪的数据通道数的限制,也会影响可设计的扫描链的数量。此外,电路中多时钟域的情况,每个时钟域中触发器的数量,用作特殊目的的扫描链(如调试用),都会影响扫描链的数量。由于测试实施前需要通过扫描移位操作准备好每个测试向量,最长的扫描链上的扫描单元的数量,决定了扫描移位的时间。因此,一般来说,各条扫描链的长度应尽可能均匀,以便得到最少的测试应用时间。

扫描单元的类型和替换例外。前文已经提到,工艺库中的不同的触发器一般也会对应不同的扫描触发器,需要根据不同类型触发器指定不同类型扫描单元。此外,由于设计中对性能、数据安全等的一些特殊考虑,有些存储元件不能进行扫描替换,需要指定例外,即从扫描设计中排除这些存储元件。

扫描单元在扫描链中的排列方式。将扫描单元链接成扫描链,称为扫描缝合(scan stitching)。为了布局布线的需要,一般应将物理位置邻近的扫描单元相连接;在寄存器传输级和逻辑级,通常是将同一功能模块的扫描单元尽可能放在一条扫描链上。此外,当将不同边沿触发的扫描单元放在一条扫描链上时,为了避免扫描数据直接穿透到同一扫描链上下一级触发器的现象,要将上升沿触发的扫描单元放在下降沿触发的扫描单元后部。最后,在做完物理设计之后,根据确定好的单元布局情况,一般会给出更优的扫描单元排列顺序,优化扫描链和电路的性能。

扫描链插入后需要再次进行 DFT 规则检查,确保所完成的扫描设计能够实现正确的移位和捕获操作。

最后,扫描链设计完成之后,需要输出相关的设计文件、测试协议文件、扫描链测试文件等,供后续设计流程使用。测试协议文件用于保存可测试性设计结构,提供给后续流程中的相关工具来识别电路中已有的可测试性设计结构。扫描链测试文件,用于对扫描链上的故障完成测试。其测试数据称为 Flush Test,通常是重复的 0011 比特串:00110011…,用于检查每个触发器是否存在固定型故障和跳变故障(即上升跳变和下降跳变时延故障)。

4.4.4　基于扫描的测试过程和代价

基于扫描的测试过程通常包括对扫描链的测试和对组合电路的测试两部分。

被测电路中如果定义了测试模式信号 TM,则在测试时令 TM 信号有效,使能 TM 所控制的 DFT 规则修复电路。

对扫描链进行测试时,需要使扫描使能信号 SE 有效,将 Flush Test 数据输入所有扫描链,并观察扫描输出端是否在最大扫描链长度的时钟周期后输出相同的 Flush Test 序列,确定扫描链上是否存在故障。

扫描链上无故障的情况下,可以启动对组合电路的测试,分为以下几个步骤。

(1) 使扫描使能信号 SE 有效,将一个测试向量的触发器数据用最大扫描链长度的时钟周期数输入扫描链。

(2) 设置好原始输入引脚的测试输入数据。

(3) 使扫描使能信号 SE 无效,电路进入正常功能模式。当前测试向量被施加到电路上。

(4) 等待足够时间让逻辑状态稳定下来,将组合电路的状态捕获进扫描触发器,并在原始输出引脚观察输出响应。

(5) 使扫描使能信号 SE 有效,将当前测试向量在扫描触发器中捕获的输出响应用最大扫描链长度的时钟周期数输出扫描链,在扫描输出引脚进行观察;同时将下一个测试向量的触发器数据输入扫描链。

综上,测试时间由最大扫描链的长度和测试向量数决定。注意,扫描移位操作在将当前测试向量在扫描链中捕获的响应输出的同时,可以将新的测试向量数据输入扫描链。比如对于单固定型故障的测试集,假定最大扫描链长度为 Lc,测试向量数为 Nt,每个测试向量需要一个时钟周期用于捕获测试响应,则测试时间为:$(Lc+1)Nt+Lc$。最后 Lc 个时钟周期用于将最后一个测试向量的响应输出来在扫描输出引脚进行观察。

显然,扫描设计的好处是将时序电路的测试问题转换成组合电路来考虑,使得其内部的状态可以通过扫描单元被控制和观察,同时也可用于电路的硅后调试。当然,扫描设计随之也带来了设计和测试的代价。

第一,扫描设计引入了额外的硬件,包括:用扫描单元替换存储元件而导致的面积开销,扫描链、扫描使能信号的分布和时钟相关的布线提高了成本等。第二,由于扫描单元设计中存在多路复用器,扫描设计会造成通路时延的增加,当影响到关键通路时将降低电路的性能。第三,因为扫描移位操作,增加了测试应用时间。第四,不利于在实速下测试电路,使得时延故障的覆盖率较低。第五,由于扫描设计可能允许对设计的内部节点进行未经授权的访问,对于安全攸关的电路如加解密电路,或者对于保护电路的知识产权(如禁止对电路内部结构的获取)来说,扫描设计可能造成关键信息的泄露。

为了降低扫描设计的代价,可以采用部分扫描(partial scan)设计,只将一部分存储元件进行扫描替换。比如前文提到的指定替换例外,从扫描综合中排除一些存储元件,从而降低面积开销和对电路性能、安全性的影响。还可以使用可测试性分析方法,选择对提高电路可测试性帮助较大的存储元件进行扫描替换。或者分析被测时序电路的反馈路径,选择对于减少反馈路径数和时序深度最有效的存储元件进行扫描替换。在进行部分扫描设计时,选择被替换的扫描单元的方法,还可用于优化测试数据,如提高故障覆盖率或减少测试数据量。

4.4.5　基于扫描的时延测试

时延故障的测试向量在测试应用时,根据测试时钟周期(接近或与系统时钟周期相同)限定统一的测试采样时刻,对任一测试,只要在这一时刻输出端预期的跳变还未来到,就认为被测电路存在时延故障。

时延测试用于检测电路中的时延故障,必须能够使电路在给定的高速测试时钟(通常采用期待的正常工作频率)下产生和传播跳变,需要使组合电路的输入端在连续的两个时钟周期发生信号跳变。因此,时延测试 ATPG 工具自动生成的测试向量一般采用双向量模式 $<V1, V2>$,其中 V1 用来初始化电路中各点的状态;V2 则用来产生需要的跳变来激发相应的时延故障并将延迟的故障效应传播到组合电路的输出端。

针对完成了扫描设计的电路,时延测试的第一个测试向量 V1 中所有的原始输入和触发器是完全可控的,触发器的控制通过扫描链的移位操作实现;而在第二个测试向量 V2 中只有原始输入可控,其触发器状态可通过两种方式来生成,分别称为移位激发(Launch-on-Shift,LoS)和捕获激发(Launch-on-Capture,LoC)。

在 LoS 测试方式中,V2 是使用扫描移位操作产生的,即 V2 中触发器的状态是 V1 中触发器的状态经过一个时钟周期的扫描移位得到的,如图 4-13 所示。依据这种方式下扫描使能信号 SE 的波形特点,又将 LoS 测试方式称为 Skew Load 测试方式。

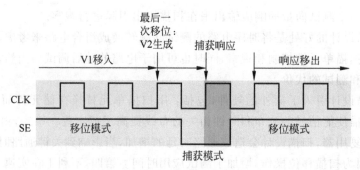

图 4-13　通过移位激发方式产生 V2 的时延测试应用方法

在 LoC 测试方式中,V2 是使用触发器捕获操作产生的,即 V2 中触发器的状态是测试向量 V1 在组合电路中应用后经过一个时钟周期的功能输出捕获产生的,如图 4-14 所示。依据这种方式下扫描使能信号 SE 的波形特点,又将 LoC 测试方式称为 Broadside 测试方式。

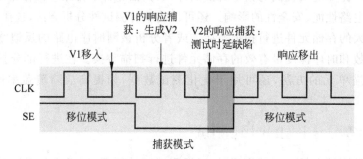

图 4-14　通过捕获激发方式产生 V2 的时延测试应用方法

对比这两种时延测试方式,LoS 测试方式可以获得更高的时延测试覆盖率,但是在 LoS 方式下扫描使能信号 SE 需要以实速时钟周期的速度完成从 1 到 0 的跳变,并传输至所有扫描单元,也就是说,SE 必须以类似于时钟的方式进行全局设计和布线,这给物理设计带来了困难。另外,LoS 方式下生成的 V1 和 V2 都不是经过功能通路产生的,会引入非法的电路状态进行时延测试,会引起过度测试而损失良率。LoC 方式下,虽然 V1 可能引入非法状态,但是通过功能通路得到的 V2 缓解了过度测试的隐患,也因此故障覆盖率通常不及 LoS 方式。在大部分的工业级设计中,时延测试采用 LoC 测试方式进行测试生成和测试应用。

由图 4-13 和图 4-14 可见,测试时延故障的关键周期是捕获模式下的时钟周期,即从生成 V2 到捕获 V2 响应之间的捕获窗口,这个窗口的大小通常与正常工作时钟周期一致。通过扫描移位操作进行的扫描链的加载(即将测试向量加载到扫描单元上)或卸载(即在扫描链的输出上观察测试的响应)可以在较低的时钟频率下进行,以降低测试的功耗和满足散热的限制。大多数 EDA 工具允许设计者在测试程序文件中,指定测试时钟的周期和波形,通常慢速时钟周期用于移位,快速周期用于捕获。通过适当控制扫描使能信号无效的持续时间,LoC 方式可以扩展到在连续多个快速时钟周期里进行多次捕获,提高故障覆盖率。对于多时钟域的情况,可以定义更复杂的测试时钟波形,以测试时钟域内部和时钟域之间的时延故障。

4.5 片上时钟控制器

片上时钟控制器(On-chip Clock Controller,OCC)是一种通用的为高速芯片提供实速测试时钟的方法。

实速测试所需要的测试时钟可以由外部的高速测试仪来提供。随着芯片时钟频率不断地提升,使用外部提供的高速测试时钟带来很高的测试成本。考虑到芯片内部已存在高速时钟源,譬如锁相环,而随着锁相环性能的不断提升,锁相环的精度与倍频能力也不断提高,可以直接利用片上锁相环,通过设计片上时钟控制器来提供实速测试所需要的测试时钟,如图 4-15 所示。

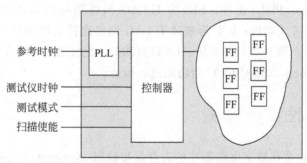

图 4-15 利用锁相环来提供测试时钟的 OCC 结构

图 4-15 中,被测电路中添加了一个控制器,以支持利用片内锁相环来提供测试时钟。测试模式信号用于选择功能模式或者测试模式。在功能模式下,片内的触发器直接由锁相环提供的时钟驱动。在测试模式下,在扫描输入阶段,即测试仪将测试向量通过扫描链输入芯片内部时,控制器使用慢速的测试仪时钟控制完成扫描移位;在测试捕获阶段,控制器既可使用慢速的测试仪时钟进行固定型故障等逻辑相关故障的测试,也可使用锁相环提供的快速时钟来进行实速测试,检测时延故障。

在电路时钟频率达到 GHz 以上后,基于片内锁相环进行实速测试,已经在工业界得到了广泛使用。实速测试的测试时钟波形如图 4-16 所示。

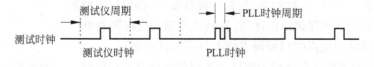

图 4-16 实速测试的测试时钟波形

OCC 设计一般有下列要求：第一,能够由 ATPG 对每个时钟域进行独立控制,以提高故障覆盖率,减少测试向量数量,并以最小的用户干预实现安全的时钟控制。第二,在测试捕获过程中,以每个测试向量为基础提供所需要的测试时钟脉冲数。第三,在移位和捕获时钟之间可安全地切换。第四,在捕获期间可选择启用慢速或快速时钟,以应用慢速(如固定型故障测试)和快速(如时延故障测试)的测试向量。第五,支持在层次化可测试性设计中,在封装后的 IP 核内生成扫描可编程的时钟波形,从而能够在核的层次生成测试向量,并保证其测试向量可自动转换成芯片顶层的测试向量。最后,OCC 需支持同时测试多个核,保证在每个核内控制时钟的方式上没有冲突。

通过 EDA 工具支持 OCC 设计的自动插入时,一般需要给出 OCC 的 DFT 规范,描述如何生成 OCC 结构(例如选用的 OCC 类型),以及如何将 OCC 插入设计中。在 IJTAG 标准发展起来之后,OCC 也被当作 IJTAG 网络上的一个嵌入式器件以通过 TAP 控制器进行访问,因此也需要添加针对 OCC 的扫描段控制位(Segment-Insertion-Bit,SIB),并生成相关的器件连接语言(Instrument Connectivity Language,ICL)和过程描述语言(Procedural Description Language,PDL)文件。SIB 为 IJTAG 网络结构的组成部分,用于控制访问 IJTAG 网络上的嵌入式器件;ICL 为描述 IJTAG 网络连接情况的语言,PDL 为描述网络与器件通信的语言,在第 8 章具体介绍。OCC 自动插入完成之后,EDA 工具还需生成 OCC 的仿真验证 Testbench,以便对 OCC 的功能进行验证。

4.6　可测试性设计实例

可测试性设计通常在数字电路芯片的寄存器传输级(Register-Transfer Level,RTL)设计和逻辑设计两个层次介入,在物理设计之前进行,成为衔接数字电路前端和后端设计的必不可少的环节。目前商业 EDA 工具对可测试性设计进行了很好的支持,除了包括本章介绍的各项技术,还包括存储器内建自测试(MBIST)、逻辑内建自测试(LBIST)、测试压缩、边界扫描设计等功能。

具体到本章介绍的测试点插入、扫描设计和片上时钟控制器(OCC)功能,用 Mentor 公司的 Tessent 工具进行设计实例介绍。

利用 Tessent 工具实现 OCC、测试点以及扫描链插入的基本步骤如下：

(1) 准备好在 RTL 阶段的 Verilog 设计。

(2) 将 OCC 测试模块插入 RTL 设计中。

(3) 基于插入 OCC 之后的 RTL 设计进行综合,得到门级网表。

(4) 定义要插入的测试点的配置,将测试点插入门级网表中。

(5) 基于插完测试点的门级网表插入扫描测试电路。

最后,可以通过第 3 章介绍的测试生成流程评估对扫描设计之后的电路做 ATPG 的故障覆盖率。

本章使用的设计实例与第 3 章一致,当前设计模块为 cpu_top,例化了若干 piccpu 模块。Tessent 工具实现可测试性设计的具体操作及 TCL(Tool Command Language)脚本如下。

A. 在电路的 RTL 设计中插入 OCC 模块

A1. 通过命令行启动 Tessent Shell,其默认模式是配置(Setup)模式。

```
$ tessent -shell
```

A2. 通过 set_context 命令,将工具的 context 设成在 RTL 电路中实现测试电路插入的环境。

```
SETUP > set_context dft -rtl -design_id rtl
```

A3. 通过 set_tsdb_output_directory 定义保存修改后的设计以及其他输出文件的 tsdb 目录位置。

```
SETUP > set_tsdb_output_directory ../tsdb_outdir
```

A4. 通过 read_verilog 载入 RTL 设计。

```
SETUP > read_verilog ../RTL/cpu_top.v
SETUP > read_verilog ../RTL/piccpu.v
```

A5. 通过 read_cell_library 命令载入标准单元和存储器模拟库。

```
SETUP > read_cell_library ../library/standard_cells/tessent/adk.tcelllib
SETUP > read_cell_library ../library/memories/picdram.tcelllib
```

A6. 通过 set_current_design 命令设置工具处理的当前设计。

```
SETUP > set_current_design cpu_top
```

A7. 指定当前的设计所处层次为 physical block。

```
SETUP > set_design_level physical_block
```

A8. 声明当前测试需求是插入逻辑测试电路。

```
SETUP > set_dft_specification_requirements -logic_test on
```

A9. 定义 clock 的端口和周期。

```
SETUP > add_clocks clk1_p -period 5ns
SETUP > add_clocks clk2_p -period 6ns
SETUP > add_clocks clk3_p -period 5ns
SETUP > add_clocks clk4_p -period 6ns
```

A10. 将系统模式切换到 Analysis 模式,该模式进行电路扁平化、电路学习和设计规则验证。

```
SETUP > check_design_rules
```

A11. 创建 OCC 的 dft specification,在 sri wrapper 下自动添加针对于 OCC 的 SIB。

```
ANALYSIS > set spec [create_dft_specification -sri_sib_list {occ} ]
ANALYSIS > read_config_data -in $ spec -from_string {
```

```
OCC {
  ijtag_host_interface : Sib(occ);
 }
}
```

A12. 修改 dft specification，定义插入 OCC 所需的配置。

```
ANALYSIS > set id_clk_list [list clk1 clk1_p  clk2 clk2_p  clk3 clk3_p  clk4 clk4_p  ramclk_p
ramclk_p  ]
ANALYSIS > foreach {id clk} $ id_clk_list {
 set occ [add_config_element OCC/Controller( $ id) − in $ spec]
 set_config_value clock_intercept_node − in $ occ $ clk
}
```

A13. 检查并处理 dft specification 的内容，生成 OCC 测试电路并插入设计中。

```
ANALYSIS > process_dft_specification
```

A14. 抽取所有 ICL 例化模块的连接关系。

```
INSERTION > extract_icl
```

A15. 生成 DC 工具所需的综合脚本。

```
SETUP > write_design_import_script − use_relative_path_to . for_dc_synthesis_occ.tcl − replace
```

A16. 生成仿真 OCC 所需的 pattern specification，用于 pattern 的配置。

```
SETUP > create_pattern_specification
```

A17. 验证并处理 pattern specification，生成仿真 OCC 所需的测试向量。

```
SETUP > process_pattern_specification
```

A18. 定义仿真所需的库文件位置。

```
SETUP > set_simulation_library_sources − v ../library/standard_cells/verilog/adk.v − v ../
library/memories/picdram.v
```

A19. 启动仿真器对设计完成的 OCC 进行验证。

```
SETUP > run_testbench_simulations
```

A20. 退出 Tessent Shell。

```
SETUP > exit
```

B. 在电路的逻辑门级设计中插入测试点和扫描链

B1. 通过命令行启动 Tessent Shell，其默认模式是配置(Setup)模式。

```
$ tessent − shell
```

B2. 通过 set_context 命令，将工具的 context 设成在门级电路中实现测试点和扫描链
插入的环境。

```
SETUP > set_context dft − test_point − scan − no_rtl − design_id gate
```

B3. 通过 set_tsdb_output_directory 定义保存修改后的设计以及其他输出文件的 tsdb 目录位置。

```
SETUP > set_tsdb_output_directory ../tsdb_outdir
```

B4. 通过 read_cell_library 命令载入标准单元和存储器模拟库。

```
SETUP > read_cell_library ../library/standard_cells/tessent/adk.tcelllib
SETUP > read_cell_library ../library/memories/picdram.tcelllib
```

B5. 加载综合之后的门级网表。

```
SETUP > read_verilog ../3.synthesize_rtl/cpu_top_gate.vg
```

B6. 通过 read_design,工具自动在 tsdb 目录下寻找并加载 RTL 阶段修改后的设计信息,但不包括".v"的文件。

```
SETUP > read_design cpu_top – design_id rtl – no_hdl – verbose
```

B7. 通过 set_current_design 命令设置工具处理的当前设计。

```
SETUP > set_current_design cpu_top
```

B8. 指定在当前设计中插入的测试点类型,既要减少确定性测试向量的数量,也要提高随机性测试向量的测试覆盖率。

```
SETUP > set_test_point_types { lbist_test_coverage edt_pattern_count }
```

B9. 指定当前设计中插入的测试点最大数量为 500 个,测试覆盖率的目标是 100%。

```
SETUP > set_test_point_analysis_options – total_number 500 – test_coverage_target 100
```

B10. 将所有由 Tessent 工具插入的逻辑指定为不能插测试点的位置。

```
SETUP > add_notest_point [ get_instance * tessent * ]
```

B11. 将系统模式切换到 Analysis 模式,该模式进行电路扁平化、电路学习和设计规则验证。

```
SETUP > set_system_mode analysis
```

B12. 分析测试点并生成即将插入设计中的测试点信息。

```
ANALYSIS > analyze_test_points
```

B13. 写出包含所有测试点位置的文件。

```
ANALYSIS > write_test_point_dofile tpi.do – all – rep
```

B14. 定义扫描模式及扫描链的条数等性质。

```
ANALYSIS > add_scan_mode scan_mode – chain_count 10
```

B15. 在串扫描链之前,分析定义的扫描模式下扫描链的组成信息。

```
ANALYSIS > analyze_scan_chains
```

B16. 在门级网表中插入测试逻辑以及扫描链,并将修改之后的设计保存在 TSDB 中。

ANALYSIS > insert_test_logic

B17. 报出所有扫描链和扫描寄存器的信息。

INSERTION > report_scan_chains
INSERTION > report_scan_cells > scan_cells.list

B18. 退出 Tessent Shell。

SETUP > exit

C. 自动测试向量生成结果分析

通过将插测试点前后的测试向量生成结果进行对比,可以评估测试点插入对测试生成的优化效果。一般来说,插入有效的测试点可以帮助提升单固定型故障和跳变时延故障的测试覆盖率,并减少所使用的测试向量数。

4.7 本章小结

可测试性设计在提高故障覆盖率、降低测试成本等方面发挥着重要作用,已经成为芯片设计流程中不可缺少的步骤,对于数字芯片设计来说,通常在寄存器传输级就要进行测试规划,开展部分可测试性设计工作。

本章重点掌握以下要点。

(1) 理解可测试性设计的重要性。

(2) 了解专用可测试性设计的主要技术。

(3) 了解扫描设计技术,了解扫描单元的工作模式、扫描设计规则及违例修复技术。

(4) 了解基于扫描的测试过程、测试时钟周期和片上时钟控制器的基本知识。

除了扫描设计之外,通用的可测试性设计技术还包括:内建自测试、边界扫描设计、系统芯片测试访问机制、测试压缩等,将在后面的章节中展开介绍。

可测试性设计技术不仅可以保证芯片测试的质量,还可以在芯片的硅后调试中提供调试机制,甚至可以复用芯片上的可测试性设计结构,在芯片运行期间进行在线测试或监测,为芯片全生命周期的稳定可靠运行提供保障。

4.8 习题

4.1 请计算如图 4-17 所示的组合电路中,每根线的 SCOAP 可控制性和可观察性指标。

4.2 请为双向 I/O 端口设计一个测试控制电路,使得在扫描移位时双向 I/O 端口被当做输入端口使用。

4.3 对一个全扫描设计,假定有 K 条扫描链,每条扫描链由 S 个扫描单元构成,通过

LoC 方式施加 N 个时延测试 $(V1, V2)$，列式计算完成测试所需要的时钟周期。

4.4 图 4-18 中违背了哪条扫描设计规则？请增加可测试性设计修复电路，画出修复后的电路图。

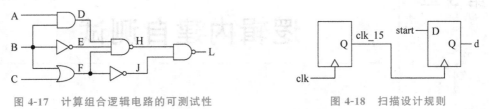

图 4-17 计算组合逻辑电路的可测试性　　　　图 4-18 扫描设计规则

4.5 在同一扫描链上，如果同时存在上升沿触发和下降沿触发的扫描单元，能不能让下降沿触发的扫描单元作为上升沿触发的扫描单元的后继单元，为什么？请画出扫描单元输出信号的波形图，说明原因。

4.6 假设电路仅由一个 6 输入的或非门构成，请在不影响电路功能的情况下，修改电路结构并插入 1 个测试点，使其最难测故障的随机测试检测概率提升 3 倍以上。假设测试点和电路输入一样是随机激励的。

参 考 文 献

[1] WANG L T, WU C W, WEN X. VLSI test principles and architectures: design for testability[M]. San Francisco: Elsevier, 2006.

[2] 裴颂伟. 数字集成电路时延可测试性设计方法研究[D]. 北京：中国科学院研究生院，2011.

[3] SAVIR J. Skewed-load transition test: Part I, calculus[C]//Proceedings International Test Conference 1992. IEEE Computer Society, 1992: 705-705.

[4] SAVIR J, PATIL S. Broad-side delay test[J]. IEEE transactions on computer-aided design of integrated circuits and systems, 1994, 13(8): 1057-1064.

第 5 章

逻辑内建自测试

逻辑芯片测试的全过程包括 4 个主要步骤,即针对芯片生成测试激励(第 1 步),对芯片施加测试向量(第 2 步),获得芯片实际测试响应(第 3 步),以及通过与期待测试响应比较得出测试结果(第 4 步)。芯片测试的基本方式为向量储存型测试(stored pattern test),也就是说,第 1 步通过使用 ATPG 工具完成,而第 2～4 步由 ATE 来完成。向量储存型测试的优点是可以利用的测试向量种类丰富而且测试能力强,且故障诊断较为方便。但是,向量储存型测试的缺点是 ATE 需提供巨大的存储空间以保存全部测试向量,而且还需要具有高速的信号输入/输出和处理能力,导致 ATE 体积大、价格高,使之只能用于芯片的出厂测试而无法应用于芯片被组装入系统之后的测试。

芯片测试的另一个主要方式为内建自测试(Built-In Self-Test,BIST),它是一种可测试性设计(Design for Test,DFT)技术,其基本思路是对原有电路增加一些特殊设计以使其能够不借助 ATE 就可以对其自身主要部分进行测试。以逻辑电路为对象的内建自测试技术称为逻辑内建自测试(Logic BIST)。逻辑内建自测试的优点是不需要体积大价格高的ATE,从而可以有效地降低测试开销;比较容易提供高质量测试所需的高速信号输入/输出及处理能力;比较容易产生和利用极为大量的测试激励以增加检测芯片内部各种复杂缺陷的可能性,特别是在芯片被组装入系统之后也可以对芯片反复进行测试。逻辑内建自测试的缺点是需要对被测电路做一些增改,在实际设计上难度较高,而且测试向量种类和测试能力往往受到一定限制,另外故障诊断较为困难。在芯片广泛应用于航空航天、国防、汽车、银行、医疗保健、网络、电信行业等的今天,出厂时的良品芯片由于使用中的老化而产生新的缺陷的问题已成为对系统的整体可靠性的重大威胁。因此,逻辑内建自测试已经超出了单纯的芯片测试的范畴,成为提高和保证整个系统的可靠性的关键技术手段。

本章首先介绍逻辑内建自测试的基本结构,特别是得到工业界广泛应用的 STUMPS(Self-Test Using a MISR and Parallel Shift register sequence generater)结构。随后,对逻辑内建自测试所要求的测试对象电路的基本设计规则和改善故障覆盖率的方法进行介绍。接下来,重点介绍适用于逻辑内建自测试实现的多种测试向量生成和测试响应分析技术,以及逻辑内建自测试常用的时序控制方法。本章末尾以一个设计实践为例,介绍使用商用

Logic BIST 工具进行逻辑内建自测试的所有必要步骤,以使读者对逻辑内建自测试有进一步的感性认识。

5.1 基本结构

  逻辑内建自测试的基本结构如图 5-1 所示,它由 4 个主要部分组成,即 BIST 对象电路,测试向量生成器(Test Pattern Generator,TPG),测试响应分析器(Test Response Analyzer,TRA)和 BIST 控制器。

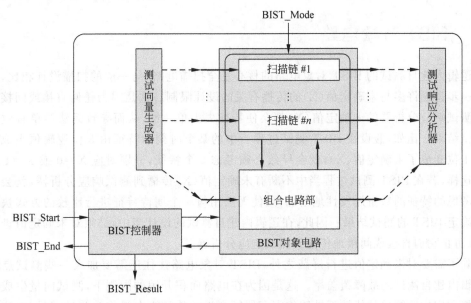

图 5-1 逻辑内建自测试的基本结构

  BIST 对象电路的测试由一个 BIST_Mode 信号控制,当 BIST_Mode＝1 时电路进入 BIST 测试模式,启动自测试的运行。BIST 对象电路的核心是具有一条或多条扫描链的全扫描电路,测试向量的输入和测试响应的输出都利用扫描链。因为逻辑内建自测试下的测试向量的产生和测试响应的分析都在芯片内部进行,无须与外界发生数据交换,所以可使 BIST 对象电路拥有很多条扫描链,以缩短扫描链长度,从而减少测试向量的输入和测试响应的输出所需的时间。BIST 对象电路的最基本要求是被测电路当中出现的未确定值(X)不能进入测试响应分析器,以保证可用简单的电路设计来实现测试响应分析。此外,BIST 对象电路往往还需要加入一些叫作测试点的特殊电路,以提高测试向量生成器所产生的伪随机向量的故障覆盖率。

  目前在工业界获得广泛应用的测试向量生成器(TPG)和测试响应分析器(TRA)的设计主要基于 20 世纪 80 年代由 IBM 公司提出的 STUMPS 方式。在测试向量生成方面,它利用线性反馈移位寄存器(Linear Feedback Shift Register,LFSR)来产生原始伪随机向量,再利用移相器(Phase Shifter,PS)增强其随机性后作为测试向量使用。在测试响应分析方面,它利用多输入特征寄存器(Multiple Input Signature Register,MISR)来对测试响应进行压缩以获得最终特征,再把最终特征与期待特征进行比较来决定测试结果。BIST 控制器可由一个输入控制信号(比如 BIST_Start)加以启动,它的作用是生成所需的 BIST 时序控制信号,包括扫描驱动信号和时钟信号,以协调 BIST 对象电路、测试向量生成器和测试响应分析器之间的相关操作。一旦逻辑内建自测试的全部操作完成,BIST 控制器可提供一个输出信号(比如 BIST_End)显示测试完成,并通过另一个输出信号(比如 BIST_Result)来报告测试结果是通过(Pass)还是失败(Fail)。

5.2　BIST 对象电路

逻辑内建自测试的 BIST 对象电路的核心是全扫描电路,与一般的扫描设计相比,它需要进一步遵循许多与未确定值(X)的传播有关的设计限制。这是因为任何直接或间接地传播到测试响应分析器的未确定值(X)都会使特征失去单一性,从而导致无法简单有效地得出测试结果。比如,假设在 BIST 测试过程当中的某个时刻的特征由 8 位逻辑值组成。若其中 1 位变成了未确定值(X),就会导致必须考虑 2 个特征,分别对应 X=0 或 X=1 的情况。这样,若在 BIST 测试过程当中不断有未确定值(X)传播到测试响应分析器,就会导致必须考虑的特征的数量爆发性地增加,致使无法用与一个期待特征进行比较的方式快速有效地确定 BIST 的测试结果。因此,在逻辑内建自测试的设计当中,必须对未确定值进行屏蔽,以防止它们直接或间接地传播到测试响应分析器。

除了需要对未确定值进行屏蔽之外,BIST 对象电路往往还需要加入一些测试点以提高逻辑内建自测试的故障覆盖率。这是因为在电路面积开销的限制下,测试向量生成器往往只能利用构造简单的线性反馈移位寄存器所产生的伪随机向量作为测试向量,而这样的测试向量往往很难满足一些故障检测的条件,造成难以达到较高的故障覆盖率。这就需要加入一些测试点以增加伪随机向量检测故障的可能性。

5.2.1　未确定值屏蔽

一般来说,在进行逻辑内建自测试时,作为测试对象的逻辑电路中有可能会出现一些未确定值发生源(X 源),即在 Logic BIST 模式下(BIST_Mode=1)产生未确定值(X)的信号线。比如,大规模系统芯片往往同时拥有逻辑电路和内置存储器。在 Logic BIST 模式下(BIST_Mode=1),由于内置存储器不是测试对象而不受任何控制,因此其输出值往往为未确定值,从而使其输出线成为 X 源。能够直接或间接地将其未确定值(X)传播到测试响应分析器(TRA)的任何 X 源,都必须使用相应的可测试性设计的手法进行未确定值屏蔽(X 屏蔽)。

图 5-2 是几种基本的 X 屏蔽方法,用于在 Logic BIST 测试模式下(BIST_Mode=1)对 X 源进行屏蔽。图 5-2(a)为 0-控制点,它在 Logic BIST 测试模式下(BIST_Mode=1)通过将 Z 强制设置为 0 来屏蔽 X 源的未确定输出;图 5-2(b)为 1-控制点,它在 Logic BIST 测试

模式下(BIST_Mode=1),通过将 Z 强制设置为 1 来屏蔽 X 源的未确定输出;图 5-2(c)为旁路控制点,它在 Logic BIST 测试模式下(BIST_Mode=1),通过将 Z 切换到某个可变化的外部输入信号来屏蔽 X 源的未确定输出;图 5-2(d)为利用逻辑门的旁路控制点,它在 Logic BIST 测试模式下(BIST_Mode=1),通过将 Z 切换到电路内部的某个逻辑门的输出信号来屏蔽 X 源的未确定输出;图 5-2(e)为利用扫描单元的旁路控制点,它在 Logic BIST 测试模式下(BIST_Mode=1),通过将 Z 切换到某个扫描单元的输出信号来屏蔽 X 源的未确定输出。0-控制点和 1-控制点虽然都可以屏蔽掉未确定值,但是控制点的输出 Z 分别被固定为 0 和 1,对提高故障覆盖率不利。旁路控制点通过用某个逻辑值可变的信号来驱动控制点的输出 Z,使之有助于故障覆盖率的提高;特别是利用扫描单元的旁路控制点的输出 Z 出现各种逻辑值变化的可能性最大,因此也就最有助于故障覆盖率的提高。

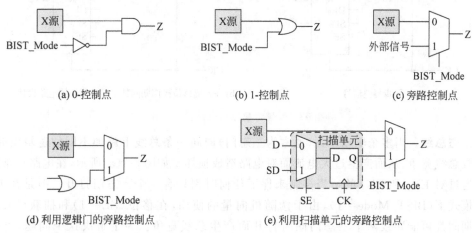

(a) 0-控制点   (b) 1-控制点   (c) 旁路控制点

(d) 利用逻辑门的旁路控制点   (e) 利用扫描单元的旁路控制点

图 5-2 X 屏蔽的基本方法

在准备 BIST 对象电路时,应该根据每个 X 源的特征和性质,选择包括上述基本方法在内的最佳 X 屏蔽方法,以期望在实现 X 屏蔽功能的同时,尽量减少电路面积开销和对电路时序的影响。下边介绍几种典型的 X 源屏蔽方法。

模拟电路模块。芯片当中的模拟电路模块的典型例子是模/数转换器(Analog-to-Digital Converter,ADC)。在 BIST 测试模式下,任何有可能出现未确定值(X)的模拟电路模块的输出都必须强制设置为确定值。这可以通过插入 0-控制点、1-控制点、旁路控制点来实现。

存储器和非扫描存储单元。对于芯片当中的存储器(包括 DRAM、SRAM、闪存等)和非扫描存储单元(包括 D 触发器、D 锁存器等),常用旁路控制点来屏蔽来自它们的未确定值(X)。另一种方法是使用初始化序列将存储器或非扫描存储单元设置为某种确定的状态,这样可以避免增加旁路控制点导致的关键通路的时延增加,但是必须确保在整个 BIST 操作过程中存储状态都不会遭到损坏。

组合反馈环路。应该尽量避免在电路设计当中使用组合反馈环路。如果这样做不可避免的话,则必须在组合反馈环路上插入 0-控制点、1-控制点或旁路控制点,以保证在 BIST

测试模式下切断每个组合反馈环路。

异步置位/复位信号。逻辑内建自测试的基础是逻辑电路的扫描设计,因此如果异步置位/复位信号在扫描移位操作期间变为有效,会导致扫描链中的测试数据遭到破坏。这个问题可以使用如图 5-3 所示的方法解决。为了在扫描移位操作期间(SE=1)使图 5-3(a)所示异步复位信号 RL 无效(RL=1),图 5-3(b)中增加了一个由 SE 控制的 OR 门,使 RL 在扫描移位操作期间(SE=1)只能取 1,从而防止扫描存储单元 SFF₂ 被强制复位。

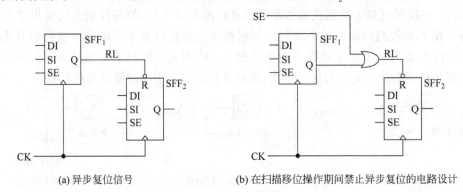

(a) 异步复位信号　　　　　　　　　(b) 在扫描移位操作期间禁止异步复位的电路设计

图 5-3　X 异步复位信号的处理方法

三态总线。当多个驱动单元(通常为三态门)向同一条总线上施加不同的逻辑值时,就会导致总线竞争,从而产生过大电流而对电路造成损坏。如图 5-4(a)所示,在电路正常工作时会通过对 EN₁ 和 EN₂ 的适当控制来保证任何时刻只有一个三态门打开。但是在 BIST 测试模式下(BIST_Mode=1),由于伪随机向量的使用,在移位(SE=1)和捕获(SE=0)操作期间都可能导致两个三态门同时打开而产生总线竞争。为了解决这个问题,可利用图 5-4(b)的电路设计来确保在每次移位(SE=1)或捕获(SE=0)操作期间仅允许一个三态门来驱动总线。

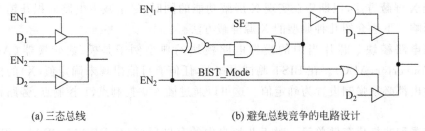

(a) 三态总线　　　　　　　　　(b) 避免总线竞争的电路设计

图 5-4　针对三态总线的 X 屏蔽方法

假通路。假通路(false path)是在电路正常工作状态下不会被激活的通路,因此它们通常不符合时序要求。但是在 BIST 测试模式下,由于伪随机向量的使用,假通路有可能被激活,导致针对时延故障的逻辑内建自测试错误地报告测试失败,从而使良品芯片无法通过测试。为避免这个问题,每个假通路应插入一个 0-控制点或 1-控制点以屏蔽其影响。

关键通路。关键通路(critical path)是对时序敏感的功能路径,它的时延决定整个电路的工作速度,因此应尽可能避免在关键通路上添加其他逻辑门,以防止增加它的时延。为了屏蔽关键通路中的未确定值(X),可在关键通路上向选定一个门(例如 NOT 门、NAND 门或 NOR 门)并为其添加一根输入线,以最大限度地减少在关键通路上的时延增加。如图 5-5 所示,可以选择一个 NOT 门(图 5-5(a)),在 BIST 测试模式下(BIST_Mode=1)把它变成一个 0-控制点(图 5-5(b))或一个 1-控制点(图 5-5(c))。

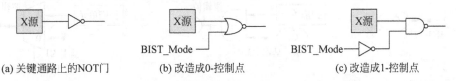

(a) 关键通路上的NOT门　　　(b) 改造成0-控制点　　　(c) 改造成1-控制点

图 5-5　针对关键通路的 X 屏蔽方法

多周期通路。多周期通路(multiple-cycle path)是正常的功能通路,但是信号通过时需要两个或更多时钟周期。与假通路类似,它可能导致针对时延故障的逻辑内建自测试错误地报告测试失败,从而使良品芯片无法通过测试。为避免这个问题,每个多周期通路应插入一个 0-控制点或 1-控制点以屏蔽其影响。

悬空的输入或输出端口。在 BIST 测试模式下,任何外部输入或外部输出端口都不能悬空,这些端口必须正确连接到电源或接地。另外,也必须避免任何内部的模块有悬空的输入,因为这有可能将未确定值(X)传播到测试响应分析器(TRA)。

双向 I/O 端口。双向 I/O 端口在电路设计中很常见。为了正确地进行逻辑内建自测试,应确保每个双向 I/O 端口的方向在 BIST 测试模式下(BIST_Mode=1)固定为输入或输出。图 5-6 是一个将双向 I/O 端口强制设为单向输出的例子。

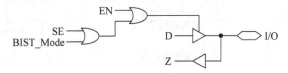

图 5-6　将双向 I/O 端口强制设为单向输出的例子

5.2.2　测试点插入

逻辑内建自测试通常使用伪随机向量作为测试激励,这会造成电路中的某些故障很难被检测。其原因之一是在施加伪随机向量时,被测电路中的某些点常常固定在某个逻辑值(0 或 1),也就是说那些点的可控制性(controllability)极低。另一个原因是在施加伪随机向量时,电路中的某些点的逻辑状态(0 或 1)非常难以反映在测试响应中,也就是说那些点的可观察性(observability)极低。为了提高在施加伪随机向量时的可控制性和可观察性,可以在电路中加入一些测试点(test point),包括用于提高可控制性的控制点(control point)和用于提高可观察性的观察点(observe point)。

图 5-7 为插入控制点的一个例子。图 5-7(a)中的 C_1 和 C_2 为两个逻辑电路,其中 C_1 的

输出值在施加伪随机向量时基本为 1,造成 C_2 中的一些故障不能被检测。图 5-7(b)是一个基于 AND 门的控制点,它利用 C_1 的输出值基本为 1 使得扫描单元的输出值进入 C_2。因为扫描单元输出值为 0 和 1 的可能性都很大,使得各种逻辑值得以输入 C_2,这有助于 C_2 中的故障检测。图 5-7(c)是一个基于 MUX 的控制点,它在 BIST 测试模式下(BIST_Mode=1)把扫描单元的输出值直接送进 C_2,使得各种逻辑值得以输入 C_2,从而有助于 C_2 中的故障检测。

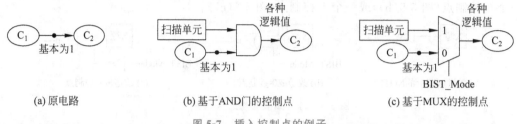

(a) 原电路　　　　(b) 基于AND门的控制点　　　　(c) 基于MUX的控制点

图 5-7　插入控制点的例子

图 5-8 为插入观察点的一个例子。图 5-8(a)中的 C_1 和 C_2 为两个逻辑电路,其中 C_1 的输出值很难被反映在测试响应中,造成 C_1 中的一些故障的效果观察不到而不能被检测。图 5-8(b)是一个专用观察点,它直接把 C_1 的输出接到一个观察用的扫描单元,从而有助于 C_1 中的故障检测。图 5-8(c)是一个共享观察点,C_3 和 C_4 也是两个逻辑电路,而且 C_3 的输出值也很难被反映在测试响应中。如图 5-8(c)所示,C_1 和 C_3 的输出通过 XOR 门接到一个观察用的扫描单元,这样做对 C_1 和 C_3 中的故障检测都有帮助,而且所需的硬件开销也较低。

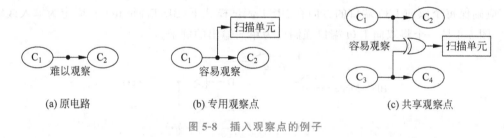

(a) 原电路　　　　　(b) 专用观察点　　　　　　(c) 共享观察点

图 5-8　插入观察点的例子

5.2.3　Re-Timing

如图 5-1 所示,在进行逻辑内建自测试的设计时,若把测试向量生成器(TPG)和测试响应分析器(TRA)放置在距离 BIST 对象电路较远的地方,在 TPG 和扫描链输入端之间以及在扫描链输出端和 TRA 之间有可能出现时钟偏移(clock skew),造成测试向量和测试响应不能正确传输。为了避免这种问题并简化设计实现,可以在 TPG 和扫描链输入端之间以及在扫描链输出端和 TRA 之间插入 Re-Timing 电路,它包含一个下降沿触发 D 触发器和一个上升沿触发 D 触发器。图 5-9 的例子显示在扫描链的每一端使用两个触发器的 Re-Timing 逻辑,其中的 3 个时钟(CK_1,CK_2,CK_3)可属于同一个时钟树。

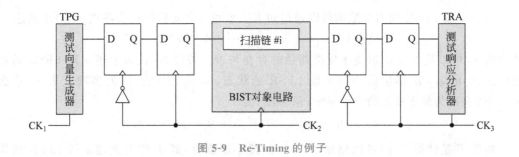

图 5-9 Re-Timing 的例子

5.3 测试向量生成

逻辑内建自测试往往使用由线性反馈移位寄存器(Linear Feedback Shift Register, LFSR)所构成的测试向量生成器(TPG),以产生穷举测试、伪穷举测试和伪随机测试所需的测试向量。穷举测试针对具有 n 个输入的被测组合电路生成所有可能的 2^n 个测试向量,这在 n 很大的情况下非常耗时。当具有 n 个输入的被测组合电路的每个输出最多取决于 w 个输入时,可以使用伪穷举测试,它生成 2^w 或 2^k-1 个测试向量($w<k<n$)。目前实际应用的逻辑内建自测试往往使用伪随机测试,它针对具有 n 个输入的被测组合电路生成远小于 2^n 的测试向量。这些测试向量虽然具有一定的随机性,但由于它们是用 LFSR 生成的,可重复再现,所以被称为伪随机测试向量。

图 5-10(a)所示为 n 段标准 LFSR 的构成。它由 n 个 D 触发器和一些 XOR 门组成。由于 XOR 门位于外部反馈路径上,因此标准 LFSR 也称为外部 XOR 型 LFSR。图 5-10(b)所示为 n 段模块化 LFSR,由于每个 XOR 门都位于两个相邻的 D 触发器之间,因此又称为内部 XOR 型 LFSR。模块化 LFSR 的工作速度快于相应的标准 LFSR,因为每级最多引入一个 XOR 门的时延。

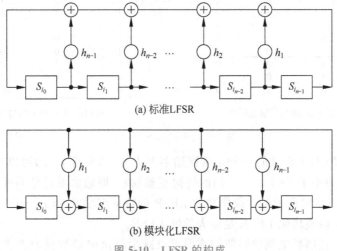

(a) 标准LFSR

(b) 模块化LFSR

图 5-10 LFSR 的构成

一个 n 段 LFSR 的内部结构可以通过如下所示的一个 n 阶特征多项式 $f(x)$ 来描述。

$$f(x) = 1 + h_1 x + h_2 x^2 + \cdots + h_{n-1} x^{n-1} + x^n$$

其中的 h_i 可以是 1 或 0,取决于反馈路径的存在与否。假设 S_i 代表上述 n 段 LFSR 的初始状态 S_0 的第 i 次移位后的该 n 段 LFSR 的状态,而 $S_i(x)$ 是 S_i 的多项式表示,那么 $S_i(x)$ 可表述为如下所示的一个 $n-1$ 阶多项式:

$$S_i(x) = S_{i_0} + S_{i_1} x + S_{i_2} x^2 + \cdots + S_{i_{n-2}} x^{n-2} + S_{i_{n-1}} x^{n-1}$$

如果 T 是使得 $f(x)$ 可以整除 $1 + x^T$ 的最小正整数,则 T 称为上述 n 段 LFSR 的周期。如果 $T = 2^n - 1$,则该 n 段 LFSR 可生成长度最大的序列,因此被称为最大长度 LFSR。

图 5-11(a) 和 5-11(b) 所示的分别为一个 4 段标准 LFSR 和一个 4 段模块化 LFSR。这两个 LFSR 的特征多项式分别为 $f(x) = 1 + x^2 + x^4$ 和 $f(x) = 1 + x + x^4$。若每个 LFSR 的初始状态 S_0 设置为 $\{0001\}$(即 $S_0(x) = x^3$)时,它们将分别产生出如图 5-11(a) 和 5-11(b) 所示的测试向量序列。从图 5-11(a) 和从图 5-11(b) 中可以看出,它的每一个测试向量分别在其后第 6 和第 15 个时钟到来时重复出现,因此,图 5-11(a) 和 5-11(b) 所示的 4 段标准 LFSR 和 4 段模块化 LFSR 的周期分别为 6 和 15。这也意味着 $1 + x^6$ 可以被 $1 + x^2 + x^4$ 整除,而 $1 + x^{15}$ 可以被 $1 + x + x^4$ 整除。

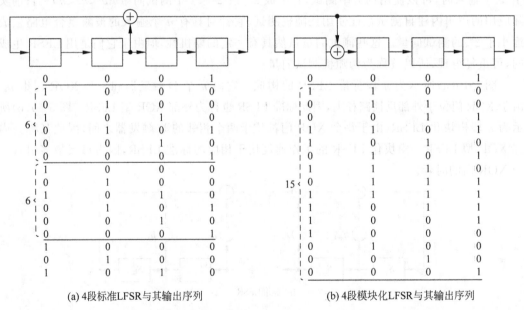

(a) 4段标准LFSR与其输出序列　　　　　(b) 4段模块化LFSR与其输出序列

图 5-11　4 段 LFSR 的例子

伽罗瓦场 GF(2) 上定义的一个 n 阶原始多项式 $p(x)$ 是指 $p(x)$ 可以整除 $1 + x^T$ 但不能整除 $1 + x^i$(i 为小于 T($T = 2^n - 1$)的任何正整数)。原始多项式是不可约的。由于 $T = 15 = 2^4 - 1$,图 5-11(b) 所示的 4 段模块化 LFSR 的特征多项式 $f(x) = 1 + x + x^4$ 是原始多项式,因此这个 4 段模块化 LFSR 是最大长度 LFSR。

如上所述,一种牺牲电路故障覆盖率但可以减少测试向量数量的方法是使用伪随机向量生成器(Pseudo-Random Pattern Generator,PRPG)来生成伪随机向量,这种方法既适用于时序电路又适用于组合电路。最大长度 LFSR 通常用于伪随机向量的生成,它的每个输出以 50% 的概率产生 1 或 0。最大长度 LFSR 可以是标准、模块化或混合形式,非常容易实现。在实际应用当中,还可以在 PRPG 的输出端增加一些组合电路来改变 1 或 0 的出现概率。这种技术叫作加权向量生成,它有助于提高故障覆盖率。

值得注意的是,伪随机向量生成器的基本结构为移位寄存器,其相邻输出所生成的伪随机序列具有很强的相关性,这会导致故障覆盖率的低下。如图 5-12(a)所示,为了解决这个问题,可在伪随机向量生成器的输出端增加一个移相器(Phase Shifter,PS)。如图 5-12(b)所示,移相器可由若干 XOR 门组成,它的作用是减少由伪随机向量生成器的相邻输出所生成的伪随机序列的相关性,以提高故障覆盖率。

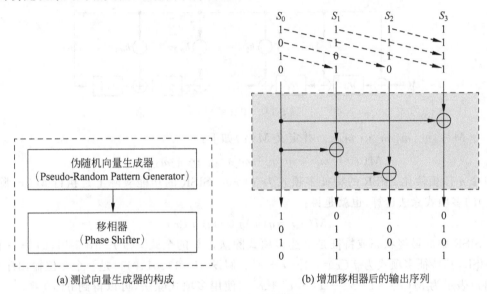

(a) 测试向量生成器的构成　　　(b) 增加移相器后的输出序列

图 5-12　移相器的例子

5.4　测试响应分析

在具体实现逻辑内建自测试时,不可能通过将对应全部的伪随机向量的实际测试响应存储在芯片、电路板或系统的内部进行逐位比较以确定测试结果。为了减少测试响应的存储要求,必须先对测试响应进行一定的压缩,再对其进行分析以确定测试结果,这个过程统称为测试响应分析(test response analysis),由测试响应分析器(Test Response Analyzer,TRA)来实现。逻辑内建自测试中应用最广的测试响应分析技术是特征分析(signature analysis),它把全部的伪随机向量对应的实际测试响应压缩为一个特征(signature),再把得到的特征与事先存下的正常特征进行比较以确定测试结果。正常特征是通过在正常的(无故障)测试对象电路上对所有的伪随机向量进行逻辑模拟而获得的。

使用特征分析技术时,要尽量确保测试对象电路在有故障情况下和无故障情况下的特征不同。如果它们相同,则无法检测到故障。这种情况被称为错误屏蔽(error masking 或 aliasing)。另外,确保所有测试响应都不包含未确定值(X)也很重要,因为若未确定值直接或间接地传播到测试响应分析器(TRA),将使需要考虑的正常特征的数量爆发性地增加,从而导致测试响应分析复杂化,这时就需要使用 5.2.1 节中介绍的技术对未确定值进行屏蔽。

5.4.1　串行特征分析

图 5-13 为 n 段单输入特征寄存器(Single-Input Signature Register,SISR)的一般构成,它在输入处使用附加的 XOR 门,以将 L 位输出序列 M 压缩到一个 n 段模块化 LFSR 中。

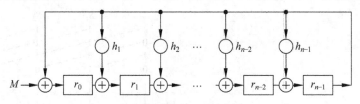

图 5-13　SISR 的构成

令 $M=\{m_0\ m_1\ m_2\cdots m_{L-1}\}$ 并定义 $M(x)$ 如下:

$$M(x)=m_0+m_1 x+m_2 x^2+\cdots+m_{L-1}x^{L-1}$$

令 n 段模块化 LFSR 的特征多项式为 $f(x)$。SISR 的功能实际上是执行 $M(x)$ 除以 $f(x)$ 的多项式除法运算,也就是说:

$$M(x)=q(x)f(x)+r(x)$$

SISR 中的最终状态或特征是上述多项式除法运算的余式 $r(x)$。图 5-14(a)是一个 4 段 SISR,其特征多项式为 $f(x)=1+x+x^4$。假设 $M=\{10011011\}$ 是一个 8 位输出序列,它可以表示为 $M(x)=1+x^3+x^4+x^6+x^7$。使用多项式除法,可以得到 $q(x)=x^2+x^3$ 和 $r(x)=1+x^2+x^3$ 或 $R=\{1011\}$。如图 5-14(b)所示,$R=\{1011\}$ 等于 SISR 在初始状态(种子)为 $\{0000\}$ 情况下输入 8 位输出序列 M 所得到的特征。若 M 是正常(无故障)电路的输出序列,则称 R 为正常特征。

如图 5-14(c)所示,假设故障 f_1 导致了错误的输出序列 $M'=\{11001011\}$ 或 $M'(x)=1+x+x^4+x^6+x^7$。使用多项式除法,可以得到 $q'(x)=x^2+x^3$ 和 $r'(x)=1+x+x^2$ 或 $R'=\{1110\}$。由于有故障 f_1 时的特征 $\{1110\}$ 与无故障 f_1 时的正常特征 $\{1011\}$ 不同,因此可以检测故障 f_1。又如图 5-14(d)所示,假设故障 f_2 导致了错误的输出序列 $M''=\{11001101\}$ 或 $M''(x)=1+x+x^4+x^5+x^7$。使用多项式除法,可以得到 $q''(x)=x+x^3$ 和 $r''(x)=1+x^2+x^3$ 或 $R''=\{1011\}$。由于有故障 f_2 时的特征 $\{1011\}$ 与无故障 f_2 时的正常特征 $\{1011\}$ 相同,因此无法检测故障 f_2。这种情况就是错误屏蔽(error masking 或 aliasing)。

通过无故障输出序列 M 和有故障输出序列 M' 的错误序列 E 或错误多项式 $E(x)$,可以更好地理解 SISR 的错误屏蔽问题。定义 $E=M+M'$ 或 $E(x)=M(x)+M'(x)$。如果

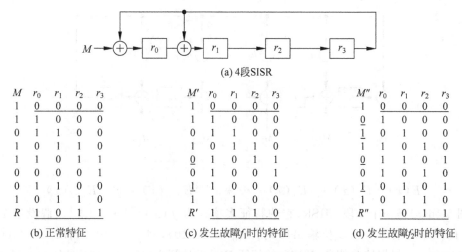

图 5-14　4 段 SISR 的例子

$E(x)$ 不能被 $f(x)$ 整除,则可以检测导致故障输出序列 M' 的所有故障,否则将不会检测这些故障。在故障为 f_1 的情况下,$E=\{01010000\}=M+M'=\{10011011\}+\{11001011\}$ 或 $E(x)=x+x^3$。由于 $E(x)$ 不能被 $f(x)=1+x+x^4$ 所整除,因此可以检测故障 f_1。在故障为 f_2 的情况下,$E=\{01010110\}=M+M''=\{10011011\}+\{11001101\}$ 或 $E(x)=x+x^3+x^5+x^6$。由于 $E(x)$ 可以被 $f(x)=1+x+x^4$ 所整除,即 $E(x)=(x+x^2)f(x)$,因此不能检测故障 f_2。

假设 SISR 由 n 段组成,对于给定的 L 位输出序列 $L>n$,共有 2^{L-n} 种可能的方式来产生 n 位特征,而其中只有一个是正常特征。由于 L 位输出序列中总共有 2^L-1 个错误输出序列,因此使用 n 段 SISR 进行串行特征分析(Serial Signature Analysis,SSA)时发生错误屏蔽的概率为

$$P_{\mathrm{SSA}}(n)=(2^{L-n}-1)/(2^L-1)$$

如果 $L\gg n$,则 $P_{\mathrm{SSA}}(n)\approx 2^{-n}$ 当 $n=20$ 时,$P_{\mathrm{SSA}}(n)<2^{-20}=0.0001\%$。这也就是说,SISR 的段数较多($>20$)时,发生错误屏蔽的概率非常低,对测试质量影响不大。

5.4.2　并行特征分析

在逻辑内建自测试当中应用最广的特征分析技术是并行特征分析(Parallel Signature Analysis,PSA),它利用多输入特征寄存器(Multi-Input Signature Register,MISR)压缩来自具有多个输出的测试对象电路的测试响应。图 5-15 显示 n 段 MISR 的一般构成,它使用 n 个 XOR 门将 n 个 L 位输出序列($M_0\sim M_{n-1}$)同时压缩到一个 n 段模块化 LFSR 中。

n 输入 MISR 可以表述为单输入 SISR,其有效输入序列 $M(x)$ 和有效错误多项式 $E(x)$ 可分别表示如下:

$$M(x)=M_0(x)+xM_1(x)+\cdots+x^{n-2}M_{n-2}(x)+x^{n-1}M_{n-1}(x)$$

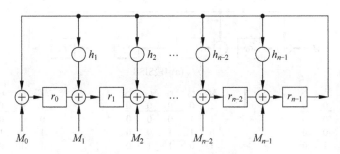

图 5-15 n 段 MISR 的一般构成

$$E(x) = E_0(x) + xE_1(x) + \cdots + x^{n-2}E_{n-2}(x) + x^{n-1}E_{n-1}(x)$$

图 5-16(a)是一个 4 段 MISR,它的特征多项式为 $f(x) = 1 + x + x^4$。假设这个 4 段 MISR 的压缩对象为 4 个 5 位输出序列:$M_0 = \{10010\}$,$M_1 = \{01010\}$,$M_2 = \{11000\}$ 和 $M_3 = \{10011\}$。根据这些信息,MISR 的特征 R 可以计算为 $\{1011\}$。使用 $M(x) = M_0(x) + xM_1(x) + x^2M_2(x) + x^3M_3(x)$,可以得到 $M(x) = 1 + x^3 + x^4 + x^6 + x^7$ 或 $M = \{10011011\}$。如图 5-16(b)所示,这与在如图 5-14(b)中的 4 段 SISR 的例子中的数据流 M 相同。

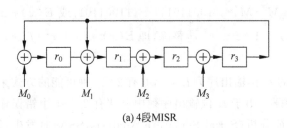

M_0	1	0	0	1	0			
M_1		0	1	0	1	0		
M_2			1	1	0	0	0	
M_3				1	0	0	1	1
M	1	0	0	1	1	0	1	1

(a) 4段MISR   (b) 正常特征

图 5-16   4 段 MISR 的例子

假设在 n 段 MISR 中有 m 个 L 位输出序列要压缩,其中 $L > n \geqslant m \geqslant 2$。并行特征分析的错误屏蔽概率为

$$P_{\text{PSA}}(n) = (2^{m(L-n)} - 1)/(2^{mL} - 1)$$

如果 $L \gg n$,$P_{\text{PSA}}(n) \approx 2^{-n}$。当 $n = 20$ 时,$P_{\text{PSA}}(n) < 2^{-20} = 0.0001\%$。这表明当 $L \gg n$ 时,$P_{\text{PSA}}(n)$ 主要取决于 n。因此,增加 MISR 段数或使用段数相同但具有不同特征多项式 $f(x)$ 的 MISR 可以大幅降低错误屏蔽概率。

5.5   测试时序控制

逻辑内建自测试可以通过将 ATE 的大多数功能转移到被测电路上来降低测试成本,其最关键且最困难的部分是如何设计测试时序控制,因为它关系到时钟设计。下面简单介绍低速测试和实速测试所需的测试时序控制方式。

5.5.1　低速测试

低速测试(slow-speed test)是指测试向量的输入结束时刻到测试响应的捕获时刻之间的时间间隔大于被测电路的工作时钟周期,它用来检测时钟域之间和时钟域之内的结构故障(如固定故障和桥接故障)。低速测试的特点是在捕获针对每个测试向量的测试响应时,对每个时钟域仅需要施加一个捕获脉冲。

图 5-17 是低速测试的时序控制的例子,其中 CK 和 SE 分别是测试时钟和扫描使能信号。首先,把 SE 设置为 1 以进入移位窗口(shift window),并施加与扫描链长度(即构成扫描链的扫描单元的总数)相同数目的移位脉冲,完成测试向量的输入。随后,把 SE 设置为 0 以进入捕获窗口(capture window),并施加一个捕获脉冲(C),这样可以检测电路内的结构故障。如图 5-17 所示,在进行低速测试的时序控制设计时应该注意适当调整时延 d_1(最后一个移位脉冲 S_n 与捕获脉冲 C 之间的时间间隔)和 d_2(捕获脉冲 C 与下一个移位窗口的第一个移位脉冲 S_1 之间的时间间隔)以满足各个扫描触发器的时序要求。值得注意的是,d_1 和 d_2 都不需要太短,以便 SE 可以有充足的时间从 1 变化到 0(进入捕获窗口)和从 0 变化到 1(进入移位窗口)。也就是说,用于低速测试的 SE 可以是低速信号,所以比较便于在设计中实现。

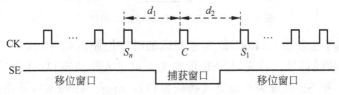

图 5-17　低速测试的时序控制

5.5.2　实速测试

实速测试(at-speed test)是指逻辑跳变产生的时刻到测试响应捕获的时刻之间的时间间隔与被测电路的工作时钟周期相同,它用来检测时延故障(如路径时延故障和跳变时延故障)。实速测试可以通过移位激发(Launch-on-Shift,LoS)或捕获激发(Launch-on-Capture,LoC)的方式来实现。

图 5-18 是基于移位激发的实速测试的时序控制的例子,其中 CK 和 SE 分别是测试时钟和扫描使能信号。首先,把 SE 设置为 1 以进入移位窗口(shift window),并施加移位脉冲。随后,把 SE 设置为 0 以进入捕获窗口(capture window),并在捕获窗口施加一个捕获脉冲 C,而且保证最后一个移位脉冲 S_n 的到达时刻和在捕获窗口施加的一个捕获脉冲 C 的到达时刻之间的时间间隔 d_1 与被测电路的工作时钟周期相同。如图 5-18 所示,若最后一个移位脉冲 S_n 和它之前的移位脉冲 S_{n-1} 使扫描单元 SC$_1$ 输出不同的逻辑值,则扫描单元 SC$_1$ 的输出端会在时刻 T_1(最后一个移位脉冲 S_n 的到达时刻)产生一个逻辑跳变。假设这个逻辑跳变可以沿路径 P(由一个或多个逻辑门构成)传播到另一个扫描单元 SC$_2$ 的

输入端。由于扫描单元 SC_2 在时刻 T_2(捕获脉冲 C 的到达时刻)进行捕获,而且 T_1 和 T_2 的时间间隔 d_1 与被测电路的工作时钟周期相同,所以路径 P 上的时延故障可以被检测。值得注意的是,若被测电路的速度很快,则 d_1 非常短,因此 SE 必须高速地从 1 变化到 0(进入捕获窗口)。也就是说,用于移位激发(LoS)方式的 SE 是与时钟信号同等的高速信号,设计实现比较困难。但是,LoS 方式的故障覆盖率一般比较高。由于 LoS 方式利用移位窗口的最后两个移位脉冲造成同一个扫描单元的输出值的变化来激发逻辑跳变,因此移位激发也被称为偏载(skewed-load)。请注意,为了进入移位窗口,SE 只需低速地从 0 变化到 1。也就是说,尽管 d_1 往往需要很短,但是 d_2 不用太短,因此 SE 可以有充足的时间从 0 变化到 1(进入移位窗口)。

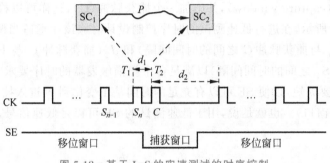

图 5-18　基于 LoS 的实速测试的时序控制

图 5-19 是基于捕获激发(LoC)的实速测试的时序控制的例子,其中 CK 和 SE 分别是测试时钟和扫描使能信号。首先,把 SE 设置为 1 以进入移位窗口(shift window),并施加移位脉冲。随后,把 SE 设置为 0 以进入捕获窗口(capture window),并在捕获窗口施加两个捕获脉冲 C_1 和 C_2,而且保证这两个捕获脉冲之间的时间间隔 d 与被测电路的工作时钟周期相同。如图 5-19 所示,若最后一个移位脉冲 S_n 和第 1 捕获脉冲 C_1 使扫描单元 SC_1 输出不同的逻辑值,则扫描单元 SC_1 的输出端会在时刻 T_1(捕获脉冲 C_1 的到达时刻)产生一个逻辑跳变。假设这个逻辑跳变可以沿路径 P(由一个或多个逻辑门构成)传播到另一个扫描单元 SC_2 的输入端。由于扫描单元 SC_2 在时刻 T_2(捕获脉冲 C_2 的到达时刻)进行捕获,而且 T_1 和 T_2 的时间间隔 d 与被测电路的工作时钟周期相同,所以路径 P 上的时延故

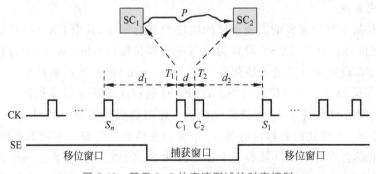

图 5-19　基于 LoC 的实速测试的时序控制

障可以被检测。值得注意的是，d_1 和 d_2 都不需太短，因此 SE 可以有充足的时间从 1 变化到 0(进入捕获窗口)和从 0 变化到 1(进入移位窗口)。也就是说，用于 LoC 方式的 SE 可以是低速信号，比较便于在设计中实现。但是，LoC 方式的故障覆盖率一般不如移位激发(LoS)。因为 LoC 方式在捕获窗口施加两个捕获脉冲，所以它也被称为双重捕获(double capture)。

5.6　实例介绍

本节简单地介绍一个利用商用软件工具(Tessent)进行逻辑内建自测试(Logic BIST)设计的实例，以便读者对本章的内容有一些具体的感知。这个实例是运用 tsdb 流程在 RTL 设计中插入 hybrid tklbist 测试模块。图 5-20 包含 Tessent 工具中插入测试模块的流程，其基本步骤如下。

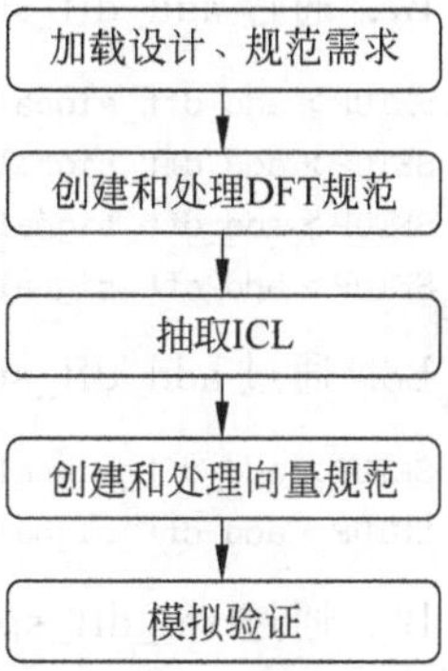

图 5-20　EDT/Tessent LogicBIST 模块插入的流程

A1. **准备好在 rtl1 阶段插入 mbist 电路之后的设计**：这些设计包括 rtl1 阶段生成的 Verilog 设计、icl、pdl、tcd 文件，以及在 rtl2 阶段加载进来的用于插入 hybrid tklbist 的测试模块。

A2. **定义 dft 信号**：该信号用于 edt 和 lbist 电路的控制。

A3. **创建 dft specification**：定义要插入的 occ、edt、lbist 测试模块的配置。

A4. **插入测试电路**：根据 dft specification 的定义插入电路并将修改后的设计信息以及插入模块的信息保存在 tsdb 中，保存下来的文件包括它们的 verilog、icl、pdl、tcd 文件。

A5. **抽取整个设计的连接关系**：保存为 icl 文件。

A6. **创建 pattern specification**：定义测试模块的测试向量的性质。

A7. **生成测试向量**：根据 pattern specification 的定义生成测试向量。

A8. **对测试向量进行仿真**：验证插入的测试电路以确定其功能是否正常。

在设计中插入 hybrid EDT/Tessent LogicBIST 测试模块时用到的主要操作命令如下。

B1. 通过命令行启动 Tessent Shell，其默认模式是配置(Setup)模式。

```
$ tessent - shell
```

B2. 通过 set_context 命令，将工具的 context 设成在 RTL 级修改设计，插入测试电路的环境。

```
SETUP > set_context dft - rtl - design_id rtl2
```

B3. 通过 set_tsdb_output_directory 定义保存修改后的设计以及其他输出文件的 tsdb 目录位置。

```
SETUP > set_tsdb_output_directory ../tsdb_outdir
```

B4. 通过 read_design piccpu -design_id rtl1,工具自动在 tsdb 目录下寻找并加载 rtl1 阶段修改后的设计信息。

```
SETUP > read_design piccpu - design_id rtl1
```

B5. 通过 read_cell_library 命令载入标准单元模拟库和存储器模拟库。

```
SETUP > read_cell_library ../lib/tessent/adk.tcelllib ../lib/tessent/picdram.atpglib
```

B6. 通过 set_current_design 命令设置工具处理的当前设计。

```
SETUP > set_current_design piccpu
```

B7. 通过 add_dft_signal 添加 dft 信号用于 memory bypass 控制和 clock 控制。

```
SETUP > add_dft_signal ltest_en memory_bypass_en tck_occ_en
SETUP > add_dft_signal edt_update - source_node {edt_update }
SETUP > add_dft_signal test_clock - source_node test_clock
SETUP > add_dft_signal edt_clock shift_capture_clock - create_from_other_signals
```

B8. 通过 add_dft_signal 添加 dft 信号用于 HTKLB 电路控制。

```
SETUP > add_dft_signals control_test_point_en observe_test_point_en x_bounding_en
SETUP > add_dft_signals int_ltest_en ext_ltest_en int_mode ext_mode
```

B9. 通过 set_dft_specification_requirements -logic_test on 定义逻辑测试的需求,后续通过 process_dft_specification 插入逻辑测试电路。

```
SETUP > set_dft_specification_requirements - logic_test on
```

B10. 添加 min occ 模块到当前设计中用于 lbist 测试。

```
SETUP > add_core_instances - instances [get_instances * _tessent_sib_sti_inst]
```

B11. 通过 set_system_mode 命令,将系统模式切换到 Analysis 模式,该模式进行电路扁平化、电路学习和设计规则验证。

```
SETUP > set_system_mode analysis
```

B12. 通过 set spec [create_dft_specification -sri_sib_list {occ edt lbist }] 创建 dft specification wrapper,并保存在变量中,后续可以修改自定义插入的 occ、edt、lbist 电路的配置。

```
ANALYSIS > set spec [create_dft_specification - sri_sib_list {occ edt lbist } ]
```

B13. 通过 read_config_data -in $ spec -from_string 修改 dft specification,定义要插入设计中的 OCC 模块的配置。

```
ANALYSIS > read_config_data - in $ spec - from_string {
Occ {
        ijtag_host_interface: Sib(occ);
        capture_trigger: capture_en;
        static_clock_control: both;
        Controller(clk) {
```

```
            clock_intercept_node: clk;
        }
        Controller(ramclk) {
            clock_intercept_node: ramclk;
        }
    }
}
```

B14. 通过 read_config_data -in $ spec -from_string 修改 dft specification，定义要插入设计中的 Hybrid TK/LBIST controller 和 NCPindexDecoder 的配置。

```
ANALYSIS > read_config_data - in $ spec - from_string {
LogicBist {
        ijtag_host_interface: Sib(lbist);
        Controller(c0) {
        burn_in : on ;
        pre_post_shift_dead_cycles : 8 ;
        SingleChainForDiagnosis { Present : on ; }
        ShiftCycles { max: 40; hardware_default: 33 ;}
        CaptureCycles { max: 4; }
        PatternCount { max: 10000; hardware_default : 1024 ; }
        WarmupPatternCount { max : 512;}
        ControllerChain {
            segment_per_instrument : off;
            present : on;
            clock : tck;
        }
        Connections {
            shift_clock_src: clk;
            scan_en_in : scan_en;
            controller_chain_enable:
            piccpu_rtl1_tessent_tdr_sri_ctrl_inst/HTKLB_CCM_EN ;
        }
    }
    NcpIndexDecoder{
        Ncp(clk_occ_ncp) {
            cycle(0): OCC(clk);
            cycle(1): OCC(clk);
        }
        Ncp(ramclk_occ_ncp) {
            cycle(0): OCC(ramclk);
            cycle(1): OCC(ramclk);
        }
        Ncp(ALL_occ_ncp) {
            cycle(0): OCC(clk) ,OCC(ramclk) ,piccpu_rtl1_tessent_sib_1 ;
        }
        Ncp(sti_occ_ncp) {
```

```
                cycle(0):  piccpu_rtl1_tessent_sib_1 ;
                cycle(1):  piccpu_rtl1_tessent_sib_1 ;
            }
        }
    }
}
```

B15. 通过 read_config_data-in $ spec -from_string 修改 dft specification，定义要插入设计中的 EDT controller 的配置。

```
ANALYSIS > read_config_data - in $ spec - from_string {
EDT {
        ijtag_host_interface : Sib(edt);
        Controller (c0) {
            Compactor { type : basic ; }
            longest_chain_range : 20,60 ;
            scan_chain_count : 10 ;
            input_channel_count : 1;
            output_channel_count : 1;
            ShiftPowerOptions {
                present : on ;
                min_switching_threshold_percentage : 15 ;
            }
            LogicBistOptions {
                misr_input_ratio : 1 ;
                chain_mask_register_ratio : 1 ;
                ShiftPowerOptions {
                    present : on ;
                    default_operation : disabled ;
                    SwitchingThresholdPercentage { min : 25 ; }
                }
            }
        }
    }
}
```

B16. 通过 process_dft_specification 按照定义在 dft specification 中的 occ、edt、lbist 的配置将 occ、edt、lbist 电路插入当前设计中。

```
ANALYSIS > process_dft_specification
```

B17. 通过 extract_icl 抽取 ijtag network，并生成修改设计之后的 icl 文件。

```
INSERTION > extract_icl
```

B18. 通过 create_pattern_specification 生成当前插入的测试模块（ijtag、edt、occ、lbist）的 pattern specification。

```
SETUP > create_pattern_specification
```

B19. 通过 process_pattern_specification 验证 pattern specificaiton 中的定义并生成当前测试模块(ijtag、edt、occ、lbist)的 Verilog 格式测试向量。

```
SETUP > process_pattern_specification
```

B20. 通过 set_simulation_library_sources 定义仿真单元库的存放位置。

```
SETUP > set_simulation_library_sources - v {../lib/verilog/adk.v} - y ../lib/verilog - extension v
```

B21. 通过 run_testbench_simulations 验证测试模块的测试向量是否正确。

```
SETUP > run_testbench_simulations
```

B22. 通过 run_synthesis -generate_script_only 创建综合的脚本用于后续的综合过程。

```
SETUP > run_synthesis - generate_script_only
SETUP > write_design_import_script   ../03.synthesis/piccpu.dc_shell_import_script - replace
```

B23. 退出 Tessent Shell。

```
SETUP > exit
```

5.7　本章小结

逻辑内建自测试通过对原有电路增加一些特殊设计,使其不借助 ATE 就可以自行对其主要部分进行自测试。逻辑内建自测试的优势在于不需要体大价高的 ATE 可有效降低测试开销,比较容易提供高质量测试所需要的高速的信号输入/输出和处理能力,比较容易产生和利用极为大量的测试激励来增加检测芯片内缺陷的可能性,而且在芯片装入系统之后亦可进行反复测试,从而提高系统在使用过程中的可靠性。

本章介绍了逻辑内建自测试的 4 个主要部分,即 BIST 对象电路、测试向量生成器(TPG)、测试响应分析器(TRA)和 BIST 控制器。BIST 对象电路需要对未确定值(X)进行屏蔽,而且还需插入测试点以提高故障覆盖率;测试向量生成器主要由 LFSR 生成的伪随机向量来作为测试向量;测试响应分析器主要利用 MISR 对测试响应序列进行压缩以获得特征;时序控制需根据测试对象要求和设计能力选择最适合的方式。

随着芯片越来越广泛地应用于航空航天、国防、汽车、银行、医疗保健、网络、电信行业等关键领域,出厂时的良品芯片由于老化而产生故障的问题已成为系统整体可靠性的重大威胁。目前,逻辑内建自测试在降低测试功耗,提高测试质量,改进故障诊断能力等方面的研发不断深化。逻辑内建自测试越来越超出单纯的芯片测试的范畴,成为保证系统可靠性的必不可少的关键技术手段。

5.8　习题

5.1　针对由 3 个三态门构成的三态总线设计一个独热(one-hot)解码器,以便在 Logic BIST 模式(BIST_Mode=1)下避免发生总线竞争,从而防止过大电流对电路造成损坏。

5.2　针对双向 I/O 端口,设计一个 X 屏蔽电路,使之在 Logic BIST 模式(BIST_Mode＝1)下被强制设置为输入。

5.3　图 5-21 中的逻辑值为该 LSFR 的初始状态,请给出该 LSFR 的输出序列。

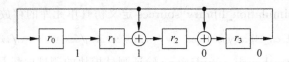

图 5-21　LSFR 的输出序列分析

5.4　图 5-14(a)是一个特征多项式为 $f(x)＝1＋x＋x^4$ 的 4 段单输入特征寄存器(Single-Input Signature Register,SISR)。假设被测电路的正常输出序列是 $M＝\{10011011\}$,当某故障 f 存在于被测电路当中,其输出序列为 $M_f＝\{11111111\}$。试问该故障 f 是否可被检测?

参 考 文 献

[1]　FUJIWARA H. Logic testing and design for testability[M]. Cambridge,MA：The MIT Press,1985.

[2]　ABRAMOVICI M,BREUER M A,FRIEDMAN A D. Digital systems testing and testable design [M]. New York：Computer Science Press,1990.

[3]　CROUCH A L. Design-for-test for digital IC's and embedded core systems[M]. Upper Saddle River, NJ：Prentice Hall PTR,1999.

[4]　BUSHNELL M L,AGRAWAL V D. Essentials of electronic testing for digital,memory and mixed-signal VLSI circuits[M]. Boston：Kluwer Academic Publishers,2000.

[5]　WANG L T,WU C W,WEN X. VLSI test principles and architectures：Design for testability[M]. San Francisco：Elsevier,2006.

第 6 章

测 试 压 缩

在前面的章节中,我们学习了数字电路结构测试的基本概念。为了提高芯片测试的故障覆盖率,需要将电路中的触发器等时序单元以扫描链的方式连接起来,从而把一个时序电路的测试问题转换成组合电路的测试问题。基于扫描链生成的测试向量称作扫描测试向量。在芯片的生产测试中,测试向量(包括测试激励和测试响应)需要存储在测试仪内存之中。而测试压缩指的是针对每一个测试向量,降低其在测试仪内存中的所需数据量,包含输入端的测试激励压缩和输出端的测试响应压缩。其结果是,对于同样大小的内存,可以存储更多的测试向量。

6.1　测试压缩的重要性

随着制造工艺的进步,单个芯片中可集成的晶体管数越来越多。例如华为的基于 5nm 工艺的麒麟 9000 SoC 芯片集成了 153 亿个晶体管,包含 8 核 CPU,24 核 Mali-G78 GPU, 2 大核＋1 小核 NPU,以及最先进的图像处理信号处理器(Image Signal Processor, ISP)。更大的芯片设计意味着需要检测更多的故障数量,比如数字电路中固定型故障的数目是同逻辑门的个数成正比的。由于更大的芯片设计有更多的扫描单元,故每个扫描测试向量所包含的比特数也同步增加。另外,为了保证深亚微米芯片的测试质量,新的故障模型不断引入。除了传统的固定型故障模型,还需要加入针对延时故障,甚至是标准单元内部故障的测试。所以,当芯片设计规模变大的时候,不仅是测试向量的数目大幅增加,而且每个向量所包含测试激励和测试响应信息也同步增加,它们叠加在一起,导致芯片测试的数据量爆炸式增长。

测试成本是整个芯片生产成本中的重要组成部分,可以占到 1/3 甚至更高。测试成本的一个重要指标是测试时间和测试数据量。而需要注意的是,测试仪的换代要远慢于芯片设计的更新迭代。常见的手机 SoC 芯片,各大公司几乎每年都会推出基于新工艺和改进架构的更强性能的芯片,而芯片生产中的测试仪,往往是过了 10 年甚至 20 年,还一直在使用。所以当芯片制造出来后,在生产测试中,很大概率还在使用 10 年甚至 20 多年前的测试仪。

高端的系统集成芯片需要更多的测试向量。如果采用传统的基于扫描链的测试向量,测试仪内存无法一次性放下所有的测试向量。一个解决方案是将测试向量分成几组,测试仪每次可以存放一组测试向量,测完一组后再加载下一组。测试仪的内存加载是一个耗时的过程,这就导致芯片测试需要更长时间来完成。所以,多次加载数据而引起的测试时间暴增,对于芯片测试成本的控制来说是无法接受的。测试压缩是通过压缩测试向量的信息,将所有的测试向量一次性加载到测试仪内存中,进而降低测试时间,达到控制测试成本的目的。

自 20 世纪 90 年代末以来,测试压缩一直是各个测试会议的热门话题,为的是在不牺牲测试质量的前提下,通过压缩测试仪上的测试数据量和降低测试时间来达到控制测试成本的目的。

6.1.1　测试仪和测试数据带宽

测试仪(见图 6-1)是指芯片生产中用于测试芯片的专业设备,高端的测试仪是非常昂贵的。在芯片生产中,基于扫描链的数字芯片结构测试通常分以下几个步骤。

- 测试仪设置相应输入端口的值。
- 测试仪通过扫描链输入和扫描时钟将扫描链上的触发器初始化。
- 测试仪捕获输出端口的值,并同预期值进行比较。
- 捕获时钟的信号被激活。
- 更新后的触发器逻辑值又通过扫描链经由扫描链输出被测试仪捕获,并同预期的响应对比。

图 6-1　测试仪

需要注意的是,当前向量的响应扫描输出同下一个向量的激励扫描输入是重叠的,即同时发生的。所有测试向量的激励和预期响应必须存储在测试仪内存中。但是,测试仪的内存空间、可控的 I/O 端口数及测试时钟频率都是有限的,这些限制即所谓测试数据带宽。这个带宽决定了单个芯片最快的测试时间。每个芯片的测试完成时间必定大于传输测试数据的时间,即:

$$测试时间 \geqslant 测试数据量/(测试通道数 \times 测试时钟频率)$$

6.1.2　测试数据爆炸的挑战和应对策略

为了克服测试数据爆炸和测试数据带宽引发的测试时间瓶颈问题,通常有三类策略:独立的逻辑内建自测试、混合式逻辑内建自测试、测试压缩。

(1) 独立的逻辑内建自测试。

独立的逻辑内建自测试利用片上硬件模块来实现测试激励生成和测试响应分析。它可以不依赖测试仪而独自运行,这对于没有测试仪的现场测试是非常有意义的。但是对于数字电路来说,总有一小部分故障(5%~15%)难以被随机测试向量检测到。所以基于随机测试向量的逻辑内建自测试极少能达到芯片生产所要求的高故障覆盖率(比如＞99％的固定型故障覆盖率),这对于需要确保产品质量的芯片制造来说是无法接受的。由于数字电路中不确定状态的存在,要应用逻辑内建自测试,就必须屏蔽掉不确定状态,这需要额外的硬件开销。

另外,逻辑内建自测试所需的随机向量数要远大于扫描测试,所以其在测试时间上来说并无优势。举个例子,一般芯片设计的扫描测试大约需要 1000 个向量,而对于逻辑内建自测试来说,32 000 甚至更多的随机向量都是很正常的。

(2) 混合式逻辑内建自测试。

当逻辑内建自测试需要用在大规模芯片生产中时,它往往是以混合式逻辑内建自测试的形式出现的。即电路中大部分容易检测的故障是通过逻辑内建自测试来覆盖,而对于随机向量难以检测的故障,则通过在测试仪中存储额外的扫描测试向量来检测。这样做的效果是减少了测试仪的内存需求,同时使故障覆盖率可以达到生产测试的要求。总的测试向量数可用如下的公式表示:

测试向量总数＝逻辑内建自测试随机测试向量数＋额外扫描测试向量数

这个数目远大于基于扫描测试的向量数。因此,混合式逻辑内建自测试虽然可以获得和扫描测试同样的测试覆盖率,但所需的测试时间依然很长。

(3) 测试压缩。

同逻辑内建自测试和混合式逻辑内建自测试不同,测试压缩的使用方法同传统的扫描测试完全兼容,但同时又大幅降低了测试仪的测试数据量和测试时间。所以它是这三种技术中对大规模芯片生产测试最有吸引力的。

6.2　测试压缩模型

6.2.1　基本工作原理

如图 6-2 所示,测试压缩在芯片的扫描链和测试仪之间引入了两个硬件模块。一个是扫描链输入和测试仪之间的解压缩模块(decompressor);另一个是扫描链输出和测试仪之间的压缩模块(compactor)。解压缩模块负责将内建自测试仪的激励信息解压缩并送至扫描链输入端,而压缩模块则负责将扫描链输出端的响应信息压缩后传输到测试仪。也就是说,所有的测试向量信息仍然存储在测试仪上,只不过是信息压缩的形式。

就测试压缩的算法实现来说,它包含两个部分,一个是测试激励压缩(对应于解压缩模块),另外一个是测试响应压缩(对应于压缩模块)。

同混合式逻辑内建自测试相比,测试压缩的每个测试向量均由 ATPG 产生。因此其测试向量数要远小于混合式逻辑内建自测试,并且它在测试时间上要优于混合式逻辑内建自测试。测试压缩和传统的扫描测试在测试仪的操作上是完全一致的,所以很容易被工业界接受。另外,在芯片设计的测试向量生成流程中,测试压缩和基于扫描测试的 ATPG 也是

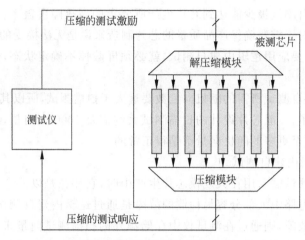

图 6-2   测试压缩基本概念图

兼容的。

同传统的扫描测试相比,测试压缩技术有如下两个优势。

- 测试压缩大大降低了测试仪所需要存储的数据量,从而延长了以前内存有限的测试仪的使用寿命。
- 在同样的测试仪带宽下,测试压缩可以缩短测试时间。这主要是由于解压缩模块的存在,测试压缩可以采用更多条内部的扫描链,每条扫描链的长度要远短于传统的扫描测试,这就减少了加载测试激励所需的时钟周期数,从而降低了测试时间。

6.2.2   测试激励压缩

测试向量是用来检测目标故障的,测试激励压缩必须保证目标故障的检测不受影响。因此,测试激励压缩是无损压缩,它可以通过解压缩模块完全恢复原有的测试激励。由前面的章节知识可知,通常来说,对于大的芯片设计,每个测试向量包含成千上万的比特位信息,但只有 $1\%\sim5\%$ 的比特位是确定的 0/1,剩余的比特位都是无关位。所以,测试向量其实是高度可压缩的。主要的测试激励压缩算法就是利用了测试向量的这个关键特性。

6.2.3   测试响应压缩

对于测试响应压缩来说,为了保证目标故障的测试不受影响,测试响应中对应的故障输出的比特位必须保留,而其他的比特位信息则可以被忽略。所以测试响应压缩可以是有损压缩,前提是保留目标故障的检测信息。

理论上,逻辑内建自测试的多输入特征寄存器(Multi-Input Signature Register,MISR)可以被用来作为一个高效的响应压缩模块,但是任何测试响应中不确定比特都会破坏最终的 MISR 特征值。所以,测试响应压缩的一个重要研究目标是保证压缩算法不受测试响应中不确定值的影响。

6.3　测试激励压缩方法

从大的方向来说,测试激励压缩方法可以分成三大类:信息编码法、广播模式法、线性方程法。

6.3.1　信息编码法

信息编码法的基本原理是利用信息压缩编码的方式来对测试向量进行编码。其主要的思想是将原始测试向量分割成多个分块信息(symbol),并用压缩的码字(code word)来替代各个分块信息。通常来说,压缩码字的比特数要远小于原始的分块信息。而解码模块则是采用简单的解码器将每个码字转换成对应的分块信息。例如,如图 6-3 所示,假定要对一个有 4 条扫描链的测试激励进行编码压缩,扫描单元中标注了某个向量的对应激励值。从中可以发现,只有小部分的扫描单元要取确定的 0/1 值。

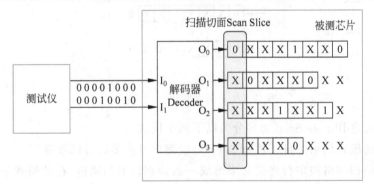

图 6-3　基于组合解码器的编码法基本原理

在这个例子中,定义扫描切面(scan slice)为信息分块。一个扫描切面对应于多组扫描链中一个移位操作所涵盖的扫描单元。这个电路中有 4 条扫描链,因此每个信息分块包含 4 比特的信息。由于测试激励中大部分的比特值为不确定值(X),X 可以取为 0 或者 1,其目标是令最终需要解码的信息分块数目最小。比如可以取阴影所示的扫描切面值为 0000;剩余切面取值从左至右为 0000,0000,0010,1000,0000,0010,0000。然后可以实现一个如图 6-3 中真值表所示的组合解码器电路来完成扫描链中每个移位操作的解码。这个激励压缩算法即所谓字典编码法(dictionary code)。

当然,除了字典编码法还有许多其他的编码方法,比如 Run-length-based Codes(对测试向量中连续 0 的个数进行编码)、选择性 Huffman 编码等。

复杂的数字芯片系统可以有上百条扫描链和上百万扫描单元,基于编码法的解码模块在大的芯片设计上往往硬件代价过高,所以在实际的设计中并不常见。

6.3.2　广播模式法

还有一类测试激励压缩算法称作广播模式法(broadcast scan),最初的广播模式法是针对多个不同的被测芯片,即用一个测试仪端口去驱动多个被测芯片,以达到提高测试吞吐率的目的。后来,人们又把它应用在单个芯片的测试上,也称 Illinois Scan,它的实现方法非常简单,如图 6-4 所示,让多条扫描链加载同样的逻辑值(或者说用一个测试仪端口来同时驱动多条扫描链)。我们知道,大部分 ATPG 生成的向量难以满足广播模式法所需要的逻辑值分布,所以将一组任意给定的测试向量集转换成满足广播模式的压缩激励并不是一件容易的事情。考虑到芯片测试中的每个故障都可以有多种可能的测试向量,另一种可行的方法是在广播模式的条件约束下进行向量生成。这时候所产生的测试向量一定是满足广播模式的。

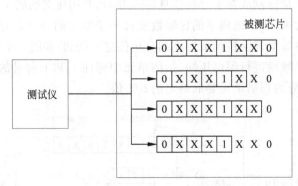

图 6-4 广播模式法的基本原理

早期的基于广播模式的 Illinois Scan 架构分为以下两个模式。
- 广播模式:在广播模式约束条件下进行 ATPG,检测尽可能多的目标故障。
- 串行模式:所有的扫描链被串行连接起来形成一条特别长的扫描链,在此模式下做 ATPG,检测剩余的目标故障。

考虑单一广播源的限制太大,一个显而易见的改进是允许多个广播源,每个广播源可以驱动多条扫描链,如图 6-5 所示。其做法是对扫描链进行兼容性分析,将兼容的扫描链分别由不同的测试仪通道驱动。这样做的效果是目标故障在广播模式约束下被检测的概率大幅提高,甚至可以不需要串行模式即可以检测所有的目标故障。

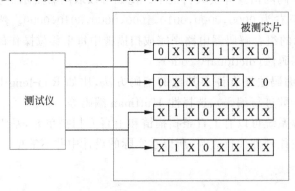

图 6-5 基于多个广播源的广播模式法

　　基于广播模式法的测试激励压缩硬件实现非常简单有效,对比较复杂的数字芯片可以轻松实现十几倍的数据压缩效率。所以,不少商用芯片测试工具都有支持基于广播模式法的测试激励压缩。

6.3.3　线性方程法

　　线性方程法基于线性有限状态机,并通过求解布尔函数线性方程来对测试向量进行编码压缩,这个有限状态机可以是线性反馈移位寄存器(LFSR)、细胞自动机(cellular automata)或环随机向量生成器(ring generator)。同基于解码器的组合逻辑解码模块相比,基于线性方程法的向量压缩编码效率更高,更易于给一些比较极端的向量生成压缩编码。

　　基于线性方程法的激励压缩可以分为两大类:一类是静态种子重置(static reseeding),另一类是动态种子重置(dynamic reseeding)。

1. 静态种子重置

　　早期的研究基本上都是基于静态 LFSR 的种子重置。这种方法计算每一个测试向量的 LFSR 的种子(也称初始状态)。首先,测试仪载入 LFSR 的初始状态;然后 LFSR 工作在自动运转模式并同时驱动扫描链产生测试激励。所以静态种子重置只需要存储测试向量的种子,可以有很高的压缩比。

　　例如,如图 6-6 所示,假定一个 7 位 LFSR 的初始状态为 $\{b_0,b_1,b_2,b_3,b_4,b_5,b_6\}$。由 LFSR 的特性可知,节点 y 在时间 t 的值是 $\{b_0,b_1,b_2,b_3,b_4,b_5,b_6\}$ 的线性函数,即

$$y_t = f_t(b_0,b_1,b_2,b_3,b_4,b_5,b_6)$$

　　假定节点 y 是用来驱动一条扫描链,则 y_t 即对应于扫描链上相应扫描单元的值。考虑到测试激励中只有极少部分的扫描单元取确定的 0/1 值,对应的 y_t 表达式即构成一个线性方程组。通过求解线性方程组可得 LFSR 的初始状态。

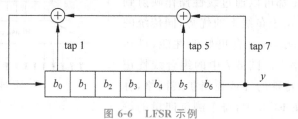

图 6-6　LFSR 示例

　　静态种子重置的一个缺点是当 LFSR 工作在自动运转模式时测试仪是在空闲模式,这会浪费宝贵的测试时间。一个解决方案是引入阴影寄存器(shadow register)。当 LFSR 工作在自动运转模式时,用它来上传下一个测试向量的种子。阴影寄存器令激励解码模块的存储单元面积几乎翻倍,导致硬件开销较高。

　　静态种子重置的另一个缺点是,由于 LFSR 的编码特性,其大小必须同测试向量中确定的 0/1 比特数相当。当芯片设计规模变大的时候,这就是一个非常大的数字。一个解决方案是令静态种子重置的每个种子只对应于解码测试向量中一部分的扫描单元,这样每个测

试向量就需要多个种子来完成解码。

2. 动态种子重置

与静态种子重置不同,动态种子重置在 LFSR 的自动运行模式中同时插入外部的自由变量,它的运行方式类似于 MISR。图 6-7 是一个基于动态种子重置的激励解压缩模块的基本概念图。测试仪通过 b 条输入通道连续不断地将自由变量插入 LFSR;LFSR 再通过一个线性组合逻辑(异或逻辑门网络)驱动芯片内部的 n 条扫描链。通常 b 远小于 n。

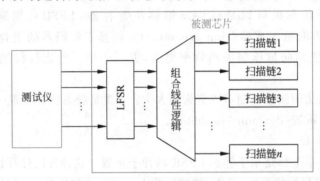

图 6-7　动态种子重置的基本概念图

动态种子重置的一个重要优势是测试仪可以不停地输入数据,不会陷入空闲状态,并且它可以使用更小的 LFSR 达到与静态种子重置同样的编码效率。

最具代表性且应用最广泛的动态种子重置算法是由 Rajski 等发表的 EDT(Embedded Deterministic Test)。EDT 的基本结构如图 6-8 所示,同图 6-7 类似,只不过 LFSR 被替换成了 Ring Generator。本质上 Ring Generator 是 LFSR 的一个转换形式,每个 Ring Generator 都可以通过线性操作映射到一个对应的 LFSR。由于布线上的优势,同传统的 LFSR 相比,Ring Generator 有更好的性能,可运行在更高的时钟频率下。图 6-7 中的组合线性逻辑在 EDT 中是一种特殊的异或逻辑扩展网络,称为 Phase Shifter。在 EDT 中,每个测试向量的解压缩过程输入同样数量的自由变量。由于向量解

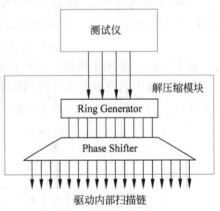

图 6-8　EDT 的基本结构

压缩过程的一致性,同其他的动态种子重置方案相比,EDT 的控制逻辑更为简单,所以更有吸引力。下面以 EDT 作为例子来讲述动态种子重置的基本实现原理。

首先看一下 EDT 的测试激励压缩效果。假定一个数字芯片设计在 ATPG 向量生成时的扫描链配置为 16 条扫描链,最长的扫描链长度为 11 292,其 ATPG 测试向量集包含 1600 个测试向量。需要说明的是,这里的 ATPG 向量指的是传统扫描测试向量,即测试过程中扫描链的输入和输出端口是直接连接测试仪的。对于同一个设计,如果采用 EDT,仍然使

用 16 个数据输入通道(来源于测试仪),其扫描链重新配置成 2400 条内部扫描链,最长扫描链长度为 76。并且 EDT 需要 2238 个测试向量,方能达到和 ATPG 测试集同样的故障覆盖率。采用 EDT 后的扫描链长度几乎缩短为原来的 1/150(从 11 292 到 76);而测试数据和测试时间减少到了原来的 1/100。ATPG 测试向量和 EDT 测试向量在扫描链长度上有巨大的差异,一个 ATPG 向量的内存空间可以存储 148 个 EDT 测试向量。也就是说,一个 ATPG 向量的测试时间几乎可以用来完成 148 个 EDT 测试向量。但是 EDT 需要更多的测试向量来达到同样的故障覆盖率,所以最终的测试时间提升幅度要小于 148 倍,为 101 倍。

EDT 的解压缩模块工作原理如下:

(1) 首先,每个向量起始的几个输入数据值是用来设定 Ring Generator 的初始状态。需要注意的是,在 Ring Generator 初始化过程中从解压缩模块送到扫描链的值不构成最终解压缩后的测试向量。这是通过增加扫描向量的移位时钟周期数来实现的,即 EDT 向量的移位时钟周期数等于初始化 Ring Generator 需要的时钟周期数加上最长的内部扫描链长度。Ring Generator 初始化过程中加载到扫描链的值最终通过扫描移位从扫描链输出端被移位出去。

(2) 接下来,EDT 向量继续输入新的值给解压缩模块,与此同时解压缩模块的输出值被加载到内部的扫描链中。

EDT 中测试向量的压缩是通过将外部输入数据当作布尔变量来实现的。从概念上来说,每一个从测试仪输入的比特值即是一个输入变量,各个扫描单元的最终值本质上是测试向量中所有输入变量的一个线性函数。所以,给定①Ring Generator 的具体结构;②Phase Shifter 的连接网络;③输入变量在 Ring Generator 上的插入点;④扫描单元对应的移位时钟周期,可以计算出每个拥有确定 0/1 值的扫描单元所对应的布尔线性方程。通过求解线性方程组,可以得到每个输入变量的 0/1 取值。下面通过图 6-9 的例子具体讲一下 EDT 测试激励的压缩是如何实现的。

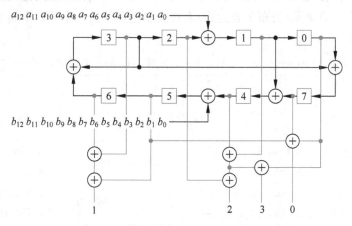

图 6-9　一个 2 输入 4 输出 8 位 EDT 解压缩模块

图 6-9 是一个 EDT 解压缩模块的具体实现。它包含 1 个本征多项式为 $x^8+x^6+x^5+x+1$ 的 8 位 Ring Generator 和一个 4 输出的 Phase Shifter。Phase Shifter 是由异或逻辑门组成的。它的输入是 Ring Generator 的状态位，每个输出对应于 3 个状态位的异或值。另外，从测试仪输入的数据插入点分别在状态位 1 和状态位 5 的输入端。令两个测试仪输入端口的两组输入变量分别为 $a_{12}a_{11}\cdots a_1a_0$ 和 $b_{12}b_{11}\cdots b_1b_0$。表 6-1 列出了 Ring Generator 的 8 个状态位在前 7 个时钟周期的布尔表达式。可以看出，一直到第 4 个周期，Ring Generator 才完全被输入变量初始化，即每个状态位的布尔表达式至少包含一个输入变量。并且，随着扫描周期的递增，布尔表达式中的输入变量数也同步增加。对于 EDT，只有当 Ring Generator 被完全初始化后，Phase Shifter 的输出才真正开始加载到扫描链上。

表 6-1　Ring Generator 的 8 个状态位值在前 7 个时钟周期的布尔表达式

0	1	2	3	4	5	6	7
0	a_0	0	0	0	b_0	0	0
a_0	a_1	0	0	b_0	b_1	a_0	0
a_1	a_2	0	b_0	b_1	$a_0\oplus b_2$	a_2	a_0
a_2	a_3	b_0	$b_1\oplus b_0$	$a_0\oplus b_2$	$a_1\oplus b_3$	$a_2\oplus a_0$	$a_1\oplus b_0$
a_3	$a_4\oplus b_0$	$b_1\oplus b_0$	$a_0\oplus b_2\oplus b_1\oplus b_0$	$a_1\oplus b_3$	$a_2\oplus a_0\oplus b_4$	$a_3\oplus a_1\oplus b_0$	$a_2\oplus b_1\oplus b_0$
$a_4\oplus b_0$	$a_5\oplus b_1\oplus b_0$	$a_0\oplus b_2\oplus b_1\oplus b_0$	$a_1\oplus a_0\oplus b_3\oplus b_2\oplus b_1\oplus b_0$	$a_2\oplus a_0\oplus b_4$	$a_3\oplus a_1\oplus b_5\oplus b_0$	$a_4\oplus a_2\oplus b_1$	$a_3\oplus a_0\oplus b_2\oplus b_1\oplus b_0$
$a_5\oplus b_1\oplus b_0$	$a_6\oplus a_0\oplus b_2\oplus b_1\oplus b_0$	$a_1\oplus a_0\oplus b_3\oplus b_2\oplus b_1\oplus b_0$	$a_1\oplus a_0\oplus b_4\oplus b_3\oplus b_2\oplus b_1\oplus b_0$	$a_3\oplus a_1\oplus b_5\oplus b_0$	$a_4\oplus a_2\oplus b_6\oplus b_1$	$a_5\oplus a_3\oplus a_0\oplus b_2$	$a_4\oplus a_1\oplus a_0\oplus b_3\oplus b_2\oplus b_1$

表 6-2 列出了 Ring Generator 初始化后的三个时钟周期内 Phase Shifter 输出值（即每条扫描链头三个扫描单元）的布尔表达式，表达式中包含了这三个周期中新插入的输入变量 a_4,a_5,a_6,b_4,b_5,b_6。

表 6-2　Ring Generator 初始化后的三个时钟周期内 Phase Shifter 输出值的布尔表达式

S. 0	S. 1	S. 2	S. 3
$a_3\oplus a_0\oplus b_4\oplus b_1\oplus b_0$	$a_3\oplus a_2\oplus a_1\oplus b_4\oplus b_2\oplus b_1$	$a_4\oplus a_1\oplus b_3\oplus b_1$	$a_4\oplus a_3\oplus a_1\oplus b_3\oplus b_0$
$a_4\oplus a_1\oplus a_0\oplus b_5\oplus b_2\oplus b_1\oplus b_0$	$a_4\oplus a_3\oplus a_2\oplus a_0\oplus b_5\oplus b_3\oplus b_2$	$a_5\oplus a_2\oplus b_4\oplus b_2$	$a_5\oplus a_4\oplus a_2\oplus a_0\oplus b_4\oplus b_1$
$a_5\oplus a_2\oplus a_1\oplus a_0\oplus b_6\oplus b_3\oplus b_2\oplus b_1\oplus b_0$	$a_5\oplus a_4\oplus a_3\oplus a_1\oplus a_0\oplus b_6\oplus b_4\oplus b_3\oplus b_0$	$a_6\oplus a_3\oplus b_5\oplus b_3\oplus b_0$	$a_6\oplus a_5\oplus a_3\oplus a_1\oplus a_0\oplus b_5\oplus b_2\oplus b_0$

当所有扫描单元的布尔表达式确定下来后,可以针对需要压缩的测试向量获得一组线性方程组。线性方程组的每一个方程对应于测试向量中含有确定 0/1 值的比特位。假定有如图 6-10 所示的测试向量,分别对应于 4 条扫描链,最右边的值最先加载到扫描链中。由此可知,靠右三列粗体的扫描单元,其对应的布尔表达式已在表 6-2 中列出。由

X	X	X	X	X	**1**	**X**	**1**
1	X	X	0	X	**1**	**X**	**X**
X	X	X	X	X	**X**	**X**	**X**
0	0	X	X	1	**X**	**X**	0	**X**

图 6-10 测试向量示例

于该向量中共有 10 位含确定 0/1 值,所以可以得到如图 6-11 所示的含 10 个布尔等式的线性方程组,这些方程是以其值在扫描链加载中出现的先后顺序排列的。前 4 个方程的布尔表达式可以在表 6-2 找到。仔细观察可以发现,求解图 6-10 中测试向量的布尔方程组有 10 个方程,而方程组的输入变量可能有 $a_{12}a_{11}\cdots a_1a_0$ 和 $b_{12}b_{11}\cdots b_1b_0$,共 26 个。很大概率上这个方程的求解不唯一。但对于测试向量编码求解来说,一个满足方程组的求解就够了。另外,也有可能布尔方程的数量大于输入变量的数量,测试向量的布尔方程组无法求解。这种情况就需要 ATPG 工具生成一个新的测试向量,重新尝试布尔方程组求解。

$$a_3 \oplus a_0 \oplus b_4 \oplus b_1 \oplus b_0 = 1$$
$$a_5 \oplus a_4 \oplus a_2 \oplus a_0 \oplus b_4 \oplus b_1 = 0$$
$$a_5 \oplus a_2 \oplus a_1 \oplus a_0 \oplus b_6 \oplus b_3 \oplus b_2 \oplus b_1 \oplus b_0 = 1$$
$$a_5 \oplus a_4 \oplus a_3 \oplus a_1 \oplus a_0 \oplus b_6 \oplus b_4 \oplus b_3 \oplus b_0 = 1$$
$$a_8 \oplus a_7 \oplus a_5 \oplus a_3 \oplus a_2 \oplus b_7 \oplus b_4 \oplus b_2 = 1$$
$$a_6 \oplus a_5 \oplus a_4 \oplus a_2 \oplus a_1 \oplus a_0 \oplus b_7 \oplus b_5 \oplus b_4 \oplus b_3 \oplus b_2 \oplus b_1 \oplus b_0 = 1$$
$$a_8 \oplus a_7 \oplus a_6 \oplus a_4 \oplus a_3 \oplus a_2 \oplus a_1 \oplus a_0 \oplus b_9 \oplus b_7 \oplus b_6 \oplus b_3 \oplus b_2 \oplus b_0 = 0$$
$$a_{11} \oplus a_{10} \oplus a_8 \oplus a_6 \oplus a_5 \oplus a_1 \oplus b_{10} \oplus b_7 \oplus b_5 \oplus b_1 = 0$$
$$a_{11} \oplus a_{10} \oplus a_9 \oplus a_7 \oplus a_6 \oplus a_5 \oplus a_4 \oplus a_3 \oplus a_2 \oplus b_{12} \oplus b_{10} \oplus b_9 \oplus b_6 \oplus b_5 \oplus b_3 = 1$$
$$a_{12} \oplus a_{11} \oplus a_9 \oplus a_7 \oplus a_6 \oplus a_2 \oplus a_0 \oplus b_{11} \oplus b_8 \oplus b_6 \oplus b_2 = 0$$

图 6-11 示例测试向量所对应的线性方程组

当图 6-11 中的线性方程组求解完成后,可以得到压缩模块输入端的压缩激励。压缩激励的所有比特位都是确定的 0/1 值。当需要运行故障模拟时,需要压缩激励进行解压缩,以获得完整的扫描链测试向量值。在这个解压缩过程中,图 6-10 中测试向量的不确定值会被确定的 0/1 值取代。图 6-12 给出了 EDT 的压缩测试向量生成流程,动态压缩的实现流程在图 6-13 中。

在 EDT 向量生成过程中(见图 6-12),ATPG 算法的随机填充被禁止,以保证生成的扫描测试向量易于压缩。EDT 每次选取一个未被检测的目标故障以生成扫描测试向量。随后,压缩算法被激活以产生压缩向量。如果压缩不成功,则重新生成一个扫描测试向量,直到算法达到尝试上限为止。如果多次尝试后,仍不能生成压缩向量,则标记该故障为被放弃。如果成功获得了压缩向量,则进入动态压缩过程(见图 6-13),即 ATPG 算法会在测试向量已知确定值的基础上继续运行,以检测更多的后继目标故障。每次后继目标故障的扫

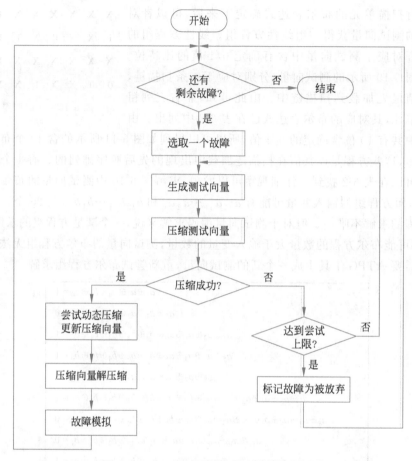

图 6-12　EDT 测试压缩向量生成的流程图

描测试向量生成后,测试向量增加新的确定值,即类似于图 6-11 中的线性方程组需要加入一些新的方程式。压缩算法会运行在增量模式下,以产生更新的压缩向量。动态压缩过程会反复运行,直到算法设定的上限为止。另外,如果动态压缩在第 n 次迭代过程中退出,需要保留第 $n-1$ 次迭代过程中的压缩向量信息,这样在压缩向量解压缩的时候可恢复已知的扫描向量确定值信息。

　　需要注意的是,在图 6-12 中标记为被放弃的故障在动态压缩过程中不会成为新的后继目标故障。这些故障的测试向量要么是有 0/1 值的比特位过多,要么是这些比特位之间有特殊的线性相关性,使压缩无法完成。所以在动态压缩过程中继续针对这些故障是没有意义的。但是,如果一个目标故障在动态压缩过程中未能被压缩,它仍然可以被随后的压缩向量生成过程所选中,因为这个故障很可能可以独立产生一个压缩向量,或是被其他故障的动态压缩过程所涵盖。

　　在 EDT 中,最大的测试压缩比 M 可以通过计算内部扫描链数和测试仪扫描通道数的比例得到。其中 S 是内部扫描链数,L 是最大的扫描链长度,C 是外部扫描通道数,V_0 是

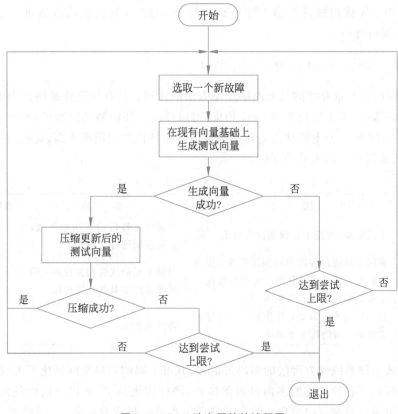

图 6-13　EDT 动态压缩的流程图

初始化 Ring Generator 的数据量,V 代表从芯片外部输入的未解压的扫描数据量,它们有如下关系:

$$M = \frac{S \times L}{V_0 + V} = \frac{S \times L}{V_0 + C \times L} \approx \frac{S}{C}$$

只要每个时钟周期都有插入 C 个外部自由变量,这个最大的测试压缩比 M 的公式都是合适的。在实际应用中,不同测试向量的 0/1 填充比例(即向量中有确定 0/1 值的比特位所占的比例)有很大不同。有的很高,比如 5%,有的甚至不到 0.2%。对于那些填充比例很低的测试向量来说,并不需要每个时钟周期都插入 C 个外部变量。因此,EDT 的测试压缩比 M 可以通过减少扫描通道输入频率的方式得到进一步提高,即只在需要的时候插入 C 个外部变量,这是 EDT 的改进架构 EDT-S,具体实现可以参看相关文献。

EDT 中的一个重要概念是编码效率 E(encoding efficiency),它的定义如下:

$$E = \frac{B}{0.75D + C \times L}$$

其中 B 代表线性方程组成功编码的比特位数(即可求解的方程组中的表达式个数);D 代表解码模块的大小(即 Ring Generator 的状态位数);C 代表测试仪的数据输入通道数;L 代表扫描链长度。$0.75D$ 对应于将 Ring Generator 初始化需要的输入变量数;而乘积项 C

$\times L$ 则表示用于加载扫描链的输入变量数。基于 EDT 的测试激励压缩可以获得很高的（超过 90%）编码效率。

6.3.4　测试激励压缩方法对比

表 6-3 列出了本章介绍的几类激励压缩方法的比较。信息编码法采用简单的编码器实现扫描切面的编码,不需要设置 ATPG 约束,可以适用于任何测试向量集,比较适合没有电路结构信息的 IP 核。但主要缺点是对不确定值的比特位的利用率不高,且控制逻辑的硬件成本太高,因此没有商用工具的支持。

表 6-3　几类激励压缩方法的比较

方　　法	优　　势	劣　　势	商用工具支持
信息编码法	方法简单,可用于任何测试向量集	不确定比特位的利用率不高;控制逻辑硬件代价高	否
广播模式法	利用了故障的多向量可测试特性;实现逻辑非常简单;可利用可编程设置进一步提高编码效率;单步 ATPG	扫描单元的线性相关度高;编码灵活性不及线性方程法	是
线性方程法	解码模块实现简单;扫描单元的线性相关度低;编码效率非常高	两步 ATPG	是

广播模式法没有线性方程法的编码灵活性,其可编码的向量空间远比不上线性方程法。但其优势是利用了芯片故障的多向量可测试性,硬件实现简单,可以一次性使用 ATPG 约束轻松产生可编码的测试向量集。结合动态可编程的广播模式配置,广播模式法也可以获得不错的向量压缩比。所以,有一部分商用工具也支持基于广播模式法的测试激励压缩。

经过二十余年的发展,线性方程法是现今主流的测试激励压缩技术。其解压缩模块硬件实现简单,扫描单元的线性相关度低,压缩编码效率非常高。但是,基于异或逻辑的线性表达式难以用 ATPG 约束条件来描述,所以线性方程法需要两步 ATPG。第一步是让 ATPG 产生不用随机填充的测试向量;第二步是基于线性方程组对向量进行编码。大部分商用工具都支持基于线性方程法的测试激励压缩。

6.4　测试响应压缩方法

测试压缩包含测试激励的压缩和测试响应的压缩。6.3 节介绍了几种常见的测试激励压缩算法,本节讲一下测试响应压缩的主要实现方法。测试响应压缩是有损压缩,即部分原始信息会在压缩过程中流失,这一点同图像的有损压缩类似。在图像压缩中,其基本要求是压缩的图像信息通过解压缩过程可以非常接近原始图像。而对于测试响应压缩来说,其要求则是保证目标故障的检测和诊断。若不能保证故障的检测和诊断,再高效的压缩方法也没有意义。另外,响应压缩还需要保持其实现方案同现有芯片测试仪平台工作流程的兼容性。具有良好兼容性的压缩方案才更容易被工业界接受。

响应压缩基本上都是基于异或逻辑门的压缩网络实现的。在介绍具体的响应压缩方案之前,先介绍一下响应压缩中需要解决的两个重要问题:X屏蔽和故障抵消。

1. X屏蔽

测试响应中不确定值的存在导致基于异或网络的响应压缩出现了X屏蔽,如图6-14所示。图中有两条扫描链,扫描输出通过异或逻辑门进行压缩。所有扫描链1中的不确定值扫描单元都会屏蔽掉扫描链2中的对应单元的值,反之亦然。从图中可以发现,扫描链1中有2个不确定值,扫描链2中有3个不确定值。由于X屏蔽,在异或逻辑门的输出端将会出现4个不确定值,这4个不确定值对应于扫描链1和扫描链2中的各4个,共8个扫描单元。这8个被屏蔽的扫描单元将无法被测试仪观察到。并且,如果目标故障的差错位恰巧只出现在被屏蔽的扫描单元中,则目标故障的检测将无法实现。这种现象称作X屏蔽。X屏蔽是测试响应压缩中影响故障检测的最重要因素。

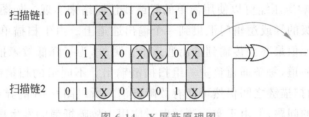

图6-14 X屏蔽原理图

2. 故障抵消

如图6-15所示,故障抵消(fault aliasing)源于测试响应压缩中不同扫描链同一位置的扫描单元差错位互相抵消,导致目标故障在响应压缩输出端无法被检测到。图中目标故障恰巧传输到扫描链1和扫描链2中的同一位置的扫描单元,由于异或逻辑门的作用,压缩后的响应不能输出故障的差错位,因为无论有没有故障,它的输出值都为1。

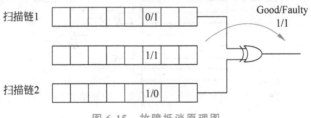

图6-15 故障抵消原理图

故障抵消在测试响应压缩中是一个普遍存在且无法完全避免的问题。但考虑到大部分故障在测试向量的测试下会有多个故障差错位,这些差错位同时出现在故障抵消的扫描单元的概率是非常低的。

克服X屏蔽效应和故障抵消是测试响应压缩的两个核心问题。各类测试压缩的方法基本上都是围绕这两个问题展开的。

测试响应压缩可分为不含不确定值(X)的响应压缩和包含不确定值的响应压缩。如果一个数字芯片可以保证所有的信号值为确定的0/1,则可以采用不含X的响应压缩。

考虑到实际的数字系统要复杂得多,总有一些电路结构会导致不确定值的出现,比如不能扫描的存储单元、未初始化的内存模块、组合反馈回路等。比较复杂的工业芯片在运行的过程中或多或少会出现不确定值。因此,在设计响应压缩模块的时候,需要考虑如何有效处理测试响应中的不确定值,并使之不影响故障的检测和诊断;包含不确定值的响应压缩的主要实现方法有基于扫描链屏蔽的响应压缩、基于 X 耐受性的响应压缩及基于纠错码的响应压缩。它们的理论模型各有不同,基于扫描链屏蔽的响应压缩采用的是最简单的屏蔽策略,即屏蔽掉引发问题的扫描链输出;基于 X 耐受性的响应压缩通过增加响应中不确定值输出通道的冗余性解决 X 屏蔽问题;而基于纠错码的响应压缩则是利用纠错码的检测和纠错能力实现故障差错位和不确定位的检测和诊断。

6.4.1　不含 X 的响应压缩

不含 X 的测试响应压缩可以使用简单的异或线性网络来实现。如图 6-16 所示,每条扫描链的输出通过多级的异或逻辑门汇集到一个输出通道上。由于扫描单元中不含 X 值,含故障效力的扫描单元值最终会传输到输出通道上。另外,为了降低故障抵消的发生概率,通常有多条压缩输出通道,每条通道负责一组扫描链输出。不同组的扫描链之间不会发生故障抵消,但同一组的扫描链之间仍然可能有故障抵消。所以图 6-16 的异或压缩网络并没有完全解决故障抵消的问题,但由于实际测试向量应用中故障抵消的发生概率是非常低的,所以很多时候人们也接受这样的折中。

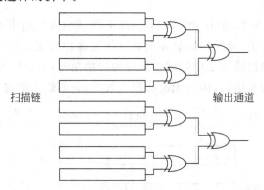

扫描链　　　　　　　　　　　　　　输出通道

图 6-16　基于异或网络的不含 X 的测试响应压缩

6.4.2　基于扫描链屏蔽的响应压缩

由于复杂的数字系统难以完全避免不确定值,所以压缩模块的设计需要考虑不确定值的存在。其中的一类压缩解决方案是扫描链屏蔽(chain masking)。扫描链屏蔽可以有多种实现形式。图 6-17 展示了独热码扫描链屏蔽(1-hot chain masking),即在对应于一个输出通道的多条扫描链中,只观察一条包含了目标故障的检测信息扫描链。图 6-18 则是另外一种扫描链屏蔽的实现方式,它同独热码扫描链屏蔽正好相反,对应于一个输出通道的多条扫描链中,只屏蔽一条扫描链,而放行余下的扫描链。或者扫描链屏蔽也可以对每条扫描链输入一个屏蔽控制位,以实现屏蔽效果的最大灵活性。另外,独热码扫描链屏蔽还可以用来克服故障抵消,如图 6-19 所示,当发现两条扫描链在压缩过程中会发生故障抵消时,可以将其中的一条扫描链屏蔽掉,这样另一条扫描链的差错位就可以传送到输出通道。

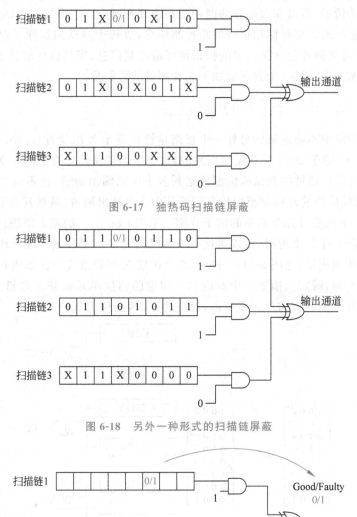

图 6-17 独热码扫描链屏蔽

图 6-18 另外一种形式的扫描链屏蔽

图 6-19 通过独热码扫描链屏蔽克服故障抵消

独热码扫描链屏蔽以牺牲部分扫描链的可观察性克服了测试响应压缩中的 X 屏蔽问题。由于过多的扫描链被屏蔽,故每个测试向量所能连带检测的额外故障数会减低。所以,一般说来,在同样的故障覆盖率下,基于扫描链屏蔽的压缩测试向量集要大于扫描测试向量集,即需要更多的测试向量以达到同样的故障覆盖率。但实际应用中的测试响应中通常只有很小比例的比特位有不确定值,所以大部分的扫描链是没有被屏蔽的,因此每个测试向量大部分的故障检测能力得以保留。

扫描链屏蔽的硬件实现简单,只需要很少量的逻辑门和控制比特信息,且可以处理各种不确定值出现的情形,所以在大部分的商用工具中都有所应用。需要注意的是,由于基于扫描链屏蔽的响应压缩需要存储扫描链屏蔽控制信息,故每个测试向量除了存储测试激励的压缩信息外,还需要额外包含该向量的扫描链屏蔽控制信息,当然这些信息本身也可以经过某种形式的压缩。这从另一个方面增加了芯片测试的数据量。

6.4.3 基于 X 耐受性的响应压缩

应对测试响应中不确定值的另外一个思路是设计基于 X 耐受性(X-tolerant)的压缩模块。这是由 Mitra 等于 2002 年首先提出来的,这个压缩模块设计方法称作 X-Compact。其基本思想是将每条扫描链的测试响应都传送到多个压缩输出通道,在不确定值出现的情况下,仍能保证目标故障的差错位至少传送到了其中一个输出通道(虽然其他输出通道可能出现了 X 屏蔽)。下面通过几个简单的例子介绍一下 X-Compact 的基本原理。

当测试响应中有 X 出现时,可以对比一下传统的无 X 耐受性的压缩模块(见图 6-20)和有 X 耐受性的压缩模块(见图 6-21)。图 6-20 会出现 X 屏蔽效应。比如当扫描链 2 的一个扫描单元值为 X 时,假定扫描链 1 中对应同一周期的扫描单元捕获了差错位,则该差错位会被扫描链 2 中 X 值的扫描单元所屏蔽,对应的 C1 输出值为 X。

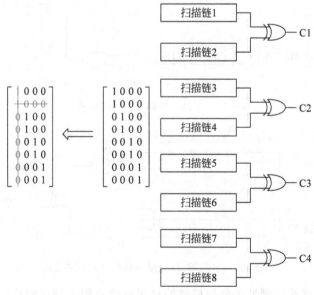

图 6-20 无 X 耐受性的响应压缩

对于图 6-20 和图 6-21 中基于异或网络的压缩模块,定义 X 压缩矩阵为 $m \times n$。矩阵的行对应于 m 个扫描链输出,矩阵的列对应于 n 个压缩模块输出。图 6-20 有 8 个扫描链和 4

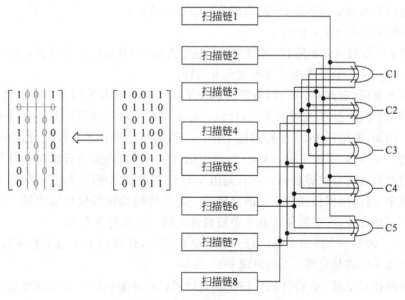

图 6-21　有 X 耐受性的响应压缩

个压缩输出,所以矩阵为 8×4;图 6-21 有 8 个扫描链和 5 个压缩输出,所以矩阵为 8×5。矩阵中的 1 值代表矩阵行对应的扫描链通过异或逻辑连到了相应的压缩输出,0 值则代表不存在这个连接关系。

通过压缩矩阵可以对压缩模块是否具有 X 耐受性进行理论分析。

针对测试响应压缩,由编码理论可得如下的定理。

1. 扫描链不含 X 值时

定理 6-1:如果有任意一条扫描链捕获到了差错位,则只要压缩矩阵没有全 0 的行,那么压缩模块输出也一定捕获差错位。

压缩矩阵没有全 0 的行代表每一条扫描链至少被一个压缩输出所覆盖。

定理 6-2:如果任意 1 条或 2 条扫描链在同一周期捕获差错位,则只要所有压缩矩阵没有全 0 的行并且每一行都与其他行不同(即为独一无二的),那么压缩模块输出也一定捕获差错位。

图 6-20 中压缩矩阵的头两行相同,即代表扫描链 1 和扫描链 2 中同一周期的差错位会发生故障抵消。若压缩矩阵中没有相同的行,即代表对任意 2 条扫描链,必定有一个压缩输出只覆盖了其中的 1 条扫描链,所以这两条扫描链间的故障抵消可以被克服。

定理 6-3:如果任意 1 条、2 条或奇数条扫描链在同一周期捕获差错位,则只要所有压缩矩阵中所有行都包含奇数个 1,并且每一行都与其他行不同(即为独一无二的),那么压缩模块输出也一定捕获差错位。

具体的定理证明可以参看相关文献。

2. 扫描链包含 X 值时

定理 6-4:当一条扫描链捕获了差错位,而另一条扫描链在同一周期出现了 X 值时,为

了保证压缩输出也捕获该差错位,压缩模块的设计需满足:

(1) 压缩矩阵不含全 0 的行。

(2) 对于任意的压缩矩阵行,可通过移除该矩阵行,以及该行 1 值所对应的矩阵列而产生一个子矩阵。这个子矩阵也必须不含全 0 的行。

从硬件上来说,定理 6-4 第(2)条中的矩阵化简对应于剔除 X 屏蔽发生的压缩输出端。剩余的压缩输出因为没有 X 屏蔽效应,所以只要不含全 0 行即能保证差错位传输到压缩模块输出端。例如,假定图 6-20 的扫描链 1 中一个扫描单元捕获了差错位,扫描链 2 中同一周期的扫描单元为 X,根据定理 6-4 第(2)条中化简后的子矩阵头两行相同且为全 0,所以扫描链 1 中的差错位将会被屏蔽掉。但若是图 6-21 的扫描链出现同样的情况,其化简后的子矩阵则不含全 0 行,所以扫描链 1 中的差错位一定会传输给压缩模块输出端。该定理通过压缩模块的巧妙设计,可以避免任意 2 条扫描链之间差错位的 X 屏蔽。

定理 6-5:如果一个压缩矩阵的每一行都是独特的,且每行中 1 的个数相同并为奇数,则该压缩模块一定满足定理 6-3 和定理 6-4。

也就是说拥有定理 6-5 特性的压缩模块设计可以保证避免任意 2 条或奇数条扫描链间的故障抵消,以及任意两条扫描链间的差错位 X 屏蔽。图 6-21 的压缩模块即是一个这样的设计,其中每一行中 1 的个数为 3。

假定有一个压缩矩阵有 10 列,且每一行有 5 个 1,则满足定理 6-5 的压缩矩阵最多可以有 $\binom{10}{5}=252$ 行,即压缩模块最多可以压缩 252 条扫描链。表 6-4 列出了满足定理 6-5 的扫描链数和压缩模块输出数之间的关系。

表 6-4　满足定理 6-5 的压缩模块设计

扫描链数 n	压缩模块输出数 m
5～10	5
11～20	6
21～35	7
36～56	8
57～126	9
127～252	10
253～462	11
453～792	12
793～1716	13
1717～3432	14

通过表 6-4 可以发现,当扫描链的数目足够多时,可以获得足够高的响应数据压缩比。比如当有 500 条扫描链时,响应数据压缩比是 $500/12 \approx 41$;当有 1300 条扫描链时,压缩比是 $1300/13 = 100$。测试压缩技术的趋势是芯片内部扫描链越来越短,扫描链数目越来越多,500～1000 条扫描链是很常见的。所以基于 X 耐受性的响应压缩可以获得足够高的响

应数据压缩比。

如图 6-21 所示,在硬件实现上,基于 X 耐受性的响应压缩模块 X-Compact 是由多个层次的异或逻辑门构成。由于每条扫描链需要传送到多个压缩输出端口,故它所需要的二输入异或门的个数会成倍地增加,但仍在可以接受的范围。对比基于扫描链屏蔽的响应压缩,X-Compact 的一个重要优势是压缩模块在测试向量的应用过程中不需要额外的压缩模块控制信息,从而在一定程度上降低了测试所需的数据量。

6.4.4 基于纠错码的响应压缩

测试响应压缩的另一个思路是通过纠错码矩阵进行压缩。我们知道,纠错码理论在数字通信、计算机网络和存储阵列等多个领域都有广泛的应用。纠错码的基本思想是通过引入冗余信息以保证数据传输过程中的数据完整性和可恢复性。基于纠错码的测试响应压缩有如下的几个特点:

(1) 有非常成熟的数字通信理论基础。

(2) 可以获得较好的测试响应数据压缩比。

(3) 能够在有不确定值的情况下有效实现差错位的检测和诊断。

(4) 纠错码的应用不依赖于电路结构和测试向量,可以应用在几乎任何电路的测试响应压缩上。

这里简单介绍一下基于纠错码压缩的基本理论。响应压缩模块有时候也称作空间压缩模块(space compactor),如图 6-22 所示。空间压缩模块是一个 n 输入 m 输出的组合逻辑电路,其中 $m < n$。它的一组输入对应于 n 条扫描链一个扫描移位周期的输出值。从数学模型上来说,即是通过矩阵乘法将一个 $n \times 1$ 的向量转换成一个

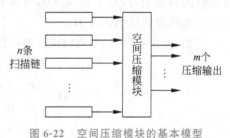

图 6-22 空间压缩模块的基本模型

$m \times 1$ 的向量,如图 6-23 所示。由于所有可能的 n 位二进制向量有 2^n 个,m 位二进制向量有 2^m 个。空间压缩模块本质上是将 2^n 个向量集合分割成 2^m 个子集,可用 $T_i (0 \leqslant i < 2^m)$ 来表示。每个子集 T_i 包含了所有压缩后生成同一个 m 位压缩向量的 n 位测试向量。

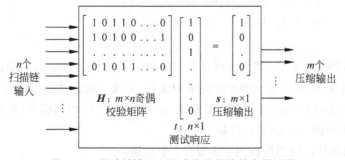

图 6-23 通过纠错码实现响应压缩的基本原理图

根据纠错码理论的定义,两个码字之间的海明距离 d 为它们之间对应比特取值不同的比特数。例如,二进制码字 10000 和 10101 有 2 位不同,则它们的距离为 2。而一个编码集的海明距离则为其中任意两个码字之间的最小距离。

如果被压缩向量中没有不确定值,当一个压缩设计需要在每个扫描移位周期中检测出至多 e 个差错位时,向量集 T_i 内任意两个向量的海明距离 $d > e$。

下面用反证法证明以上结论。

假定 T_i 中存在两个向量 $\boldsymbol{A}$ 和 $\boldsymbol{B}$ 的海明距离 $d \leqslant e$,系统中原本传输 $\boldsymbol{A}$ 但接收到了 $\boldsymbol{B}$,这说明有小于或等于 e 的差错位。但是,由于 $\boldsymbol{A}$ 和 $\boldsymbol{B}$ 属于同一个 T_i,它们压缩向量相同,故压缩模块无法检测出该差错。这与声明中的压缩设计可检测出至多 e 个差错位相矛盾,所以假设不成立,即向量集 T_i 内任意两个向量的海明距离 $d > e$。

同样的道理,当被压缩向量中存在至多 x 个不确定值,并且压缩设计需要在每个扫描移位周期中检测出至多 e 个差错位时,向量集 T_i 内任意两个向量的海明距离 $d > e + x$。

在纠错码理论中,满足上述特性的编码称为二进制线性块编码(binary linear block code)。一个 (n, k, d) 二进制线性编码有 2^k 个 n 位二进制码字,任意两个码字之间的最短距离为 d。通常来说,(n, k, d) 线性编码可以由一个 $m \times n$ 奇偶检测矩阵 $\boldsymbol{H}$ 来表示,其中 $m = n - k$。如果一个 $n \times 1$ 向量 $\boldsymbol{D}$ 有 $\boldsymbol{HD} = \boldsymbol{0}$,则 $\boldsymbol{D}$ 是编码集中的一个合法码字。为了获得足够的纠错能力,通常 m 是 $\log_2 n$ 乘以一个小常数。基于线性纠错码的空间压缩模块本质上是实现奇偶检测矩阵 $\boldsymbol{H}$。

例如,假定有 $(8, 4)$ SEC-DED 编码校验矩阵 $\boldsymbol{H}$,即

$$\boldsymbol{H} = \begin{bmatrix} 1 & 0 & 0 & 0 & 0 & 1 & 1 & 1 \\ 0 & 1 & 0 & 0 & 1 & 0 & 1 & 1 \\ 0 & 0 & 1 & 0 & 1 & 1 & 0 & 1 \\ 1 & 1 & 1 & 1 & 1 & 1 & 1 & 1 \end{bmatrix} \tag{6-1}$$

令一个扫描移位周期输出的测试响应向量 $\boldsymbol{D} = [d_1 \ d_2 \ d_3 \ d_4 \ d_5 \ d_6 \ d_7 \ d_8]^{\mathrm{T}}$,则校验码字(即压缩码字)$\boldsymbol{C} = \boldsymbol{HD} = [c_1 \ c_2 \ c_3 \ c_4]^{\mathrm{T}}$。有:

$$\begin{aligned} c_1 &= d_1 \oplus d_6 \oplus d_7 \oplus d_8 \\ c_2 &= d_2 \oplus d_5 \oplus d_7 \oplus d_8 \\ c_3 &= d_3 \oplus d_5 \oplus d_6 \oplus d_8 \\ c_4 &= d_1 \oplus d_2 \oplus d_3 \oplus d_4 \oplus d_5 \oplus d_6 \oplus d_7 \oplus d_8 \end{aligned} \tag{6-2}$$

在芯片生成测试过程中,测试仪将每个扫描移位周期的输出响应向量的预期校验码字存储在测试仪内存中,并和实际的压缩向量相比较,从而判断芯片是否通过测试。

Patel 等提出的 i-Compact 即采用了基于 (n, k, d) 的线性纠错编码,他们证明了基于距离 d 线性纠错编码的 i-Compact,有如下特性:

(1) 每个扫描移位周期可检测至多 $d - 1$ 个差错位。

(2) 在 x 个不确定值的情况下可检测 e 个差错位,只要满足 $e + x < d$。

(3)当满足 $2t+x<d$ 时,可纠正 t 个差错位。

当扫描链输出足够多时,基于线性纠错码的 i-Compact 响应压缩可以获得很好的响应压缩比。比如 500 个输出可以有 50 的压缩比,1000 个输出可以有 90 的压缩比。

虽然 i-Compact 可以允许不确定值的存在,但其检测方式对测试仪造成了困难。当测试响应中出现不确定值时,预期的校验码字为多个不同的可能值。同样以上面的奇偶校验矩阵为例,令测试响应 $\boldsymbol{D}=[\,X_1\ 1\ X_2\ 0\ 1\ 1\ 0\ 1\,]^{\mathrm{T}}$,其中两个不确定值分别用 X_1 和 X_2 来表示。带入 c_i 的公式,有

$$c_1 = X_1$$
$$c_2 = 1$$
$$c_3 = X'_2$$
$$c_4 = X_1 \oplus X_2 \tag{6-3}$$

考虑到每个不确定值都有 0 和 1 两种可能,所以预期的压缩向量有 4 种可能。测试仪需要将它们都存在内存中,并将之与实际的压缩响应相比较,以判断芯片是否通过测试。这对于传统的测试仪来说有实现上的困难,所以难以采用。

为了解决 i-Compact 中的不确定值问题,Sharma 等提出了 X 过滤(X-filter),它的主要思想是通过线性方程的方式消除压缩响应中的不确定值因素。响应压缩中的实际响应向量 $\boldsymbol{D}'$ 可以分解成三个部分,即

$$\boldsymbol{D}' = \boldsymbol{D}_k + \boldsymbol{D}_x + \boldsymbol{D}_e \tag{6-4}$$

其中 $\boldsymbol{D}_k$ 包含预期响应中确定的 0/1 值,并且在不确定值的比特位置 0。$\boldsymbol{D}_x$ 在不确定值的比特位置 X,在其余的比特位置 0。$\boldsymbol{D}_e$ 在差错位置 1,其余位置 0。仍以上述例子中的测试响应向量为例,假定 $\boldsymbol{D}=[\,X_1\ d_2\ X_2\ d_4\ d_5\ d_6\ d_7\ d_8\,]^{\mathrm{T}}$ 有两位是不确定值,最后一位为差错位,则有

$$\boldsymbol{D}_k = [0\ \ d_2\ \ 0\ \ d_4\ \ d_5\ \ d_6\ \ d_7\ \ d_8]^{\mathrm{T}}$$
$$\boldsymbol{D}_x = [X_1\ \ 0\ \ X_2\ \ 0\ \ 0\ \ 0\ \ 0\ \ 0]^{\mathrm{T}}$$
$$\boldsymbol{D}_e = [0\ \ 0\ \ 0\ \ 0\ \ 0\ \ 0\ \ 0\ \ e_0]^{\mathrm{T}} \tag{6-5}$$

基于校验矩阵式(6-1),可得实际压缩向量为

$$
\begin{aligned}
c_1 &= d_6 \oplus d_7 \oplus d_8 & &\oplus X_1 & &\oplus e_0 \\
c_2 &= d_2 \oplus d_5 \oplus d_7 \oplus d_8 & & & &\oplus e_0 \\
c_3 &= d_5 \oplus d_6 \oplus d_8 & &\oplus X_2 & &\oplus e_0 \\
c_4 &= d_2 \oplus d_4 \oplus d_5 \oplus d_6 \oplus d_7 \oplus d_8 & &\oplus X_1 \oplus X_2 & &\oplus e_0 \\
\boldsymbol{C}' &= \boldsymbol{C}_k & &\oplus \boldsymbol{C}_x & &\oplus \boldsymbol{C}_e
\end{aligned}
\tag{6-6}
$$

同实际响应向量 $\boldsymbol{D}'$ 类似,实际压缩向量 $\boldsymbol{C}'$ 也可以分解成三个部分:源于响应向量中确定值的 $\boldsymbol{C}_k$、源于不确定值的 $\boldsymbol{C}_x$、源于差错位的 $\boldsymbol{C}_e$。

$$\boldsymbol{C}_x = [X_1\ \ 0\ \ X_2\ \ X_1 \oplus X_2]^{\mathrm{T}} \tag{6-7}$$

观察式(6-7)的 C_x，可以发现向量中的每一项都是 X_1 和 X_2 的线性表达式。其中第一项 X_1 和第三项 X_2，只和一个 X 值有关，称作线性独立项，同一类 X 变量相关的线性独立项只保留一项；第二项 0 和 X 无关；第四项 $X_1 \oplus X_2$ 可以表示为第一项和第三项的线性组合，称作线性相关项。X 过滤的主要思想如下：

(1) 屏蔽压缩向量中对应于 C_x 中线性独立项的比特值。

(2) 对于压缩向量中对应于 C_x 中线性相关项的比特值，通过与线性独立项进行合适的线性操作，抵消其中的 X 值。

对于式(6-6)中的压缩向量，其 X 过滤后的新向量 S' 为

$$S' = \begin{pmatrix} 0 \\ c_2 \\ 0 \\ c_1 \oplus c_3 \oplus c_4 \end{pmatrix} = \begin{pmatrix} 0 \\ d_2 \oplus d_5 \oplus d_7 \oplus d_8 \oplus e_0 \\ 0 \\ d_2 \oplus d_4 \oplus d_6 \oplus d_8 \oplus e_0 \end{pmatrix} \tag{6-8}$$

观察式(6-8)可知：

(1) X 过滤后的压缩向量不再依赖于 X。

(2) 差错位信息在 X 过滤后的压缩向量信息中保留了下来。

再举一个例子，假定一个测试响应中的第五位有不确定值，即

$$D_k = \begin{bmatrix} d_1 & d_2 & d_3 & d_4 & 0 & d_6 & d_7 & d_8 \end{bmatrix}^T$$

$$D_x = \begin{bmatrix} 0 & 0 & 0 & 0 & X_1 & 0 & 0 & 0 \end{bmatrix}^T \tag{6-9}$$

则经过 i-Compact 压缩后的压缩向量为

$$\begin{aligned} c_1 &= d_1 \oplus d_6 \oplus d_7 \oplus d_8 \\ c_2 &= d_2 \oplus d_7 \oplus d_8 && \oplus X_1 \\ c_3 &= d_3 \oplus d_6 \oplus d_8 && \oplus X_1 \\ c_4 &= d_1 \oplus d_2 \oplus d_3 \oplus d_4 \oplus d_6 \oplus d_7 \oplus d_8 && \oplus X_1 \end{aligned} \tag{6-10}$$

虽然压缩向量中第二、三、四项有相同的 X 相关项，但只定义第二项为线性独立项。其 X 过滤后的新向量 S 为

$$S = \begin{pmatrix} c_1 \\ 0 \\ c_2 \oplus c_3 \\ c_2 \oplus c_4 \end{pmatrix} = \begin{pmatrix} d_1 \oplus d_6 \oplus d_7 \oplus d_8 \\ 0 \\ d_2 \oplus d_3 \oplus d_6 \oplus d_7 \\ d_1 \oplus d_3 \oplus d_4 \oplus d_6 \end{pmatrix} \tag{6-11}$$

通过观察式(6-11)X 过滤后的新向量 S 可以发现，该压缩响应可以检测任意 2 位差错位，并纠正一位差错位，这同 i-Compact 的纠错编码理论完全一致。X 过滤技术的作者在文献[21]中证明了 X 过滤算法在消除压缩向量中不确定值的同时，完全保留了原有线性纠错码中的差错位检测和纠错能力。

图 6-24 展示了 X 过滤技术实现的基本原理图。为了更好地理解 X 过滤模块的硬件实现，建立 X 过滤模块的数学模型。首先定义$(m \times x)$的 X 位置矩阵 $\boldsymbol{H}_\mathrm{x}$，其中 x 为压缩响应中不确定值的个数，矩阵的每一行代表不确定值在压缩响应中的出现情况。另外，再定义$(m \times m)$的 X 过滤矩阵 $\mathbf{DX}(\boldsymbol{H}_\mathrm{x})$，其第 i 列对应于压缩模块的第 i 个输出，第 i 行定义了 X 过滤模块的第 i 个输出同压缩模块输出之间的线性依赖关系。X 位置矩阵 $\boldsymbol{H}_\mathrm{x}$ 的构造来源于压缩响应式(6-6)中的 $\boldsymbol{C}_\mathrm{x}$ 部分。对于 X 过滤矩阵 $\mathbf{DX}(\boldsymbol{H}_\mathrm{x})$ 来说，如果 $\boldsymbol{H}_\mathrm{x}$ 的对应行为线性独立项，则相应的 $\mathbf{DX}(\boldsymbol{H}_\mathrm{x})$ 行为全 0，即表明该压缩模块输出被屏蔽。如果 $\boldsymbol{H}_\mathrm{x}$ 的对应行为线性相关项，则相应的 $\mathbf{DX}(\boldsymbol{H}_\mathrm{x})$ 行中定义线性相关性的列位置为 1，即表明相应的压缩输出端的异或操作可消除该输出端的不确定值。举个例子，对于式(6-6)中的响应压缩，有

$$\boldsymbol{H}_\mathrm{x} = \begin{pmatrix} 0 & 1 \\ 0 & 0 \\ 1 & 0 \\ 1 & 1 \end{pmatrix}; \quad \mathbf{DX}(\boldsymbol{H}_\mathrm{x}) = \begin{pmatrix} 0 & 0 & 0 & 0 \\ 0 & 1 & 0 & 0 \\ 0 & 0 & 0 & 0 \\ 1 & 0 & 1 & 1 \end{pmatrix} \tag{6-12}$$

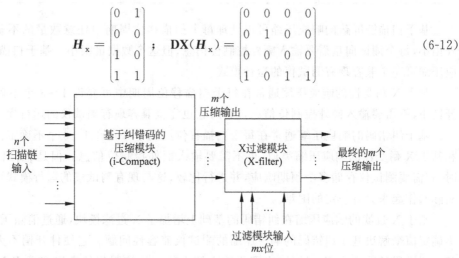

图 6-24　X 过滤的硬件模块图

同样的道理对于式(6-10)中的响应压缩，有

$$\boldsymbol{H}_\mathrm{x} = \begin{pmatrix} 0 \\ 1 \\ 1 \\ 1 \end{pmatrix}; \quad \mathbf{DX}(\boldsymbol{H}_\mathrm{x}) = \begin{pmatrix} 1 & 0 & 0 & 0 \\ 0 & 0 & 0 & 0 \\ 0 & 1 & 1 & 0 \\ 0 & 1 & 0 & 1 \end{pmatrix} \tag{6-13}$$

因此图 6-24 中 X 过滤模块本质上是实现$(m \times m)$的 X 过滤矩阵 $\mathbf{DX}(\boldsymbol{H}_\mathrm{x})$，该矩阵有 $m \times m$ 个比特位信息。如果不简化的话，即意味着每个扫描移位周期需要额外的 m^2 个输入位信息。文献[21]证明了这 m^2 个输入位可以被简化成 mx 位，其中 x 为一个扫描移位周期中允许的最多不确定值。假定最大扫描链长度为 L，则每个压缩向量除激励响应外需要额外传送 $L \times mx$ 的比特位信息，相当于 mx 条扫描链的信息量。同基于扫描链屏蔽的响应压缩相比，这个额外的 X 过滤模块控制信息开销是比较大的。所以，X 过滤技术的主要实现障碍在于过大的模块控制开销。

6.4.5　测试响应压缩方法的对比

以上介绍了几类主要的测试响应压缩方法,表6-5列出了它们的特性对比。

表 6-5　几类主要的测试响应压缩方法对比

方　　法	基于扫描链屏蔽	X-Compact (基于 X 耐受性)	i-Compact (基于纠错码)	i-Compact+X-filter (基于纠错码+基于 X 过滤)
X 耐受性	任意	每扫描移位周期 1~3	每扫描移位周期 1~3	每扫描移位周期 1~3
硬件开销	小	小	小,约等于 X-Compact	小,但大于 i-Compact
输入额外控制位信息	有,但很少	无	无	有,比较大
测试仪兼容性	好	好	需要特殊处理	好

基于扫描链屏蔽的响应压缩可以处理每个扫描移位周期中任意数量的不确定值,硬件开销小,每个测试向量需要输入额外控制位信息,但这个数据量很小。基于扫描链屏蔽的响应压缩可完全兼容现有测试仪的运行模式。

基于 X 耐受性的响应压缩通常在每个扫描移位周期中可允许 1~3 个不确定值,硬件开销小,不需要输入额外控制位信息,同样,它也完全兼容现有测试仪的运行模式。

基于纠错码的响应压缩通常在每个扫描移位周期中可允许 1~3 个不确定值,硬件开销和基于 X 耐受性的响应压缩类似,也不需要输入额外控制位信息。但是,当出现不确定值时,它需要测试仪存储多个预期响应,并进行比较,这与现有测试仪的运行模式不兼容,所以实际操作起来会有一定的困难。

基于 X 过滤的响应压缩在纠错码的基础上增加了 X 过滤模块,通过消除压缩响应中的不确定值来解决基于纠错码的响应压缩的测试仪兼容性问题。它硬件开销不大,但要大于基于纠错码的响应压缩。另外,它需要输入较大的额外控制位信息以实现 X 过滤,并且数据量要远大于基于扫描链屏蔽的响应压缩。

6.5　设计实例

由于设计应用场景的不同,工业界的数字芯片在测试压缩技术的实现上会有各种各样的形式和流程。这里通过 Mentor 公司的商用 Tessent Shell 工具包,介绍其有代表性的压缩向量内部流程(见图 6-25)。由此,可以体会一下测试压缩在芯片设计中是如何具体应用的。

Mentor 公司的测试压缩技术称为 EDT,它的压缩测试向量内部流程主要聚焦在生成 EDT 硬件模块和 EDT 压缩向量。如图 6-25 所示,该流程中基本步骤如下所述。

(1) 准备 RTL 级的芯片设计,包括边界扫描(JTAG)和所有 I/O 端口的 I/O pad 单元。如果有 EDT 控制和通道输入不能共享功能 I/O,则必须为这些 EDT 输入提供 I/O pad 单元。在这个步骤中要求设计者必须知道 EDT 控制和通道输入的端口数。

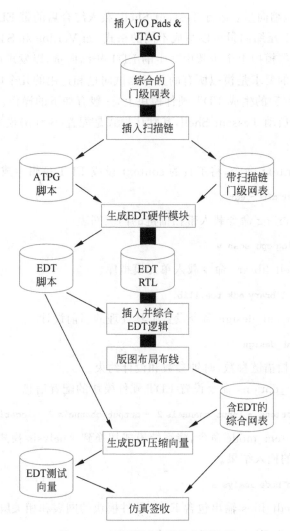

图 6-25 EDT 测试向量的内部流程

（2）以综合后的门级网表为输入，使用 Tessent Scan 或其他第三方的工具在门级网表中插入扫描链，并在模块的顶层位扫描链输入和输出插入临时的端口，这些端口会在加入 EDT 逻辑后自动移除。

（3）（选做）对插入扫描链的还未加 EDT 的门级网表做一次 ATPG，以确保门级网表和单元仿真库没有大的问题。

（4）（选做）用逻辑模拟器模拟步骤（3）中产生的扫描测试向量。

（5）生成 EDT 硬件模块（RTL 级）：运行 Tessent Shell，载入带扫描链的门级网表，生成 RTL 级的 EDT 逻辑，并插入带扫描链的门级网表中，同时生成 Design Compiler 脚本以综合 EDT 逻辑（在网表的顶层模块内）。

（6）运行 Design Compiler 综合 EDT 逻辑，并生成 EDT 逻辑的门级电路。

（7）生成 EDT 压缩向量：运行 Tessent Shell，载入综合后的带 EDT 的门级网表，生成 EDT 压缩向量。EDT 压缩向量可以写成不同的格式，如 Verilog 和 STIL。

（8）用逻辑模拟器模拟上个步骤中产生的 EDT 压缩向量，以发现可能的问题。同传统的 ATPG 类似，通常的要求是模拟所有的并行测试向量和选用的几个串行测试向量。

具体到核心步骤（5）的生成 EDT 硬件模块上，一般有如下的操作。

（1）通过命令行启动 Tessent Shell，其默认模式是配置（Setup）模式。

```
% tessent - shell
```

（2）通过 set_context 命令，将工具的 context 设成 EDT 逻辑生成和插入。

```
SETUP > set_context dft - edt
```

（3）通过 read_verilog 命令载入带扫描链的门级网表。

```
SETUP > read_verilog cpu_scan.v
```

（4）通过 read_cell_library 命令载入单元模拟库。

```
SETUP > read_cell_library adk.tcelllib
```

（5）通过 set_current_design 命令设置工具处理的当前设计。

```
SETUP > set_current_design
```

（6）设置相关的扫描链参数、时钟参数和设计约束。

（7）通过 set_edt_options 命令设置 EDT 硬件模块的配置信息。

```
SETUP > set_edt_options - input_channels 2 - output_channels 2 - location internal
```

（8）通过 set_system_mode 命令，将系统模式切换到 Analysis 模式，该模式进行设计规则验证并分析 EDT 的插入结果。

```
SETUP > set_system_mode analysis
```

（9）通过 write_edt_files 输出包含 EDT 硬件模块的网表和相关脚本及数据库文件。

```
ANALYSIS > write_edt_files created - verilog - replace
```

（10）退出 Tessent Shell。

```
ANALYSIS > exit
```

对于第（7）步的生成 EDT 压缩向量，有如下的操作：

（1）通过命令行启动 Tessent Shell，其默认模式是配置（Setup）模式。

```
% tessent - shell
```

（2）通过 set_context 命令，将工具的 context 设成测试向量生成。

```
SETUP > set_context patterns - scan
```

（3）通过 read_verilog 命令载入带 EDT 模块和扫描链的门级网表。

```
SETUP > read_verilog created_cpu_edt.v
```

（4）通过 read_cell_library 命令载入单元模拟库。

SETUP > `read_cell_library adk.tcelllib`

（5）通过 set_current_design 命令设置工具处理的当前设计。

SETUP > `set_current_design`

（6）通过 read_core_descriptions 命令读取当前设计的模块的描述。

SETUP > `read_core_description created_cpu_edt.tcd`

（7）通过 add_core_instances 自动定义 EDT 模块的相关参数。

SETUP > `add_core_instances - core cpu_edt - modules cpu_edt \ - parameter_values {edt_bypass off}`

（8）通过 add_clocks 命令添加顶层模块的扫描时钟信号。

（9）通过 set_procfile_name 命令载入顶层模块的测试流程文件。

SETUP > `set_procfile_name created_cpu_edt.testproc`

（10）通过 set_system_mode 命令，将系统模式切换到 Analysis 模式，进行设计规则验证。

SETUP > `set_system_mode analysis`

（11）通过 create_patterns 命令生成 EDT 压缩向量。

ANALYSIS > `create_patterns`

（12）（选做）通过 write_core_description 命令保存更新后的模块的描述文件。

ANALYSIS > `write_core_description cpu_core_final.tcd - replace`

（13）通过 write_patterns 命令保存 EDT 压缩向量。

ANALYSIS > `write_patterns core_level_patterns.v - verilog`

（14）退出 Tessent Shell。

ANALYSIS > `exit`

6.6　本章小结

本章讲述了测试压缩技术发展的原因（源于测试数据爆炸和控制测试成本的需要）、基本模型，以及同逻辑内建自测试的区别。由于芯片生产中测试向量包含测试激励和预期测试响应，所以测试压缩包含测试激励的压缩和测试响应的压缩。

测试激励压缩主要有三类方法：信息编码法、广播模式法、线性方程法。其中基于线性方程法和广播模式法的测试激励压缩是商用工具中的主要实现形式。测试响应压缩由异或逻辑压缩网络实现，它的主要难点在于响应中的不确定值。为解决不确定值问题而提出的测试响应压缩有三类：基于扫描链屏蔽的压缩、基于 X 耐受性的压缩、基于纠错码的压缩。更多的技术细节可以查看相关参考文献。

由于测试压缩和逻辑内建自测试的逻辑相似性,工业界的一个趋势是将测试压缩和逻辑内建自测试的硬件模块进行融合,以进一步节省可测试性设计的硬件开销。

6.7 习题

6.1 简要阐述测试压缩、逻辑内建自测试和传统的扫描测试的异同点。

6.2 图 6-26 是一个简单的基于解码器的测试激励解压缩模块。

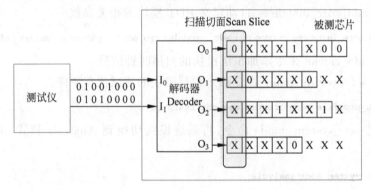

图 6-26 基于解码器的测试激励解压缩模块实例

(1) 请用基本的逻辑门设计一个组合解码电路,使用输入端向量组合产生对应的扫描链测试激励。

(2) 这种基于解码电路的测试激励解压缩模块的功能设计是唯一的吗?为什么?

6.3 测试激励压缩的一种常见设计方法是广播模式法,即每条扫描链载入相同的数据值。通过分析 ATPG 产生的测试向量,可以发现,在大多数情况下,不同扫描链上的数据值是不一样的,也就是说这些向量不满足广播模式法的约束条件。但为什么广播模式法在许多电路设计中是非常有效的呢?请解释原因。

6.4 在线性方程法的测试激励压缩设计中,基于 LFSR 的静态种子重置是一种常见的方法。图 6-27 给出了一个 4 位 LFSR,假定需要在 x_0 端产生 0XX1XX1XXX(最左边的值最先产生)的输出序列,请采用线性方程法计算出 LFSR 需要的静态种子值。这个种子值是唯一的吗?为什么?

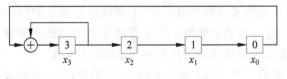

图 6-27 LFSR(4 位)实例

6.5 请阐述静态种子重置和动态种子重置的区别。它们的优缺点各是什么?

6.6 请解释为什么基于线性方程法的压缩向量生成需要用两步 ATPG。

6.7 测试响应压缩希望达到的目标有哪些?它的主要难点在哪里?

6.8 图6-28展示了两条扫描链的测试响应通过一个异或门进行压缩,其中阴影部分的值代表一个特定故障模拟中的差错位,它和预期的仿真值正好相反。在这种情况下,出现了几种响应压缩中的常见问题?该故障是否能被检测到?请说明原因。

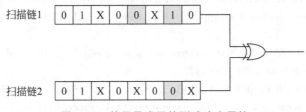

图 6-28 基于异或门的测试响应压缩

6.9 分析图6-21中的有 X 耐受性的响应压缩模块,请回答:

(1) 扫描链 6 中的差错位会出现在哪个输出端口上?

(2) 扫描链 7 中的差错位会出现在哪个输出端口上?

(3) 当扫描链 6 和扫描链 7 在一个扫描切面上同时出现了差错位时,最终哪个输出端口会检测到差错信息?

6.10 请说明基于纠错码的响应压缩同基于 X 耐受性的响应压缩相比,有什么优势和劣势。

参 考 文 献

[1] TOUBA N A. Survey of test vector compression techniques[J]. IEEE Design & Test of Computers, 2006,23(4):294-303.

[2] REDDY S M,MIYASE K,KAJIHARA S,et al. On test data volume reduction for multiple scan chain designs[J]. ACM Transactions on Design Automation of Electronic Systems (TODAES),2003,8(4): 460-469.

[3] JAS A,TOUBA N A. Test vector decompression via cyclical scan chains and its application to testing core-based designs[C]//Proceedings International Test Conference 1998(IEEE Cat. No. 98CH36270). IEEE,1998:458-464.

[4] CHANDRA A,CHAKRABARTY K. System-on-a-chip test-data compression and decompression architectures based on Golomb codes[J]. IEEE Transactions on Computer-Aided Design of Integrated Circuits and Systems,2001,20(3):355-368.

[5] JAS A,GHOSH-DASTIDAR J,NG M E,et al. An efficient test vector compression scheme using selective Huffman coding[J]. IEEE Transactions on Computer-Aided Design of Integrated Circuits and Systems,2003,22(6):797-806.

[6] LEE K J,CHEN J J,HUANG C H. Using a single input to support multiple scan chains[C]// Proceedings of the 1998 IEEE/ACM International Conference on Computer-Aided Design. 1998: 74-78.

[7] HAMZAOGLU I,PATEL J H. Reducing test application time for full scan embedded cores[C]// Digest of Papers. Twenty-Ninth Annual International Symposium on Fault-Tolerant Computing(Cat.

No. 99CB36352). IEEE,1999: 260-267.

[8]   SHAH M A,PATEL J H. Enhancement of the Illinois scan architecture for use with multiple scan inputs[C]//IEEE Computer Society Annual Symposium on VLSI. IEEE,2004: 167-172.

[9]   PANDEY A R,PATEL J H. Reconfiguration technique for reducing test time and test data volume in Illinois scan architecture based designs[C]//Proceedings of 20th IEEE VLSI Test Symposium (VTS 2002). IEEE,2002: 9-15.

[10] KONEMAN B. LFSR-coded test patterns for scan designs[C]//Proceedings of European Test Conference,March 1993. 1993: 237-242.

[11] WOHL P, WAICUKAUSKI J A, PATEL S, et al. Efficient compression and application of deterministic patterns in a logic BIST architecture[C]//Proceedings of 2003. Design Automation Conference (IEEE Cat. No. 03CH37451). IEEE,2003: 566-569.

[12] VOLKERINK E H, MITRA S. Efficient seed utilization for reseeding based compression [logic testing][C]//Proceedings of 21st VLSI Test Symposium,2003. IEEE,2003: 232-237.

[13] WOHL P,WAICUKAUSKI J A,PATEL S,et al. Efficient compression of deterministic patterns into multiple PRPG seeds[C]//Proceedings of IEEE International Test Conference. IEEE,2005: 36.1.

[14] KOENEMANN B, BARNHART C, KELLER B,et al. A SmartBIST variant with guaranteed encoding[C]//Proceedings 10th Asian Test Symposium. IEEE,2001: 325-330.

[15] KRISHNA C V,JAS A,TOUBA N A. Test vector encoding using partial LFSR reseeding[C]// Proceedings International Test Conference 2001 (Cat. No. 01CH37260). IEEE,2001: 885-893.

[16] RAJSKI J,TYSZER J,KASSAB M,et al. Embedded deterministic test[J]. IEEE Transactions on Computer-Aided Design of Integrated Circuits and Systems,2004,23(5): 776-792.

[17] MRUGALSKI G,RAJSKI J,TYSZER J. Ring generators-new devices for embedded test applications [J]. IEEE Transactions on Computer-Aided Design of Integrated Circuits and Systems,2004,23(9): 1306-1320.

[18] MITRA S,KIM K S. X-compact: An efficient response compaction technique for test cost reduction [C]//Proceedings of International Test Conference. IEEE,2002: 311-320.

[19] BLAHUT R E. Theory and practice of error control codes[M]. Reading: Addison-Wesley,1983.

[20] PATEL J H,Lumetta S S,Reddy S M. Application of Saluja-Karpovsky compactors to test responses with many unknowns[C]//Proceedings of 21st VLSI Test Symposium,2003. IEEE,2003: 107-112.

[21] SHARMA M,CHENG W T. X-filter: Filtering unknowns from compacted test responses[C]// Proceedings of IEEE International Test Conference. IEEE,2005: 42.1.

第 7 章

存储器自测试与自修复

随机存取存储器(RAM)、只读存储器(ROM)和其他类型的半导体存储设备的复杂性迅速增长,存储密度不断提高,由于存储器阵列结构的特点及其高密度集成,存储器比集成电路的其他部分更容易受到缺陷的影响。存储器测试技术具有其特有的故障模型和测试算法,需要实现存储器测试程序来检测存储器阵列中各种复杂的缺陷类型。

伴随着集成电路设计和工艺技术的发展,原来在印制电路板上的各种模块电路可全部集成到一个芯片上完成系统的功能,系统芯片(System-on-Chip,SoC)设计技术得到了极其快速的发展。为了将不同模块集成在一个 SoC 中,需要大量的嵌入式存储器来存储核间通信的信息以及记录每个核处理的内容,嵌入式存储器被广泛用于超大规模集成电路中,并占据了越来越重要的比例,甚至使 SoC 的产量从之前的由逻辑主体的良率决定转为由嵌入式存储器的良率决定。对于嵌入式存储器来说,当 RAM 和 ROM 与同一芯片上的其他逻辑集成在一起时,嵌入式存储器的数据、地址和控制信号不能通过芯片的输入和输出引脚直接访问,会带来更大的测试挑战。在片上提供存储器的测试电路,实现存储器的自测试成为有效的测试手段。为了提升嵌入式存储器的良率,嵌入式存储器还可以提供冗余的存储阵列用于修复有缺陷的存储单元。因此,存储器自测试程序可以进一步获取用于诊断和修复的信息,扩展成同时支持自修复功能,从而有效地对存储器完成自动的缺陷检测和修复,提高其良率。

存储器自测试和自修复已经成为主流的 VLSI 测试技术之一,在 EDA 工具链中进行了支持,并得到广泛应用。本章将对存储器自测试和自修复技术进行详细介绍和讨论。

7.1 存储器基础

存储器由存储单元构成,存储单元属于时序逻辑电路,是用来存储各种数据信息的记忆部件。根据存储器的使用方式,半导体存储器可分为 RAM 和 ROM 两大类型。RAM 是随机存取存储器(Random Access Memory):用于根据需要以任何顺序读写数据,数据在RAM 中可被多次存储和读取。ROM 是只读存储器(Read Only Memory):数据在制造

ROM 时一次写入,然后不再改变。ROM 用于永久存储数据,即使电源被切断数据仍然保存。

ROM 和 RAM 又可以进一步细分不同种类。

DRAM(Dynamic Random Access Memory,动态随机存取存储器):使用电容器来存储每一位数据,每个电容器上的电荷水平决定了存储的数据是逻辑 1 还是 0。然而,这些电容器不能无限期地保持其电荷,因此需要定期刷新 DRAM 数据。DRAM 经常被用于处理器的主存。

SRAM(Static Random Access Memory,静态随机存取存储器):与 DRAM 不同,SRAM 数据不需要动态刷新,能够支持比 DRAM 更快的读写时间,其周期也更短。然而,它比 DRAM 消耗更多的能量,密度更低,价格更贵。因此,它通常被用于缓存。

SDRAM(Synchronous DRAM,同步 DRAM):比传统 DRAM 速度更快,与处理器的时钟同步,能够同时开放两组内存地址,交替地从这两组地址传输数据,从而减少传输延迟。

MRAM(Magnetic RAM,磁性 RAM):使用磁电荷而不是电荷来存储数据,是一种低功耗的非易失性存储技术,在电源被移除时也能保留数据。

PROM(Programmable Read Only Memory,可编程只读存储器):提供了一次数据写入能力,写入它的数据是永久性的。PROM 用一个特殊的编程器来编程,通常情况下由一排保险丝组成,其中一些保险丝在编程过程中被"烧断"以提供所需的数据向量。

EPROM(Erasable Programmable Read Only Memory,可擦可编程只读存储器):可以被编程,之后还可以被擦除,通常通过紫外光擦除。

EEPROM(Electrically Erasable Programmable Read Only Memory,电擦除可编程只读存储器):数据可以被写入其中,并且可以使用电压将其擦除。这通常适用于芯片上的一个擦除引脚。与其他类型的 PROM 一样,EEPROM 即使在电源关闭的情况下也能保留存储器的内容。

Flash(闪存):可以被认为是 EEPROM 技术的发展,数据可以被写入,也可以被擦除,也是非易失性的,可以对存储单元块进行擦写和再编程。为了擦除和重新编程存储区域,需要使用电子设备内可用的编程电压水平。Flash 被广泛用于移动存储。

CAM(Content-Addressable Memory,内容可寻址存储器):用于某些非常高速的搜索应用,用户提供一个数据字,CAM 搜索其整个内存,看看该数据字是否存储在其中的任何地方。如果找到了数据字,CAM 会返回找到该字的一个或多个存储地址的列表。

根据存储器类型的不同,测试和诊断技术会有些区别。图 7-1 给出了大多数测试技术所采用的存储器的功能模型,每一行由 W 个字组成(这里 $W=4$),每个字长 B 位。属于一个字的比特可以连续放置,也可以交错放置。解码器保证了在快速行或快速列寻址模式下对存储单元的正确访问。图中假设存储器是以快速列模式寻址的,并且比特在存储器字中是交错放置的(如图 7-1 中白色方块所示),后文中介绍的测试算法也可以很容易地扩展到其他存储器组织结构。

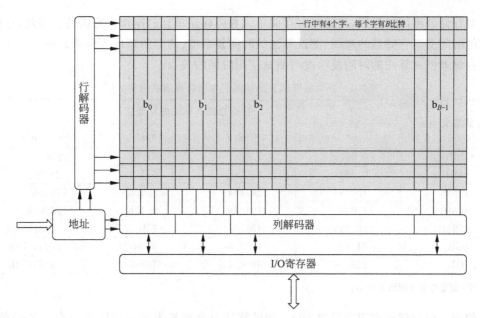

图 7-1　被测存储器的功能模型

图 7-2 给出了一个六晶体管 CMOS SRAM 的单元结构,由增强型的 NMOS 器件 T_1、T_2、T_5 和 T_6,以及增强模式的 PMOS 器件 T_3 和 T_4 组成。晶体管 T_1 与 T_3 形成了一个反相器,T_2 和 T_4 形成了另一个反相器,这两个反相器交叉耦合形成一个锁存器。这个锁存器可以通过传输晶体管 T_5 和 T_6 进行访问(用于读和写操作)。单元的寻址是通过使用一个由行地址和列地址组成的二维寻址方案完成的,如图 7-1 所示。行解码器通过激活特定行的字线,一次只允许选择一行的单元。一行中特定单元的选择是在列解码器的控制下完成的,列解码器激活了该特定单元的一组互补位线(BIT 和 BIT')。通过将某行的字线设置为 1,用具有互补值的数据驱动其位线 BIT 和 BIT',就可以写入数据。因为位线的驱动力更高,所以单元将被强制到 BIT 和 BIT'线上呈现的状态。在读操作的情况下,通过激活相应的字线来选择一个行。一行的单元的内容通过 BIT 和 BIT'线传递给相应的敏感放大器。

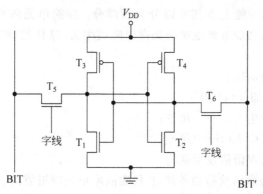

图 7-2　六晶体管 CMOS SRAM 的单元结构

对存储器测试的过程,是通过写存储单元和读存储单元的操作来完成的。因此,存储器测试的时间受到存储器的规模、测试算法的时间复杂度、访存的速度等因素影响。表 7-1 给出了存储器测试算法的时间复杂度与测试应用时间的关系。

表 7-1 存储器测试算法的时间复杂度与测试应用时间

存储器大小 n	存储器测试算法的复杂度			
	n	$n\log_2 n$	$n^{3/2}$	n^2
1MB	0.063s	1.26s	64.5s	18h
4MB	0.252s	5.54s	515.4s	293h
16MB	1.01s	24.16s	1.15h	4691h
64MB	4.03s	104.7s	9.17h	75060h
256MB	16.11s	451.0s	73h	1200960h
1GB	64.43s	1932.8s	586h	19215358h
2GB	128.9s	3994.4s	1658h	76861434h

注:假定存储器周期为 60ns。

假设一个存储操作周期需要 60ns,测试算法复杂度被表示为存储器大小 n 的函数,表中列出了四种不同复杂度的算法,以及从 1MB～2GB 共 7 种不同存储器规模,并计算出了相应的测试时间。可以看出,随着算法复杂度的增加,测试应用时间随着存储器大小的增加迅速增加,并达到几乎不可接受的数值,以几十、几百到千万小时计算。因此,要确保被测存储器的测试算法是可行的,在测试应用时间和故障覆盖率之间进行合理的权衡。

7.2 存储器的故障模型

随着集成电路工艺的发展,嵌入式存储器的密度不断增加,晶体管的沟道长度缩短、掺杂浓度的变化、线宽及线间距的缩小,使得存储器电路对开路、短路和桥接等缺陷非常敏感。与逻辑电路一样,为了进行有效的测试,需要分析存储器的缺陷行为,进行故障建模。下面介绍存储器的几种常见的故障模型。

以 SRAM 为例,从功能上看其可以分为三部分:存储单元阵列、地址解码器、读写逻辑。后两者的故障可以功能等效地映射到存储阵列中去,这样的好处是可以仅考虑存储阵列的故障模型。

首先约定下面的表示法:

∀——对存储单元的任何操作;

↑——存储单元发生上(0→1)跳变;

↓——存储单元发生下(1→0)跳变;

↕——存储单元的逻辑值发生翻转;

<S/F>——S 代表激活故障的条件,F 代表故障单元逻辑值的表现:

$$S\in\{0,1,\uparrow,\downarrow,\updownarrow\}; F\in\{0,1,\uparrow,\downarrow,\updownarrow\}$$

$<S_1,\cdots,S_{n-1};S_n/F>$——代表一个包括 n 个单元的故障,$S_1,\cdots,S_{n-1}$ 代表激活单元 n 的故障所需的条件;S_n 代表单元 n 所需处的状态,F 代表单元 n 的故障值,若 S_n 为空,则 S_n/F 写为 F。

先以面向位编址(bit-oriented)的存储器为例,介绍 SRAM 中最常见的故障模型。

(1) **固定型故障**(Stuck-At Fault,SAF)。指存储单元的值无法发生变化,有两种情况:固定为 0 故障(SA0),用 $<\forall/0>$ 表示;固定为 1 故障(SA1),用 $<\forall/1>$ 表示。

图 7-3(a)所示是正确的存储单元的位状态转换,图 7-3(b)和图 7-3(c)所示分别是 SA0(用 S_0 表示)和 SA1(用 S_1 表示)故障的状态转换,基本的测试方法是对所有的存储单元写全 0,然后读所有的单元,以检测每个单元的 SA1 故障;写全 1,读所有的单元,以检测每个单元的 SA0 故障。

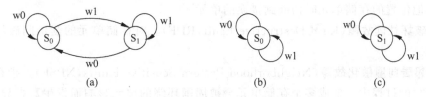

图 7-3 存在固定型故障的单元的状态转换图

(2) **跳变时延故障**(Transition Delay Fault,TDF),通常也简称为跳变故障。指存储单元在写入与当前内容不同的值时无法在期望的时间内完成状态的翻转,有两种情况:0→1 跳变故障,用 $<\uparrow/0>$ 表示;1→0 跳变故障,用 $<\downarrow/1>$ 表示。

这种故障可以看作固定型故障的特例,但不能用固定型故障来模型化,因为当该故障单元同时与其他单元存在组合故障(见下文)时,它可能会在组合故障被激活时完成上述不能完成的跳变。例如一个单元存在跳变故障 $<\uparrow/0>$,它的故障表现似乎与 SA0 一样,然而该单元与其他单元之间的组合故障(如 $<\uparrow;\updownarrow>$,见下文)却可以使它翻转到 1 状态,故不能用 SA0 来模型化。与图 7-3(a)的正确状态转换相比,0→1 跳变故障的状态转换如图 7-4 所示。测试跳变故障的方法是对每个地址依次写 1 和 0,然后立即读此地址看是否为 0;同理依次写 0 和 1,然后期望读 1。

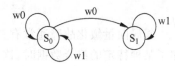

图 7-4 存在 $<\uparrow/0>$ 跳变故障的单元的状态转换图

(3) **耦合故障**(Coupling Fault,CF)。指存储器某些位的跳变导致其他位的逻辑值发生非预期的变化,限于两个存储单元之间的耦合故障称双耦合故障,包括下面 3 种情况。

- 反向耦合故障(Inversion Coupling Fault,CFin):存储单元 C_i 中的跳变引起单元 C_j 的逻辑值发生翻转,两种情况分别表示为:$<\uparrow;\updownarrow>$ 或 $<\downarrow;\updownarrow>$。
- 幂等耦合故障(Idempotent Coupling Fault,CFid):存储单元 C_i 中的跳变导致单元 C_j 的逻辑值为常值 0 或 1,四种情况分别表示为:$<\uparrow;0>$、$<\uparrow;1>$、$<\downarrow;0>$ 或 $<\downarrow;1>$。
- 状态耦合故障(State Coupling Fault,CFst):存储单元 C_i 处于某种特定的状态时,单元 C_j 的逻辑值被强制为 0 或 1,四种情况分别表示为:$<0;0>$、$<0;1>$、$<1;0>$、$<1;1>$。

测试耦合故障时,要先对所有存储单元按地址升序扫描后,再按降序扫描,以覆盖所有可能的耦合情况。

(4) **开路故障**(Stuck-Open Fault,SOF)。由于断线等原因导致某存储单元无法被访问到。

(5) **数据保持故障**(Data Retention Fault,DRF)。存储单元在一段时间过后无法维持原来的状态或值。

(6) **地址解码故障**(Address Decoder Fault,AF)。有四种情况:某地址不能访问任何单元;某单元无法被任何地址访问;某地址可以同时访问多个单元;某单元可被多个地址访问。

(7) **写恢复故障**(Write Recovery Fault,WRF)。由于地址解码器的时延故障导致在写之后读其他位置的存储单元时访问到错误的单元。

(8) **破坏性读故障**(Read Destructive Fault,RDF)。对存储单元的读访问破坏了单元中的数据。

(9) **邻居向量敏化故障**(Neighborhood Pattern Sensitive Faults,NPSF)。指在对存储器进行读写的过程中一个或多个存储单元会被周围环绕的单元影响而发生数据异常,邻居影响有 2 种模式,分别是 4 个邻居和 8 个邻居的组合,如图 7-5 所示。

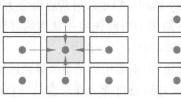
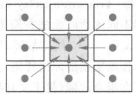

(a) 4 个邻居的组合数据影响　　　(b) 8 个邻居的组合数据影响

图 7-5　邻居向量敏化故障的 2 种邻居影响模式

邻居向量敏化故障通常有三种类型:主动型、被动型和静态型。当周围的邻居单元存储了某种特定的组合数据时,该单元由于其某个邻居单元的状态发生变化而改变其状态,称为主动型故障。若周围的邻居单元存储了某种特定的组合数据时,导致该存储单元值无法改变,这种类型的故障称为被动型故障。静态故障是当周围的邻居单元存储了某种特定的组合数据时,使得该单元固定在一特定状态的情况。

以上介绍的面向位编址(bit-oriented)的存储器故障模型对面向字编址(word-oriented)的存储器同样是适用的。对处于不同地址单元之间的耦合故障的测试,与面向位编址的故障模型相同;但处于同一地址内的耦合故障的测试可能失效,取决于写操作与耦合故障的"强度"孰强孰弱,当写操作的影响强于耦合故障时,该地址单元将呈现写入的值,耦合故障无法表现出来。因此在测试存储器之前首先要了解存储器的类型及结构,选择合适的测试方案实施。

对于 ROM,由于不存在写操作,所以主要考虑的故障模型是固定型故障。通常情况下,测试时会读取连续的存储单元,并以某种数据压缩方式处理输出响应产生一个特征

(signature)，与正常的特征进行比较。处理输出响应的方法，可以是简单地通过 XOR 网络完成奇偶校验，或者通过模 N 算术加来计算校验和(checksum)，或者通过执行多项式除法来完成循环冗余校验(Cyclic Redundancy Check，CRC)。

7.3 存储器测试算法

从图 7-1 的存储器的功能模型可见，存储单元是整齐排列并按地址访问的。前文已经提到，对存储器的测试，是通过读写存储单元的操作来完成的。针对不同故障模型的特点，可以设计专门的测试生成算法来生成对存储单元的访存操作序列，完成对故障的全面覆盖。由于这些访存操作序列针对不同地址的存储单元的行进扫描特性，故存储器的测试生成算法通常被统称为 March 算法。

7.3.1 March 算法

March 算法包含一组 march 元素，每个元素由有限个依次施加于所有存储单元的读、写操作组成。用 ⇑ 代表地址的升序，⇓ 代表地址的降序，用 ⇕ 表示两种顺序都可以；wx 表示写 $x(x\in\{0,1\})$，即向地址指定的存储单元写入数据 x；rx 表示读 $x(x\in\{0,1\})$，即从地址指定的存储单元读出数据并与 x 进行比较，判断是否一致。

表 7-2 给出了面向位的 March 9n 算法的 march 元素，表明了该算法的测试步骤。

表 7-2 March 9n 算法的测试步骤

march 元素	M0	M1	M2	M3	M4
March 9n	⇕{w0}	⇑{r0,w1}	⇑{r1,w0}	⇓{r0,w1}	⇓{r1,w0}

该算法包含 5 个 march 元素 M0～M4。以 M1 为例，地址从最低端开始以升序向地址最高端变化，对每一个地址单元进行读 0、写 1 操作之后，才向下一个地址单元行进。其中 n 为地址单元个数，9n 表示了该算法总的读写操作数。

针对面向位编址的存储器，该算法的故障检测能力分析如下。

- 所有 SAF：例如 M1 的 r0 检测了 SA1，M2 的 r1 检测了 SA0。
- 所有 TDF：例如 M1+M2 检测了 $<\uparrow/0>$，M2+M3 检测了 $<\downarrow/1>$。
- 所有 CFst：因为任意两个单元 C_i 和 C_j 的所有状态组合，即 $(0,0)$、$(0,1)$、$(1,0)$、$(1,1)$ 四种，都能够出现，且 C_i 和 C_j 的值都会随即被读出，故能够检测出所有的 CFst。
- 所有 AF：只要满足以下两个条件的 March 算法都能检测 AF。
  1. ⇑$(rx,\cdots,w\bar{x})$； 2. ⇓$(r\bar{x},\cdots,wx)$ （x 为 0 或 1）
  march 9n 显然满足此条件。
- SOF：如果读/写逻辑是组合逻辑，对 SOF 的测试等同于对 SAF 的测试。但如果读/写逻辑里有数据锁存器，March 9n 对 SOF 的检测就失效了。这是因为数据锁存器会把最近一次读出的值送到有 SOF 故障的存储单元的输出端口，而 March 9n

的每一个元素中都只有一个读操作,因此在一趟地址遍历过程中期待读出的值都是一样的,这样存在 SOF 故障的存储单元的输出就被屏蔽掉了。

为了解决这个问题,可以在 March 9n 的 M1~M4 中加入读操作,使得任何两个相邻的读所期待的数据都不一样,从而暴露出 SOF 故障单元的输出。改进后的算法叫 March 13n,如表 7-3 所示。

表 7-3　March 13n 算法的测试步骤

march 元素	M0	M1	M2	M3	M4
March 13n	$\Updownarrow\{w0\}$	$\Uparrow\{r0,w1,r1\}$	$\Uparrow\{r1,w0,r0\}$	$\Downarrow\{r0,w1,r1\}$	$\Downarrow\{r1,w0,r0\}$

March 算法还有很多其他的变种,以下几种在实践中使用得比较多。

MATS: $\Updownarrow w0$; $\Uparrow(r0,w1)$; $\Uparrow r1$;

MATS+: $\Updownarrow w0$; $\Uparrow(r0,w1)$; $\Downarrow(r1,w0)$;

MATS++: $\Updownarrow w0$; $\Uparrow(r0,w1,r1)$; $\Downarrow(r1,w0,r0)$;

March C: $\Updownarrow w0$; $\Uparrow(r0,w1)$; $\Uparrow(r1,w0)$; $\Uparrow r0$; $\Downarrow(r0,w1)$; $\Downarrow(r1,w0)$; $\Updownarrow r0$;

March A: $\Updownarrow w0$; $\Uparrow(r0,w1,w0,w1)$; $\Uparrow(r1,w0,w1)$; $\Downarrow(r1,w0,w1,w0)$; $\Downarrow(r0,w1,w0)$;

March B: $\Updownarrow w0$; $\Uparrow(r0,w1,r1,w0,r0,w1)$; $\Uparrow(r1,w0,w1)$; $\Downarrow(r1,w0,w1,w0)$; $\Downarrow(r0,w1,w0)$。

这些算法均可在不同的数据背景下检测不同类型的故障,可以根据存储器的性质和测试需求选择不同的算法。

7.3.2　其他常用的存储器测试算法

1. Unique Address 算法

Unique Address 算法为测试多端口存储器提供了很多便利,它允许使用单端口存储器的测试算法(March 算法等)检测每个端口对应的存储单元阵列。该算法还检测了存储器的控制信号和端口的解码逻辑。

Unique Address 算法的步骤如下:

(1) 按地址从低到高向存储单元写 0,初始化存储器;

(2) 把存储器地址写入存储单元;

(3) 从存储器中读地址;

(4) 写存储器地址的补码到存储单元;

(5) 读存储器地址补码。

写存储器地址到存储单元中的位数取决于数据总线的位宽。将 Unique Address 算法的步骤(2)应用于 4 位宽数据总线,向地址为 0000 的单元写入 0000,向地址为 0001 的单元写入 0001,以此类推,直到下一个数据块的起始地址,在这个地址重复写入上述的数据序列,但每个数据块的起始地址单元存储的地址数据均不同。例如第二个数据块的第一个地址(地址 16)存储 0001,第三个数据块的第一个地址(地址 32)存储 0010,以此类推。如果存储单元字的大小超过地址大小,那么算法自动生成与字长相等的地址代码。例如,地址总线只有 3bit,数据总线为 4bit,这样,算法根据最低有效位(LSB)算法向字单元的最高有效位(MSB)添加数值。地址为 1(001)的单元内 LSB(1)=1,那么单元内就存储 1001;地址为 4(100)的单元 LSB(0)=0,则存储 0100。

2. Checkerboard 算法

Checkerboard 算法把所有的存储单元分为两类(cell_1 和 cell_2),这样所有的邻居单元都被划分到两个不同的类中,图 7-6 所示为算法把存储单元划分成类似棋盘的样子。该算法向 cell_1 组的所有存储单元写/读 0,向所有 cell_2 的存储单元写/读 1,然后再把读写值取反写入每个组内。

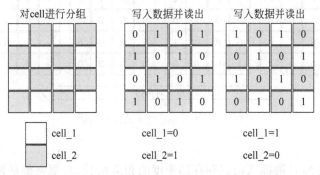

图 7-6　Checkerboard 算法对存储单元分组与读写方式

Checkerboard 算法是为测试 DRAM 的刷新操作而设计的,可用于测试 DRAM 存储单元的数据保持故障。假设地址解码器没有故障,Checkerboard 算法可检测相邻单元之间的短路(两个单元错误地连接)。在每次读写存储单元时,所有存储单元的邻居都处于相反的值,这样容易敏化特定的耦合故障和邻居向量敏化故障。每个含有 1 的单元被四个含有 0 的单元所包围(反之亦然),这使得单元之间的漏电流最大化,因此这种测试方法还可以检测漏电流故障。

Checkerboard 算法的复杂度是 $4n$。

3. Diagonal 算法

Diagonal 算法对存储单元阵列中对角线上的单元进行操作,因为对角线上每个单元都有不同的行和列地址,从而可以并行地操作行和列的解码器,对所有对角线单元连续写入。如图 7-7 所示,该算法的步骤如下所述。

(1)首先初始化存储器内容为全 0,然后将 1 写到对角线上,接着读取所有的存储单元。之后对角线被滑动移位,重复进行前述操作,直到每个基础单元都在对角线上出现过。

(2)然后初始化存储器内容为全 1,对取反后的数据重复第(1)步的所有操作序列。

滑动对角线可以检测所有的固定型故障和跳变故障。此外,还能检测到一些地址解码故障和一些耦合故障。因为同一对角线上的单元的故障可能会相互掩盖,所以某些地址解码故障将逃避检测。同样,所有对角线单元都是连续写入的,因此某些耦合故障会掩盖其他一些耦合故障。

Diagonal 算法的复杂度为 $n^{1.5}$。

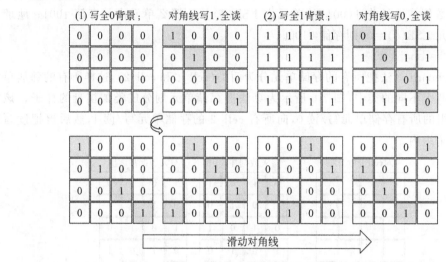

图 7-7   Diagonal 算法的读写方式

4. Galpat 算法

随着存储器在 SoC 的深入内嵌和存储密度的相应增长,对更强健的测试激励产生了越来越大的需求,要求测试激励具有检测和定位包括固定型故障、跳变故障、各种类型的耦合和地址解码故障等大多数存储器故障的能力。Galpat(Galloping pattern)算法是其中一个典型的例子。Galpat 算法的步骤如下:

(1) 对所有存储单元写 0;

(2) 对每个存储单元 k:对 k 写 1,并读出所有存储单元;然后对 k 写 0;

(3) 对所有存储单元写 1;

(4) 对每个存储单元 k:对 k 写 0,并读出所有存储单元;然后对 k 写 1。

Galpat 算法验证了每个单元都可以被设置为 0 和 1,而不会导致任何其他单元改变其状态。该算法覆盖解码器和存储器阵列中的所有固定型故障,以及大多数耦合故障。尽管这种方法的时间复杂度与存储器的大小呈二次方(n^2),但它具有极高的测试覆盖率,特别是对于相对较小的嵌入式存储器,如通信行业使用的各种芯片。然而,处理 Galpat 算法的测试数据是非常具有挑战性的,这些数据不仅包含测试数据本身,也包含相关的诊断信息。1KB 的存储器,Galpat 算法将产生 4MB 的测试结果。为了减少中断的风险,这些数据必须被适当地记录和获取,最好是以压缩的形式,用于诊断处理。

5. 邻居向量敏化故障的测试

为了测试主动型邻居向量敏化故障,在邻居组合数据所有可能的变化下,需要让每个单元分别读 0 和读 1。为了测试被动型和静态邻居向量敏化故障,在邻居数据所有组合的情况下,需要让每个单元分别写 0、读 0,写 1、读 1。

可以证明：对于邻居尺寸为 k（每个单元有 $k-1$ 个邻居）的情况，激励所有的主动型邻居向量敏化故障的测试向量数为 $(k-1)\times 2^k$；激励所有的被动型和静态邻居向量敏化故障的测试向量数为 2^k。完成测试需要按一定的顺序生成所有这些测试向量数，由于涉及对每个单元的数据的改变，故需要找到最少的写入次数，以节省测试时间。

　　6. 链接的故障（linked fault）对测试的屏蔽

　　当存储器阵列中出现多个故障时，这些故障可以是非链接的，也可以是链接的。如果一个故障不影响其他故障的行为，那么该故障就是非链接的。若当一个故障可能影响其他故障的行为时，该故障就是链接的。

　　如图 7-8 所示的两个幂等耦合故障。第一个幂等耦合故障（↑,1）是当单元 a 从 0 跳变到 1 时，单元 b 被置为 1。第二个幂等耦合故障（↑,0）是当单元 c 从 0 跳变到 1 时，单元 d 被置为 0。如果 b 与 d 不同，图 7-8 中的 March 测试将检测到这两个故障，即：当 march 元素 ⇧(r0,w1) 对单元 b 进行操作时，第一个故障将被 r0 操作检测到；当 march 元素 ⇩(r1) 对单元 d 进行操作时，第二个故障将被 r1 操作检测到。

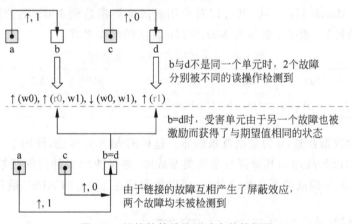

图 7-8　链接的故障使测试失效的例子

　　当 b＝d 时，同样的测试不能检测出这两个故障的组合，故障之间的关系会导致被称为屏蔽的效果。march 元素 ⇧(r0,w1) 的 r0 操作不会检测到链接的第一个耦合故障，因为当对单元 b 操作时，由于耦合故障（↑,0），该单元将包含一个 0 值。最后一个 march 元素 ⇩(r1) 的 r1 操作也不会检测到链接的第二个耦合故障，因为 march 元素 ⇩(w0,w1) 在单元 c 上操作时激励了耦合故障（↑,1），单元 b 上将包含一个 1 值。

　　7. 面向字的存储器测试

　　对于面向字的存储器，字的宽度记为 w，即每个字包含 w 比特。因此，读操作是平行读取一些单元，写操作是将数据写入这些单元。要写入每个单元的数据可以独立于其他单元的数据而被指定。地址解码器在字一级访问存储器，这样就不会发生字内的地址错误。存储器是 w 位宽的事实并不影响固定型故障和跳变故障的可检测性，因为它们只涉及一个单元。原则上，前面介绍的这些故障的测试也可以用于面向字的存储器，将读/写的数据宽度扩展到等于相应的单元字长,就可以将上述算法扩展到面向字编址的 SRAM。这个扩展后的数据称作数据背景(data background)。算法中操作的含义也相应改变,w0(r0)指写(读)数据背景,或用 wa(ra)表示;w1(r1)指写(读)数据背景的非,或用 wb(rb)表示。

当涉及测试耦合故障或涉及多个单元的故障时,必须更仔细地选择数据背景。例如,为了能够检测一个字中单元格之间的状态耦合故障,两个任意单元 i 和 j 的所有四个状态都应该被检查。因此,检查这些状态的一半(第二部分将用数据背景的非来检查)所需的数据背景数量为 $\log_2 w + 1$,总的数据背景数为 $2(\log_2 w + 1)$。对于 $w=8$,推荐的 8 个数据背景如图 7-9 所示。

D0	D1	D2	D3	D4	D5	D6	D7
0	0	0	0	0	0	0	0
1	1	1	1	1	1	1	1
0	0	0	0	1	1	1	1
1	1	1	1	0	0	0	0
0	0	1	1	0	0	1	1
1	1	0	0	1	1	0	0
0	1	0	1	0	1	0	1
1	0	1	0	1	0	1	0

图 7-9 测试字宽为 8 的存储器时推荐采用的数据背景

通常 March 算法对固定型故障、跳变故障和地址解码故障均有 100% 的故障覆盖率,对开路故障和所有类型的耦合故障也有很高的覆盖率。但随着嵌入式存储器制造工艺的深入,为了覆盖更多种类型的故障,出现了 March 17n 算法,其可以对常用的故障类型达到 100% 的故障覆盖率(包括邻居向量敏化故障)。表 7-4 所示为 March 17n 算法的操作步骤。

表 7-4 March 17n 算法的测试步骤

march 元素	M0	M1	M2	M3	M4	M5	M6	M7
March 17n	⇕{wa}	⇑{wb,rb,wa}	⇑{ra,wb}	⇑{rb,wa,ra,wb}	⇑{rb,wa}	⇓{ra,wb}	⇓{rb,wa}	⇕{ra}

表中的 a 为数据背景,b 为数据背景的非。这样的 March 算法,使用全 0 的数据背景可以检测部分的 NPSF 故障和其他部分常见类型故障,如果使用多种数据背景除对常见故障类型可以达到 100% 的故障覆盖率之外,还可以检测接近 100% 的 NPSF 故障。

7.4 存储器内建自测试(MBIST)

随着存储器阵列所占芯片面积的大幅增加,国际半导体技术路线图预测,存储器将在十年内占到芯片面积的 90% 以上。由于其极大规模的集成,所以在存储器的最高密度区域会出现许多与时延有关的故障或复杂的读取故障。为了进行高质量的测试,存储器内建自测试(Memory Build-In Self-Test,MBIST)应用越来越广泛,其优势表现在以下几个方面。

(1)由于存储器的测试数据和预期响应很有规律,可以通过相对简单的测试电路来生成、压缩和存储。

(2)只需要很少的输入/输出通道就足以控制需要的 BIST 操作。

(3)使用片上测试逻辑有利于开展高速测试,以检测与时延有关的故障。

MBIST 结构的实现需要满足以下需求。

(1)支持高质量的实速测试(at-speed test),即有很高的时延故障(如跳变故障)覆盖率。

（2）提供多种测试算法以及可编程支持，从而用户可以定制算法以满足最新的嵌入式存储器结构的要求。

（3）支持各种类型的存储器的测试，包括对不同的寻址机制的支持，对 SRAM、DRAM、ROM、Flash、CAM 等不同存储器的支持，对多端口访问的支持等。

（4）面积开销和布线开销低，多个嵌入式存储器的控制器可共享。

（5）设计自动化的支持，包括在寄存器传输级和门级均可自动插入 MBIST 逻辑。

（6）支持故障诊断（定位）、可制造性设计（Design for Manufacturing，DFM）、可重配置特性。

图 7-10 给出了一个并行 MBIST 体系结构。在这个结构中通过 MBIST 控制器可以很容易地实现 March 算法。通过放置在存储器周围的多路复用器，可以在自测试模式下通过 MBIST 控制器而不是原来的功能逻辑来访问存储器。尽管 March 测试通常是写和读全 0 或全 1 的字，但前文已经提到，通过使用不同的数据背景，其检测能力可以得到显著提高。因此，MBIST 控制器使用像 00001111、00110011、01010101 等数据背景来代替所有的 0，然后使用它们的补数来代替所有的 1。MBIST 结构中的地址生成器通常通过计数器、LFSR 或微处理器来实现。MBIST 的测试数据由 LFSR、有限状态机（FSM）产生，或者直接从当前地址中检索。

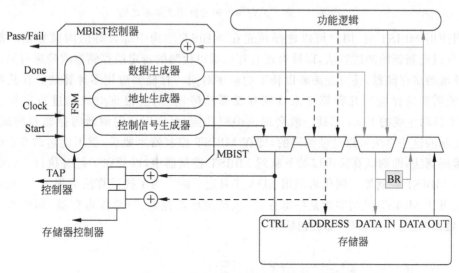

图 7-10　并行的存储器内建自测试体系结构

MBIST 的测试响应处理可以使用比较器或采用 MISR 来进行。由于 March 测试的高规律性，无故障存储器所期望的读取数据可以快速有效地重新创建，从而可方便地进行存储器输出数据的比较。此外，测试响应可以通过各种形式的测试响应压缩技术来减少存储，这一点在第 5 章和第 6 章中介绍过。

图 7-11 给出了一个串行 MBIST 体系结构。该结构使用了一种串行访问机制，将多路选择器添加到写驱动器的输入中。最左边的多路选择器在串行输入和来自功能逻辑的正常

数据输入之间进行选择;其他多路选择器则在来自功能逻辑的正常数据输入和由左邻位的敏感放大器驱动的锁存器之间进行选择,并在 MBIST 模式下选择来自左邻位的锁存器数据。因此,在 MBIST 模式下创建了一个移位寄存器结构,其中写操作导致每个单元从它的左邻位获得数据,读操作导致只有最右边的位被直接从串行输出观察。March 测试算法可以在这个串行 MBIST 环境中实现。通过将一个存储器的串行输出与另一个存储器的串行输入相连,该结构还可以扩展成菊花链模式,来测试由几个存储器串联成的一个更大的存储器块。串行结构的好处是具有最小的逻辑、布线和外部引脚开销,但这种结构增加了测试应用时间。

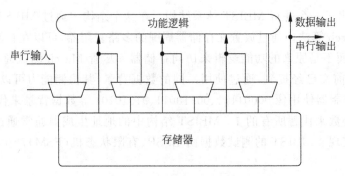

图 7-11　串行的存储器内建自测试体系结构

当使用 MBIST 时,用户可以选择预先在 MBIST 结构中综合好的测试算法。根据需要,也可以定制新的测试算法,以针对现有算法难以检测的特定的存储器故障进行测试。为了有效地测试存储器,还可能需要以特定的顺序对同一存储器应用多种算法。在某些情况下,可能需要选择应用几种算法来诊断存储器故障,否则就很难对缺陷进行定位。支持 MBIST 自动生成的 EDA 工具一般会提供编程功能,允许用户定制新的存储器测试算法。用户定制的这些算法可以是硬编码的,即在 MBIST 控制器生成后,就不能再改变;也可以是软编码算法,即测试算法可以被下载到 MBIST 控制器中,以便在运行时执行。软编码算法是在 MBIST 控制器实例化后使用 EDA 工具定义的。为了提供算法编程能力,在执行算法之前可让 MBIST 控制器的某些寄存器(包括地址寄存器、写数据寄存器、期望数据寄存器、计数器、延迟计数器等)加载初始值。

7.5　存储器内建自修复(MBISR)

存储器的修复可用于提升存储器芯片生产的良率。在进行存储器内建自测试的同时可以进行内建修复分析(Built-In Repair Analysis,BIRA),确定存储器是无故障的、有故障但可修复的,还是无法修复的,在测试过程中将相关分析信息实时存储在行、列或段的熔丝组寄存器中,为可修复的存储器设计对存储单元进行重构的指令,在完成故障单元的修复后重新启动一遍测试过程验证修复的质量。

存储器的修复效率取决于给定存储器冗余单元的类型、数目,冗余单元的分配算法以及

SoC 中可修复的存储器的个数。冗余单元的类型分为行冗余、列冗余(或块冗余)和字冗余。简单的存储器只使用行修复或者列修复。复杂一些的存储器单元使用的是各类型的联合。修复策略就是指如何分配冗余单元进行修复以及采用什么样的修复方式。修复质量则是看存储器是否得到了真正的修复和是否能实现旁路技术。

对嵌入式存储器进行修复的方式有:硬修复、软修复、联合修复和累积修复。

实现硬修复,需要有非易失性的存储器来存储修复信息,即使断电以后信息也不会丢失。这种修复在每次上电的时候不需要再测试和对地址数据进行重构,可以使用熔丝器进行一次性修复。如果采用多次修复的方式,要在上电之前将修复信息(重构数据)加载到特定的存储结构中,使数据不致丢失。

软修复是可以在不同时间检测到不同故障的在线测试修复方式,在每次上电时进行测试,如果检测到故障就会发出修复信号。由于不用永久性存储失效信息,因此不需要熔丝盒。但是受到测试环境限制,软修复无法把所有类型的故障都检测出来,尤其是需在特殊条件下(例如高电压、高温度或者老化环境)激励的故障。

为了获得更好的修复效率,可以将软修复和硬修复相结合,进行联合修复。在封装之前进行硬修复,软修复则既可以随后进行也可以封装后在线进行。此时软修复是使用硬修复的修复信息与在其测试阶段收集的信息,综合建立新的修复信息。这个新的信息就是联合修复的结果,存储到 BIRA 指定的寄存器中。这种修复方式优于单一的硬修复或软修复,但是每次软修复的结果仍是不可保存的,也不可重复使用。

累积修复使用可编程的非易失性熔丝盒来存储修复数据,每次修复时采用前次的修复结果作为此次测试修复周期的开始。这种方法累积了每次的修复结果,可以将成品率提高很多。对熔丝盒进行多次编程可以确保在多种不同的环境下检测到更多的故障。这种全面修复是一次性修复无法完成的,其修复效率最高。

存储器修复分两步进行。第一步分析测试执行期间由 MBIST 控制器报告的故障,以确定存储器是否可修复,如果可修复,则确定应用于存储器的修复输入的值。这个步骤可以通过两种方式实现:①利用 MBIST 的诊断功能收集故障信息,并利用测试仪上专门的分析软件确定存储器是否可修复。然而,随着需要修复的存储器数量的增加,测试仪花费在修复分析上的时间会变得非常多。②使用 EDA 工具自动生成 BIRA(内建修复分析)电路,插入设计中进行分析。

存储器修复的第二步是在每次电路上电时,将修复分析步骤中计算出的数据有效地应用于存储器的修复输入。这个步骤可以通过两种方式实现:①直接将存储器的修复输入端与使用激光编程的金属熔丝器相连。这种方法需要专门的测试设备和较长的编程时间,而且随着存储器数量的增加,使用起来也更加困难。②使用存储器内建自修复(Memory Build-In Self-Repair,MBISR)电路,由 MBIST 工具自动生成和插入。MBISR 控制器将修复信息永久地存储在电子可编程熔丝(eFuse)阵列中,每次电路上电时都会读回信息用于修复有故障的存储器。这种方法更有效率,因为对 eFuse 的编程速度更快,更容易共享。

由于修复分析是基于可获得的冗余资源来进行,因此修复分析算法又称为冗余分析

(Redundancy Analysis, RA)算法。典型的 RA 算法通常分为两个阶段,第一个阶段是通过判定在行(列)上失效单元的个数来选择哪些失效的行(列)是必须被修复的,称为必须修复(must repair)阶段;第二个阶段使用剩余的冗余单元修复剩余的失效单元,可使用简单的启发式算法(例如行优先算法、列优先算法或者小位图算法等)实现。在必须修复阶段,对于一个有 r 个冗余行和 c 个冗余列的存储器,以下的修复决定是必须的:如果某行有超过 c 个故障,那么就没有足够的冗余列来覆盖所有的故障,必须选择一行进行修复。同样地,如果某列中有超过 r 个故障时,需要进行列修复。

图 7-12 给出了一种典型的存储器内建自修复体系结构。可修复的存储器实现了冗余的行和(或)列,使对任何有故障的行或列的访问能够被重新定向到一个冗余的行或列。如图所示,执行修复分析的 BIRA 电路与对存储器测试响应进行比较的比较器相连。BIRA电路完成修复分析后确定存储器是否可修复,如果可修复则输出修复数据。中央熔丝盒与芯片级 MBISR 控制器相连,可以被实例化在 MBISR 控制器模块的内部或外部。当熔丝盒位于 MBISR 控制器模块之外时,熔丝盒和 MBISR 控制器之间需要额外的连接。

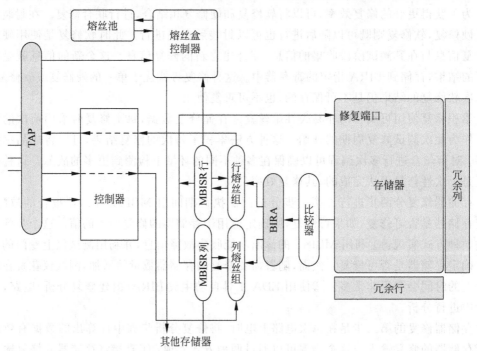

图 7-12　存储器内建自修复体系结构

7.6　对用户透明的存储器在线测试

内建自测试结构同样可以支持在芯片工作阶段进行在线的测试。对于存储器来说,在线测试的写操作会改变其存储的用户数据或工作状态。因此,为了可以应用于芯片工作阶段,存储器内建自测试结构需要支持透明测试(transparent test),即实现对用户透明的存储器在线测试。

透明度是一种属性,它使芯片能够定期实施对嵌入式存储器的自测试而不破坏存储器的内容。这一属性允许在测试间隔时间继续运行正常的芯片功能,避免了恢复存储器内容的难题。透明的测试算法和测试架构使用存储器中存储的数据来实现这一目标。可以通过在每个存储单元中写入特定的数据来执行测试过程,这些数据是从该单元中读取的初始数据的一个函数。

将传统的存储器测试算法替换成透明测试算法需要遵循以下规则。

(1)放弃原来的存储器初始化操作(写操作)。

(2)将读操作 r0、r1 和写操作 w0、w1 替换成 ra、ra′、wa、wa′,其中 a 和 a′为存储器中的内容及其非值。

(3)使用唯一的寻址机制。

(4)计算参考特征(golden signature,又称为黄金特征),用于响应的比较。

例如,假定存储单元 c 包含数据 v。为了将非透明的测试技术转换为透明的测试技术,要执行以下步骤。

(1)在原始测试算法中,增加初始的读操作。

(2)将原来的对存储单元 c 的每个 write-x 操作替换成:write-(x ⊕v)。

(3)如果在原始算法的最后一次写操作中存储在单元 c 中的数据是 v′,则增加一个额外的读操作和一个写操作,从而恢复其初始数据 v。

代表测试结果的特征是通过对读操作产生的数值序列进行压缩计算出来的。在测试开始实施之前通过上述步骤中的第一个读操作可得到预测的参考特征。在测试数据应用完成后得到实际的特征与参考特征进行比较,判断存储器中是否有故障。图 7-13 给出了将 MATS ＋＋测试算法转换成透明测试算法的示例。下画线显示的读操作用于计算测试响应的特征。

↑(w0), ↑(r0, w1), ↓(r1, w0, r0)	原始的MATS++测试
↑(r0, w1), ↓(r1, w0, r0)	去掉初始化操作
↑(ra, wa′), ↓(ra′, wa, ra)	转换成透明的操作
↑(ra), ↓(ra′, ra)	计算特征

图 7-13 将传统的存储器测试算法转换成透明测试算法的例子

在 MBIST 测试结构中实现对存储器的透明测试,需要实现比相应的标准 MBIST 结构稍微复杂一点的电路。首先,必须使用一个定制的 MBIST 控制器,以方便在真正测试前不仅生成测试序列,而且生成预测的参考特征序列。其次,控制信号生成器(用于生成读写操作信号)必须设计成可在测试应用模式和特征生成模式之间切换,以避免在后一种模式下调用写操作。最后,必须添加一个寄存器来存储被寻址单元的内容,随后将寄存器中存储的内容用于测试数据的生成。使用 March C 测试算法的 32K 字节 RAM 的透明 MBIST 电路的面积开销,是传统 MBIST 电路的 1.2%,也就是说,透明 MBIST 电路只比传统 MBIST 解决方案多 0.2% 的面积开销。

7.7 MBIST 设计实例

MBIST 在设计中的插入既可以在 RTL 设计中实现,也可以在门级网表实现。这里介绍的是如何利用 Tessent 工具实现 MBIST 的插入以及 MBIST 测试向量的生成。

以 RTL 设计中实现 MBIST 为例,基本步骤如下。

(1) 准备好在 RTL 阶段的 Verilog 设计。

(2) 定义 MBIST 测试逻辑的配置。

(3) 将 MBIST 硬件电路插入设计中。

(4) 生成 MBIST 测试向量并仿真验证。

假定当前设计模块为 processor_core,例化了若干子模块。Tessent 工具实现 MBIST 设计的具体操作如下所述。

(1) 通过命令行启动 Tessent Shell,其默认模式是配置(Setup)模式。

```
$ tessent - shell
```

(2) 通过 set_context 命令,将工具的 context 设成在 RTL 电路中实现测试逻辑的插入。

```
SETUP > set_context dft - rtl - design_id rtl1
```

(3) 通过 set_tsdb_output_directory 来定义保存修改后的设计以及其他输出文件的 tsdb 目录位置。

```
SETUP > set_tsdb_output_directory ../tsdb_outdir
```

(4) 通过 set_design_sources 指定 memory 的 tcd 库文件的位置,便于工具自动加载。

```
SETUP > set_design_sources - format tcd_memory - y ../../../library/memories - extension tcd_memory
```

(5) 通过 read_verilog 加载 memory 的 Verilog 描述。

```
SETUP > read_verilog ../../../library/memories/ * .v - exclude_from_file_dictionary
```

(6) 通过 read_verilog 加载 RTL 阶段的 Verilog 设计。

```
SETUP > read_verilog - f rtl_file_list
```

(7) 通过 set_current_design 命令设置工具处理的当前设计。

```
SETUP > set_current_design processor_core
```

(8) 指定当前的设计所处层次为 physical block。

```
SETUP > set_design_level physical_block
```

(9) 通过 set_dft_specification_requirement 声明当前测试需求是插入 MBIST 电路。

```
SETUP > set_dft_specification_requirements - memory_test on
```

(10) 通过 add_clocks 定义 clock 的端口和周期。

```
SETUP > add_clocks 0 dco_clk - period 3
```

（11）通过 set_system_mode 命令，将系统模式切换到 Analysis 模式，该模式进行电路扁平化、电路学习和设计规则验证。

```
SETUP > set_system_mode analysis
```

（12）报出所有 memory 例化模块的详细信息。

```
ANALYSIS > report_memory_instances
```

（13）创建 dft specification，生成 MBIST 电路相关的默认配置。

```
ANALYSIS > set spec [create_dft_specification]
```

（14）报出当前生成的 MBIST 电路的默认配置。

```
ANALYSIS > report_config_data $ spec
```

（15）检查并处理 dft specification 的内容，生成 MBIST 测试电路并插入设计中。

```
ANALYSIS > process_dft_specification
```

（16）抽取所有 icl 例化模块的连接关系。

```
INSERTION > extract_icl
```

（17）生成 pattern specification，用于测试向量的配置。

```
SETUP > create_pattern_specification
```

（18）验证并处理 pattern specification，生成仿真所需的测试向量。

```
SETUP > process_pattern_specification
```

（19）定义仿真所需的库文件位置。

```
SETUP > set_ simulation_ library_ sources  − v ../../../library/standard_ cells/verilog/adk. v  − v ../../../library/memories/ * .v
```

（20）启动仿真器对 pattern 进行验证。

```
SETUP > run_testbench_simulations
```

（21）退出 Tessent Shell。

```
SETUP > exit
```

基于门级网表的 MBIST 实现，需要设置成在门级网表中插入测试电路，读入原始的门级网表。所采用的命令如下：

```
SETUP > set_context dft − no_rtl − design_id gate
SETUP > read_verilog processor_core.vg
```

门级流程中其他内容与 RTL 流程没有差别。

7.8　本章小结

片上的嵌入式存储器已在 SoC 结构中占据越来越大的比例，对于芯片的良率和可靠性产生重要影响，因此，对嵌入式存储器的内建自测试和自修复就显得尤为重要，同时还有利于摆脱对外部测试仪和测试、修复资源的依赖,降低芯片成本。

本章重点掌握以下要点:

(1) 理解存储器的功能模型和对存储器进行自测试、自修复的重要性。

(2) 了解存储器的故障模型和测试方法。

(3) 熟悉常用的存储器测试算法。

(4) 了解 MBIST 和 MBISR 的体系结构。

随着硅工艺和新型非易失性存储器件的发展,为满足高密度且高失效密度的嵌入式存储器的良率需求,需要探索建立新的物理缺陷故障模型,并提出新的测试算法,优化冗余器件的设计方案,改进冗余分配算法以修复尽可能多的故障。

7.9　习题

7.1　为了检测存储器固定型故障 SAF 和跳变时延故障 TDF,March 测试的需求分别是什么?

7.2　分析 March C 算法能够检测的故障类型。该算法是否可以检测所有的反向耦合故障 CFin 和幂等耦合故障 CFid?

March C:$\updownarrow$ w0;$\Uparrow$(r0,w1);$\Uparrow$(r1,w0);$\Uparrow$ r0;$\Downarrow$(r0,w1);$\Downarrow$(r1,w0);$\updownarrow$ r0;

7.3　写一个 March 算法,能够检测所有的状态耦合故障 CFst。

7.4　测试面向字的存储器时,假设字长是 16 位,需要设计多少数据背景来覆盖字内的耦合故障? 请给出这些数据背景。

7.5　请将 March C 算法转换成透明测试算法,用于在线测试。

参 考 文 献

[1]　VAN de Goor A J. Testing semiconductor memories:Theory and practice[M]. New York:John Wiley & Sons,Inc.,1991.

[2]　DEKKER R,BEENKER F,THIJSSEN L. Fault modeling and test algorithm development for static random access memories[C]//International Test Conference 1988 Proceeding@ m_New Frontiers in Testing. IEEE,1988:343-352.

[3]　ZORIAN Y. Embedded memory test and repair:Infrastructure IP for SoC yield[C]//Proceedings of International Test Conference. IEEE,2002:340-349.

[4]　HUANG C T,WU C F,LI J F,et al. Built-in redundancy analysis for memory yield improvement[J]. IEEE Transactions on Reliability,2003,52(4):386-399.

[5]　BECKER A. Short burst software transparent on-line MBIST[C]//2016 IEEE 34th VLSI Test Symposium (VTS). IEEE,2016:1-6.

第 8 章
系统测试和 SoC 测试

在前面的章节中,学习了数字电路结构测试的基本概念和基本方法,这些概念和方法主要是针对单个数字芯片的。而生活中常见的电子设备是由多个芯片构成的一个整体,其中既有硬件,又有软件,这往往被称作系统。如何对一个包含软硬件的系统进行充分测试是一个非常复杂的问题。

另外,随着晶圆制成的进步和芯片设计方法学的发展,单个芯片上集成了越来越多的功能核和 IP,这样的芯片本质上也是一个系统,即 SoC。因此,系统测试的一些概念和方法在 SoC 测试中也有所体现。

8.1 系统测试

广义上来说,一个包含多个元件并可以完成特定功能的设备都可以称为"系统"。汽车即是生活中常见的一个系统的例子,它包含发动机、电池、轮胎、车体、刹车、冷却系统等许多功能元件。

在集成电路产业中,人们关注的是由芯片和电子元器件组成的电子系统,比如电子计算机就是由机箱、主板、芯片、硬盘、内存、显示器、键盘、鼠标以及各种软件等构成的一个复杂系统。系统通常是层次化的,即大的系统包含若干个子系统,而每个子系统下面往往还有更小的子系统。比如计算机的硬盘本身也可被看作一个系统,而硬盘的控制母板又是硬盘系统中的一个子系统。

系统的设计和制造通常是通过功能划分和逐级细化来实现的。比如计算机系统可以被分成硬件和软件。硬件又可以被继续分成多个母板和外部设备。而每个母板又可以被分成多个芯片。在系统设计中,人们习惯于从系统的最顶端开始进行功能划分,并逐级往下细分。因此,系统设计采用的是一种自顶而下的设计方法学。而在系统制造中,则是先有基础的元器件,通过基础元器件不同的组合构成若干子系统,多个子系统再逐级向上组合,最终形成顶层系统。所以,系统制造采用的是自底而上的构建方法。

在系统的生产和使用过程中,需要考虑如何对它进行有效的测试。系统测试是全生命周期的。首先,在系统生产过程中,为了保证产品的出厂质量,一定要有系统测试。另外,在系统的使用过程中,由于日常维护和故障诊断的需要,测试也是在不断进行中的。从广义上来说,针对一个电子系统的测试可大致分为系统结构测试、系统参数测试、系统功能测试和系统诊断测试。

系统结构测试:系统结构测试是用来测试系统间各个芯片和元器件的物理连接和通信是否正常,并且验证系统的各个位置上是否正确安装了所要求的元器件或芯片。

系统参数测试:系统参数测试主要是验证系统设计中的参数是否达标,如电压、电流、电阻参数,以及高速 I/O 传输速率等。

系统功能测试:系统功能测试是用来验证系统的功能完整性以及性能是否达标。系统功能测试本质上是一种 Pass/Fail 的测试,它的故障检测能力是非常有限的。功能测试通常包含多个测试数据集。有的数据集只是验证基本功能,相对简单;有的需要测试复杂功能,更为全面。

例如,买回一台新的笔记本计算机后,通常都需要做一些基本的功能测试。比如检查计算机能否正常开机,可否启动操作系统,并运行一些常用的应用软件,如网络浏览器和Office 等。如果希望进一步排查计算机可能隐含的硬件问题,以保证今后系统运行的稳定性,可以运行 24 小时的稳定性测试软件,比如 Prime95[①] 和 Memtest[②] 等。在稳定性测试中,笔记本计算机的主要功能元件(如 CPU、内存、显卡、硬盘等)会被频繁地激活,并在高温和高负荷状态下长时间运行。如果在稳定性测试中发现某个测试集没有通过,则需要运行诊断测试以判断系统中哪个元件可能出现了问题。

系统诊断测试:系统诊断测试是为了定位故障元件,它的一个重要衡量标准是故障诊断精度,即故障定位可以做到的最高精度,也可以解释为可定位的最低层级的故障元件。不同系统由于其设计架构和功能应用的差异,通常会有不同的诊断测试流程。当一个系统的功能测试未能通过时,工程师需要运行系统诊断测试来找到有问题的故障元件,并进行替换和修复。一个有效的系统诊断测试必须可以定位到 LRU(Lowest Replacement Unit)元件,这样便于系统的有效维护和修理。如果无法定位到 LRU,则有可能整个系统都需要被替换,这个成本就很高了。例如,当笔记本计算机出现硬件故障时,一个好的系统诊断测试应该可以定位到诸如硬盘、内存、主板或是无线网卡等易于更换的 LRU 元件上,而不是让售后服务商直接换一个新的笔记本计算机。由于 LRU 元件本质上也是一个子系统,故 LRU生产厂商的售后维修部门在收到返修的 LRU 元件后,会运行针对 LRU 元件的诊断测试。如果这个 LRU 元件是一块故障母板,则诊断测试的结果可能是需要替换母板上的特定芯片,这个需要替换的芯片常被称作 SRU(Shop Replaceable Unit)部件。如果大量的同型号芯片都出现了故障,则它们会被送到芯片生产厂商做进一步的分析,当然这时候就不再是系统诊断测试,而是芯片故障诊断了。

---

① Prime95[EB/OL]. [2022-11-5]. https://en.wikipedia.org/wiki/Prime95#Use_for_stress_testing.
② Memtest86[EB/OL]. [2022-11-5]. https://www.memtest86.com/.

8.1.1　系统功能测试

系统功能测试通常需要完成下面的任务。

（1）验证系统中的各个元件或子系统是否可以正确响应。

（2）验证基本系统信息，比如处理器型号、内存大小等。

（3）测试关键的系统功能。由于应用场景的不同，这个测试所包含的内容会有比较大的差异。在系统的生产测试中，大量系统设计验证中的仿真测试集会用在功能测试中，以保证重要的系统功能都能被测试到；而在系统的日常维护中，由于测试时间的限制，一般情况下只会选用少量的仿真测试集。

由于不同类型系统所实现的主要功能会有很大的差异，所以功能测试的具体测试数据集很难有一个统一的标准。不同系统的设计生产厂商会根据系统的架构和主要应用场景设计相应的功能测试数据集。

另外，现实生活中常见的电子系统都是硬件和软件的复合体。系统的优化也往往是通过软硬件的协同设计来实现的，所以，在系统的功能测试中，软件和硬件是一起测试的；没有一个功能测试集是只测试软件，或只测试硬件的。

为了量化系统功能测试的效果，往往需要采用软件测试和硬件测试中的一些已有的量化指标。比如软件测试中的语句覆盖率、条件分支覆盖率、代码路径覆盖率等。考虑软件覆盖率并不能很好地反映真实的硬件故障覆盖率，有时候人们也会针对一些特定的功能测试集进行硬件的结构故障模拟，比如常见的单固定型故障。但这个故障模拟通常是非常耗时的，因此它在实际的功能测试指标量化中应用并不普遍。

在系统功能测试中，工程师更多的时候是依赖于一些经验性的方法，从设计验证的仿真测试集中挑选一些能大概率检测到常见硬件故障的测试集。一个好的系统功能测试需要在尽可能短的测试时间内检测出绝大部分的常见故障。

8.1.2　系统诊断测试

当系统故障发生时，通常需要进行一系列有针对性的测试以判断具体是哪一个元件出了问题，这就是系统诊断测试。例如，当一台计算机的启动没有响应时，首先要检查电源连接是否正常；如果电源连接正常且计算机可以上电，则继续查看其是否通过主板 BIOS 的所有自检步骤；如果 BIOS 自检不通过，则检查具体是哪一个步骤出了问题并给出相应的报错信息。通过收集到的错误信息并查看系统维护手册，可以推断出大致是哪些元件出了问题。

系统修复的操作流程决定了系统诊断测试需要定位到哪个层级的元件，即系统维护的 LRU 元件。在系统的场地维护中，LRU 元件可以是一块母板、一个磁盘驱动器或是键盘鼠标之类的外设。诊断测试的一个重要指标是诊断精度，它通常定义为诊断测试可以推断出的可疑 LRU 元件数。系统诊断测试的理想诊断精度为 1，即可精确定位到单个需要被替换的故障 LRU 元件，这个时候系统的维修成本是经济的。

但理想和现实总是有一定距离。例如,假定计算机的诊断测试程序报告指出计算机内存出了问题,但主板上插有 4 根内存条,而报告中并未明确指出是哪根内存条出现了故障。在这种情况下,就需要采用一些经验性的诊断流程,比如通过插拔内存条,一次只在主板上留一根内存条,然后依次运行诊断测试程序,以此来判断具体是哪根内存条出现了故障并需要被替换。

常见的系统诊断测试方法有两类,一类是故障字典法,另一类是诊断决策树法。

(1) **故障字典法**:该方法同芯片故障诊断中的故障字典在概念上是相通的,只是这个方法被应用在了系统的故障诊断中。例如,如表 8-1 所示,假定一个系统功能测试中有 4 个测试集 T1、T2、T3、T4 和 5 个元件 a_1、a_2、a_3、a_4、a_5。每个测试集对应的列里有一组 0 和 1 的数字,0 代表测试通过;1 代表未通过。每一行中的测试通过情况称作一个测试症状(test syndrome),每个测试症状对应于一组可能的故障元件。

表 8-1 故障字典

故 障 元 件	测试集 T1	测试集 T2	测试集 T3	测试集 T4
无	0	0	0	0
a_1、a_2	1	1	0	0
a_2、a_3	1	0	0	0
a_3、a_4、a_5	0	1	1	0
a_4	0	0	0	1

当测试症状中的所有测试都通过时,表明无故障;当测试集 T3、T4 通过,而 T1、T2 不通过时,可疑的故障元件为 a_1、a_2。故障字典法以测试中的症状为关键字,在故障字典中查找对应的故障元件。而在现实的诊断测试中,并不是所有的测试症状都可以在故障字典中找到对应的记录。这就需要一些经验性的算法来推断出可能的故障元件。

(2) **诊断决策树法**:故障字典法的一个重要缺陷是它要求所有的测试集都完成后才能进行字典查询。另外,生成故障字典要求在完整的测试集下仿真尽可能多的故障,从而获得相应的故障症状。这是个极其耗时的过程,对许多复杂系统来说几乎是难以实现的。相比而言,诊断决策树法就更有效率了。

图 8-1 给出了一个诊断决策树的例子,其中 T1、T2、T3、T4 为系统功能测试中的 4 个测试集。0 代表测试通过;1 代表未通过。从图中可以看出,该决策树的最大深度与测试集的个数相同,即在最坏情况下需要运行所有的测试集。但并非所有的诊断路径都需要运行所有的测试集,比如故障 7 的诊断结果只需要运行 T4 和 T3 两个测试集。在许多系统维护的管理员手册中,往往都可以看到诊断决策树的影子。

在诊断决策树的设计中,测试集的测试顺序对诊断决策树的规模有很大的影响。假定系统的故障可以分成 n 类 $\{f_1, f_2, \cdots, f_n\}$,故障 f_i 的发生概率为 p_i,其相应的决策树深度为 d_i(即诊断该类故障需要运行的测试集数目),则有:

$$决策树的平均深度 = \sum_{i=0}^{n} (d_i \times p_i)$$

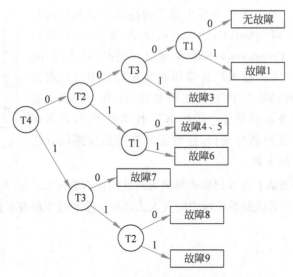

图 8-1　诊断决策树的实例

假定每个测试的运行时间基本相同,为了提高故障诊断的效率,需要降低故障诊断决策树的平均深度,一个常用的经验性方法是对已知的系统故障做统计分析,根据故障的出现频率对故障进行分类排序,让能够快速诊断出常见故障的测试集在决策树中优先运行。由此不难看出,相比于故障字典法,诊断决策树法的一个重要优势是它不需要运行完所有的测试集即可以得出有意义的诊断结果。

8.1.3　ICT 技术

电子系统通常是以印制电路板(Printed Circuit Board,PCB)为载体来设计和实现的。PCB 上包含了多个芯片、分立电子元器件(如电阻、电容等)以及不同元器件之间的金属互连线。而系统功能测试往往需要在实际的运行环境中进行,包含连接电源和外设、插入必要的板卡等。如果功能测试不通过,则需要运行诊断测试来定位故障的具体位置。

系统的诊断测试传统上是通过电路内测试(In-Circuit Test,ICT)技术来实现的。在早期 PCB 的生产制造中,芯片端口都是焊接在 PCB 正面的固定预留孔位置上,且每个端口预留孔的 PCB 背面都有相应的焊点突起。测试仪通过用探针连接 PCB 背面的焊点来访问 PCB 的每一个芯片端口,并通过驱动和观察不同端口上的信号值,可以高效地测试 PCB 连线的开路、短路等一系列常见故障;与此同时,通过对指定芯片的输入/输出端口进行控制和观察,也可以对该芯片实现有效的故障检测。

为了有效地进行系统测试,系统厂商会对 PCB 定制一个有大量探针阵列的固定模具(bed-of-bails fixture),并通过测试仪来控制和检测芯片端口的信号值,这项技术称作 ICT技术。ICT 技术在系统测试和诊断中是非常有效的,但它也有以下两个显著的缺点。

(1) 成本高。因为探针阵列固定模具需要针对系统板进行定制,成本很高,并且任何一个系统板的端口布局更新都需要重新定制探针阵列固定模具。

（2）适用局限性。随着系统小型化需求的持续推动和系统封装技术的发展，球栅阵列[①]（Ball Grid Array，BGA，见图 8-2）、表面贴装（Surface-Mount Technology，SMT）、多芯片模组（Multi-Chip Modules，MCMs）等一系列技术广泛应用在系统封装中。在高密度 PCB 上芯片可同时贴装在 PCB 的正面和背面；在 MCM 中芯片在垂直的方向进行叠加和互连。传统 ICT 技术的 PCB 背板探针已不再能够访问所有的芯片端口，这就需要新的系统测试方法以适应系统封装技术的发展。

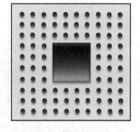

图 8-2 球栅阵列实例

上述的两点原因推动了边界扫描或测试访问总线技术的发展。这些技术可以在不依赖物理探针的情况下仍能有效访问系统板中的嵌入式芯片。这些技术将在后面的章节中讨论。

8.2 SoC 测试

8.2.1 从板上系统到片上系统

基于 PCB 的系统组装成本高且体积大，在许多移动场景受限。所以，系统设计的趋势是将越来越多的系统功能元件集成在单个芯片中，以进一步降低系统生产成本和提升系统可靠性，这即是所谓 SoC。智能手机的核心芯片即为常见的 SoC 芯片。例如，华为海思于 2020 年发布的麒麟 9000[②] 芯片（见图 8-3）即是一款强大的 SoC 芯片，它包含了 8 个 CPU 核、2 个 NPU 核、24 个 GPU 核、5G 调制解调器、内存控制器、图像信号处理器、视频音频解

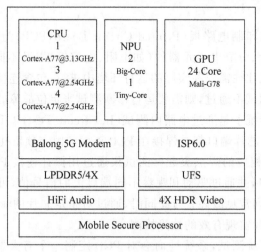

图 8-3 麒麟 9000 SoC 基本架构

① A Brief Introduction of BGA Package Types［EB/OL］.［2022-11-5］. www.pcbcart.com/article/content/introduction-of-bga-package-types.html.

② Kirin-9000［EB/OL］.［2022-11-5］. www.hisilicon.com/cn/products/Kirin/Kirin-flagship-chips/Kirin-9000.

码等许多系统核心功能模块。

SoC 芯片的概念同单片机类似,即在单个芯片上集成了原先由多个芯片实现的功能模块,由此降低系统的生产成本。不同点在于 SoC 芯片的规模和复杂度要远高于单片机,甚至单片机可以作为 SoC 芯片的一个子模块而存在。

SoC 设计方法学中的一个重要概念是 IP 核,这里 IP 是"知识产权"(Intellectual Property)的缩写。在芯片产业中,IP 核指的是已经设计和验证好的功能模块,可以直接整合到 SoC 芯片中。复杂的 IP 核可以是微处理器、DSP 核、GPU、内存模块;简单的 IP 核可以是一个简单控制器(比如 UART 模块、PCI 接口等)或是监测芯片运行参数的各类传感器模块(比如温度、电压、频率等)。

IP 核可以分成三大类:硬核(Hard Core)、软核(Soft Core)及固核(Firm Core)。

- **硬核**:这类核是以物理实现的形式(即特定工艺的完整芯片设计版图)提供给客户,因此是不可修改的。
- **软核**:该类核是非常灵活和易移植的,并没有限定物理实现方式。软核的形式通常是可综合的 RTL 代码或是逻辑门网表。客户可以根据自己的需要进行逻辑和物理综合,从而产生针对特定工艺的物理版图或是映射到 FPGA 上。
- **固核**:固核的形式介乎硬核与软核之间,也称半硬核(semi-hard core)。它强制要求了部分的物理布局信息,但剩余的设计则可由客户灵活选择实现形式。

由于 EDA 工具对数字系统从前端到后端的综合流程的支持比较完善和成熟,数字 IP 核通常是软核;而模拟电路的设计同工艺的绑定非常紧密,所以模拟 IP 或混合信号 IP 往往是以硬核的形式出现。

IP 核的知识产权为 IP 供应商所有,它的技术实现细节对客户来说是保密的。为了保证 IP 核在生产过程中是可测的,IP 供应商会提供关于 IP 核的基本功能描述以及 IP 核的测试向量集。需要注意的是,IP 核的测试向量是以 IP 核的端口为参照系生成的,因为 IP 供应商无法预知 IP 核最终会嵌入什么样的 SoC 芯片上。对于 SoC 设计工程师来说,一个重要的任务是设计有效的测试访问机制(test access mechanism),将测试向量从 SoC 芯片端口重定向到 IP 核端口。

8.2.2　SoC 测试的主要挑战

SoC 芯片设计往往集成了许多来自不同供应商的 IP 核,它们可以是硬核,也可以是软核。SoC 芯片本身即是一个系统,所以 SoC 测试可以借鉴系统测试中的许多方法;但与系统测试不同的是,SoC 芯片中的 IP 核无法像系统测试的 ICT 测试那样可以通过金属探针访问板载芯片的端口。所有 IP 核的测试向量必须通过 SoC 芯片的顶层端口进行。高端 SoC 芯片的 IP 核数量可以有数千之多,完成所有 IP 核以及 IP 核之间的互连电路测试是一个相当耗时的过程。因此,SoC 测试主要有如下的挑战。

(1) **测试访问机制**:这里主要指的是如何有效设计一种机制把 IP 核的测试向量从 SoC 芯片端口传送到 IP 核端口。高效测试访问机制需要满足四点要求:硬件开销小;有即插即用的可移植性；测试时间可控；有良好的工具生态链支持。另外，IP 核的封装同测试访问机制是紧密相连的，即这个封装的设计也要有助于满足高效测试访问机制的上述要求。

(2) **测试向量生成和复用**：数字芯片结构测试依赖于 ATPG 自动生成测试向量。传统上 ATPG 工具是以芯片级的网表为输入生成可以为测试仪直接使用的测试向量集。随着 SoC 芯片规模和复杂度的攀升，SoC 芯片的电路规模可达上亿的逻辑门。在这种情况下，ATPG 所需的运行资源和时长就变得有些难以承受。在 SoC 芯片设计中，常常是由不同团队负责不同的 IP 核，如果针对 IP 核的测试开发要等 SoC 芯片完成整合才能进行，那对芯片的设计效率而言是很不利的。另外，由于知识产权的限制，客户无法获取某些 IP 核的网表，只有 IP 供应商提供的 IP 核测试向量集。所有这些都预示着需要一种新的 ATPG 流程以适应 SoC 芯片的设计规范。

(3) **测试调度优化**：这是针对 SoC 芯片的整体测试规划而言，即要求通过合理的调度优化，降低 SoC 芯片的总体测试时间和测试成本。

8.2.3 测试访问机制

测试访问机制指的是用户定义的测试数据传输架构，可以将测试激励从测试源传送到被测模块，并对测试响应同预期的值进行对比。这里的被测模块可以是嵌入在 SoC 芯片中的 IP 核，也可以是 IP 核之间的连线电路。

SoC 测试的测试电路设计基本上都是围绕着测试访问机制的设计展开的。后面章节将要阐述的边界扫描协议、IEEE 1500 标准、IEEE 1687 协议都是测试访问机制的具体实现形式。其中边界扫描协议是从系统或板级测试而来，但同时也在 SoC 测试中有广泛的应用。

8.2.4 核测试环

核测试环(core test wrapper)是同 SoC 测试访问机制紧密相关的。尤其是当测试 SoC 芯片的硬核时，为了将测试向量从 SoC 芯片端口送到 IP 核端口，需要在 IP 核的外围设计专门的电路，用以存储测试激励和捕获测试响应，这样的外围测试逻辑被称作核测试环。

从某种意义上来说，IEEE 1149 标准中的边界扫描链是一个非常典型的核测试环的例子。虽然这个标准针对的是芯片输入/输出端口封装，但它同样可以应用在 SoC 芯片的嵌入式 IP 核的端口上。

8.2.5 层次化 ATPG

在工程设计中，当系统规模变大时，通常采用的是分而治之(divide and conquer)的策略，即将一个大的问题分解成若干易于求解的较小问题，并在较小问题求解后将之合并，最终构成原问题的解。这种方法在芯片的模块设计中已广泛应用。

芯片结构测试针对的是电路拓扑结构的故障，所以传统上 ATPG 是将整个芯片作为一个扁平化的网表来生成测试向量的。随着芯片规模的增长，尤其是 SoC 设计方法学的发展，将一个有数百亿晶体管的数字芯片作为一个整体运行 ATPG，无论是在设计方法学上，还是在 ATPG 算力和内存需求上,都是不可持续的。为此,人们提出了层次化 ATPG[①](Hierarchical ATPG)的概念;当然,层次化 ATPG 概念本身也是在不断演化的。

通过图 8-4 的例子对层次化 ATPG 做一个简单的介绍。这是一个包含 3 个 IP 核的 SoC 芯片。其中 Core 1 被例化了 2 次;Core 2 被例化了 1 次;另外,还有一些互连逻辑模块将 3 个 IP 核连接在一起。

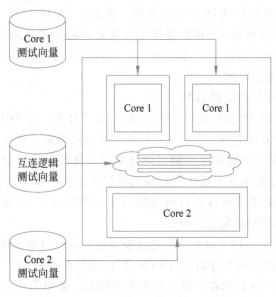

图 8-4　层次化 ATPG 的基本思想示意图

早期的层次化 ATPG 主要是为了解决大规模数字芯片(比如超过 2 千万门)的 ATPG 内存开销过大和时间过长的问题,其主要思想是对芯片级的网表做特殊的修改,例如当针对 Core 2 IP 核生成测试向量时,两个 Core 1 IP 核会被替换成一个灰盒子,即 IP 核模块定义只剩下模块边界的输入/输出信号,因为 Core 2 IP 核的测试向量并不需要 Core 1 IP 核的内部网表信息。这个简单的修改使 Core 2 IP 核的 ATPG 内存开销和运行时长大大缩减。同样地,对于两个 Core 1 IP 核来说,需要做两次网表改造,来分别产生对这两个 IP 核的测试向量,虽然它们的网表是相同的。本质上,这种基于网表改造的 IP 核 ATPG 还是在顶层的芯片级网表运行的。因此,从严格意义上来说,这并不是一种真正的层次化 ATPG。

随着 SoC 设计方法学的发展,设计工程师希望 IP 核的 DFT 实现和测试生成可以在 IP 核层级上完成,并在 SoC 的整合过程中自动地融合到芯片级的 DFT 和测试向量中。这样做有如下的几点优势。

- 有利于基于第三方 IP 核的 SoC 芯片设计流程。因为一种 IP 核的 DFT 任务只需要完成一次,这些任务将产生模块级的扫描链配置和测试向量。它们可以存储在数据

① Manage Giga-Gate Testing Hierarchically[EB/OL].[2022-11-5]. blogs. sw. siemens. com/tessent/2015/09/24/manage-giga-gate-testing-hierarchically/.

库中,作为即插即用的信息整合在不同的 SoC 芯片设计中。

- 有利于大规模 SoC 芯片的项目管理。分布于不同城市的团队可以专注于自身 SoC 模块的 DFT 设计,不受其他模块的 DFT 设计影响。模块级的 DFT 设计任务,比如扫描链插入、ATPG 等可在仅有模块网表信息的情况下完成。这些任务不依赖于芯片级的网表和测试访问机制。

- 简化了 SoC 芯片顶层的 DFT 整合流程。模块级(或 IP 核级)的测试向量由每个模块独立产生,并在顶层的 DFT 整合中可重新定向和转换成芯片顶层的测试向量。另外,当顶层 DFT 设计允许同时访问多个模块时,这些模块的测试向量也可以合并在一起以降低测试时间。

一个层次化 ATPG 基本流程如下。

(1)对每一个模块或 IP 核完成相应的模块级 DFT 任务。这些任务包括:①插入扫描链;②产生和插入测试压缩逻辑;③插入可以将模块同外部隔离的封装链。

(2)用 ATPG 工具生成模块级的测试向量和轻量级的模块灰盒子模型。灰盒子模型包含了模块的接口信息和测试向量从模块级到顶层重定向时所需的信息。在顶层的 DFT 整合中,模块级测试向量重定向以及对模块间的互连逻辑 ATPG(即模块的外围逻辑测试"EXTEXT")只需要用到模块灰盒子模型。

(3)测试向量重定向。这个过程指的是将模块级的测试向量自动转换成顶层的测试向量,也可以理解为针对模块内部逻辑的"INTEST"向量。在这个过程中,并不需要完整的芯片顶层网表,只需要顶层逻辑和各个模块的灰盒子模型。如果顶层的 DFT 设计允许,测试向量重定向也可以合并不同模块间的测试向量集。

(4)生成模块间互连逻辑的测试向量。这个过程可以理解为针对模块外部逻辑的"EXTEST"测试。同样地,在这个过程中,并不需要完整的芯片顶层网表,只需要顶层模块端口定义和各个模块的灰盒子模型。

层次化 ATPG 方法避免了大规模 SoC 芯片使用传统扁平化 ATPG 而导致的内存爆炸问题,ATPG 的运行效率更高,并且由于不同模块的内部逻辑测试向量可以在顶层 DFT 向量整合中进行合并,层次化 ATPG 可以用更少的测试向量,即在更短的测试时间内完成整个 SoC 芯片的结构测试。

8.2.6 测试优化

SoC 芯片的顶层测试需要将不同 IP 核的测试向量集整合在一起,并加上针对 IP 核之间的互连逻辑测试,形成最终的芯片级测试集。如何在最短的时间内,用最低的成本完成这些测试便成为一个优化问题。针对 SoC 芯片的测试优化通常没有专门的 DFT 工具,它们往往是由 DFT 工程师和测试工程师根据 SoC 芯片架构的具体情况和以往的设计经验来决定的。在 SoC 芯片的顶层测试整合中,需要考虑如下的约束条件。

(1)测试功耗约束。

芯片的测试模式较正常的功能模式有更高的信号跳变率;在相同时钟频率下,测试模式的功耗会更高,甚至会大于芯片设计的功率上限。理论上 SoC 芯片的不同 IP 核可以并行测试,但考虑芯片的功率约束,需要估算 IP 核的测试模式功耗,以保证并行测试的 IP 核满足芯片的功率约束条件。

(2) 测试仪带宽约束。

测试仪带宽指的是测试仪所能够同时驱动的端口数以及最大的传输速率。当测试仪要对 SoC 芯片进行扫描向量(也可以是测试压缩向量)测试时,测试仪的带宽约束限制了可以同时进行扫描测试的 IP 核数量。

(3) 测试仪内存容量约束。

测试仪的内存是有限的,而每一次的内存重载都非常耗时,会极大增加芯片生产测试中的成本。所以 SoC 芯片的测试数据最好能一次性加载到测试仪内存中。另外,为了节省内存,SoC 芯片测试中大量应用了各类内建自测试技术,如 IP 核的模块级逻辑内建自测试,嵌入式存储器的内建自测试等。

8.3 针对系统测试和 SoC 测试的主要协议简介

在 DFT 的历史中,陆续发展出了几个非常重要且应用广泛的测试协议。每个测试协议的产生都有历史成因,是为了解决当时的一个具体的测试技术瓶颈问题,并以此来提高 DFT 设计效率,降低生产测试成本。

这几个协议分别是 IEEE 1149.1(也称边界扫描测试,boundary scan test)、IEEE 1500(也称嵌入式核测试,embedded core test)、IEEE 1687(也称 IJTAG,即 Internal JTAG)以及基于总线数据包的扫描测试。前三个协议已成为 IEEE 的国际标准且在持续的演变更新中,最后一个协议还没有相应的国际标准。

8.3.1 IEEE 1149.1 标准

1. 边界扫描架构的缘起

历史上,从 20 世纪 70 年代中期开始,PCB 的结构测试主要依赖于 ICT 技术。该技术通过 PCB 背板焊点的探针来直接访问和控制 PCB 上的各个元器件。ICT 测试通常分为两步,断电测试和上电测试。断电测试是用来检测探针和 PCB 背板焊点之间的物理连接是否可靠,通过对电阻的测量可以判断一些基本的开路和短路故障。上电测试一次测试一个 PCB 上的选定元器件,施加测试激励并测量测试响应;其他同被测元器件相连的元器件则被置于"安全"模式下,以保证不影响对被测元器件的检测。

本质上,ICT 技术是建立在可以直接控制和访问 PCB 上所有元器件端口的基础之上的。随着 PCB 制造中表面贴装工艺的兴起和广泛应用,各种元器件可以被贴装在 PCB 的正反两面,这使通过物理探针来访问所有的器件端口变得非常困难,并且随着多层叠加 PCB 制造工艺的发展,这个问题就更严重了。

于是,在 20 世纪 80 年代中期,一群非常有影响力的欧洲电子和系统制造商开始联合起来认真思索这个问题,并探索可能的解决方案。他们组建了一个行动小组,称作 JETAG(Joint European Test Action Group)。该小组提出的解决思路是在每个系统器件的外围或是边界添加一个串行移位寄存器(见图 8-5),这就是边界扫描(boundary scan)的由来。后来,北美公司的代表也开始加入这个组织,于是 JETAG 中的字母 E(European,欧洲)就被拿掉了,变成了 JTAG(Joint Test Action Group),中文直译为"联合测试行动组"。为了简便起见,仍以 JTAG 作为该组织的称谓。JTAG 最终促成了边界扫描国际标准,即 IEEE 1149.1 的诞生,也有文献把这个标准简称为 JTAG 标准。

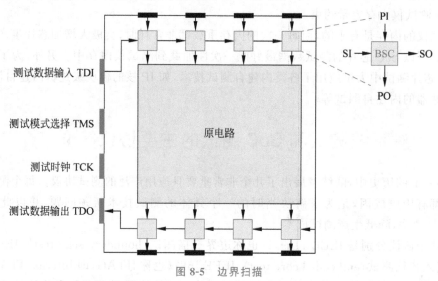

图 8-5 边界扫描

2. 边界扫描的基本概念

如图 8-5 所示,边界扫描的基本思想是在器件的每个输入和输出端口添加一个多功能的存储单元,这个单元称作边界扫描单元(Boundary Scan Cell,BSC)。每个 BSC 有一个并行输入信号 PI,并行输出信号 PO,串行输入信号 SI,串行输出信号 SO。所有的边界扫描单元合在一起构成了一个支持并行输入、并行输出的移位寄存器,称作边界扫描寄存器(Boundary Scan Register,BSR)。边界扫描单元需要支持以下 4 种工作模式。

- 捕获(capture)模式:边界扫描单元的并行输入信号 PI 的值被捕获并存储在单元中,并行输出信号 PO 的值保持不变。
- 更新(update)模式:边界扫描单元的存储值被更新到并行输出信号 PO。
- 串行移位(serial scan)模式:该模式下,边界扫描单元会存储来自串行输入信号 SI 的值,同时 SO 值被送往下一个边界扫描单元,即边界扫描寄存器进行移位操作。
- 穿透(pass-through)模式:该模式下并行输入信号 PI 同并行输出信号 PO 相连,即器件在运行正常的系统功能。

边界扫描寄存器在移位模式下的串行数据输入信号称作测试数据输入(Test Data In,TDI);串行数据输出信号称作测试数据输出(Test Data Out,TDO)。移位操作的时钟信号是专门的测试时钟信号(Test Clock,TCK)。另外,还有一个专门的测试模式选择信号(Test Mode Select,TMS),用于控制每个边界扫描单元具体工作在哪个模式下。

边界扫描的主要作用体现在包含有多个器件的板级或是系统级测试中。边界扫描单元并不影响器件的核心功能,或者说,它是同器件的具体功能无关的。图 8-6 的例子可以更好地解释边界扫描在板载系统测试中的基本作用。这是一个包含两个器件(或芯片)的板载系统;其中图 8-6(a)是插入边界扫描前的原板载系统,图 8-6(b)是插入边界扫描后的板载系统。从图 8-6(b)可以看出,这两个器件的边界扫描寄存器通过串行连接的方式形成了一个更长的移位寄存器,即器件 1 的 TDO 连接器件 2 的 TDI。TCK 和 TMS 则是通过并行连接的方式驱动器件 1 和器件 2 的 TCK 和 TMS 端口。

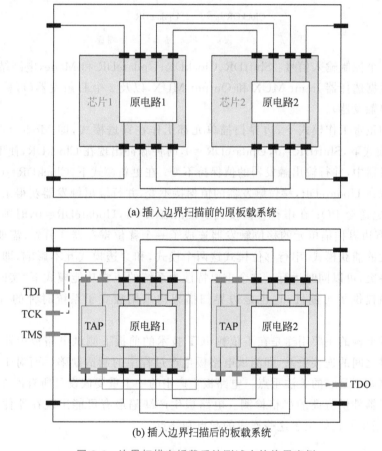

(a) 插入边界扫描前的原板载系统

(b) 插入边界扫描后的板载系统

图 8-6　边界扫描在板载系统测试中的使用实例

图 8-7 是一种常见的边界扫描单元的电路结构。需要指出的是,IEEE 1149.1 并没有强制规定边界扫描单元的电路结构,只要求它的结构能有效支持标准所定义的 4 种工作模式,即捕获模式、更新模式、串行移位模式和穿透模式。

与图 8-5 中的简化边界扫描单元接口(即 PI、PO、SI 和 SO)相比,图 8-7 中的电路结构

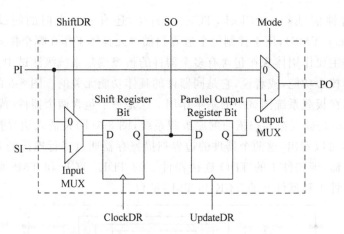

图 8-7　一种常见的边界扫描单元的电路结构

额外引入了 4 个控制输入信号：ShiftDR、ClockDR、UpdateDR 和 Mode，电路结构中包含 2 个二选一的数据选择器 Input MUX 和 Output MUX，以及 2 个 D 触发器（可称作移位触发器和并行输出触发器）。

在系统的正常工作模式下，边界扫描单元都工作在穿透模式，即 Mode＝0 使 PI 驱动 PO；在捕获模式下，ShiftDR＝0，UpdateDR＝0，时钟脉冲出现在 ClockDR，使 PI 的值被捕获到移位触发器中，并行输出触发器的值保持不变；在更新模式下，ClockDR＝0，Mode＝1，时钟脉冲出现在 UpdateDR，移位触发器的值保持不变，并行输出触发器获得来自移位触发器的值，并将之送至 PO；在串行移位模式下，ShiftDR＝1，UpdateDR＝0，时钟脉冲出现在 ClockDR，所有边界扫描单元的移位触发器连成了一个移位寄存器。另外，需要指出的是，边界扫描单元的捕获模式、串行移位模式这两个模式，和穿透模式互不影响，即它们的输入控制信号不冲突，可以同时运行。这个重要特性为系统的正常功能模式下"实时"记录器件端口的信号值提供了可能性，这也是边界扫描架构采用独立于系统时钟的 TCK 时钟的原因。

边界扫描架构的主要用途是在不依赖 ICT 技术的前提下测试电路板中器件的正确性以及不同器件之间的连接关系，即测试电路板生产过程中的制造缺陷。而对于每个器件内部的故障检测则不是它的关注重点。电路板生产中的一个重要假设是所有器件在安装之前都已经通过了器件供应商的严格检测。电路板生产缺陷最有可能出现在器件之间的连线中，而边界扫描单元正好位于这些连线的起点和终点。

3. IEEE 1149.1 的基本架构

IEEE 1149.1 的基本架构如图 8-8 所示，其所规定的硬件功能要求如下。

- 在每个系统器件中添加 4 个信号 TDI、TDO、TMS、TCK 和一个可选的 TRST 信号。这些信号合在一起组成了测试访问端口（Test Access Port，TAP）。
- 器件所有输入和输出端口的边界扫描单元串接在一起组成了边界扫描寄存器，如图 8-8 中阴影部分所示。

- 一个 1 位的旁路寄存器(Bypass Register,BR)。
- 一个 n 位($n \geqslant 2$)的指令寄存器(Instruction Register,IR)。
- 一个可选的 32 位身份认证寄存器(Device ID Register),对于一个特定型号器件来说,身份认证寄存器的存储值是唯一的。
- 若干额外的数据寄存器(Data Register,DR)。
- 一个由输入信号 TMS、TCK 和 TRST(可选)控制的有限状态机,即 TAP 控制器。

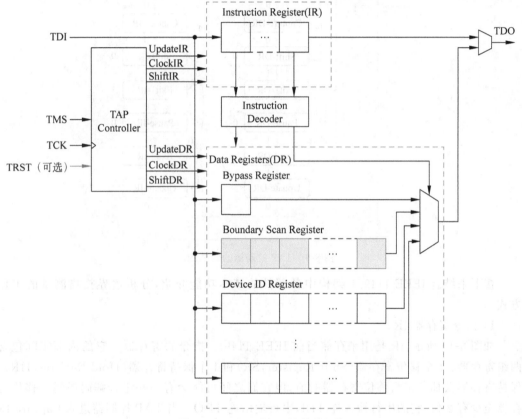

图 8-8 IEEE 1149.1 的基本架构

在任一时刻,只可能有一个寄存器连接在 TDI 和 TDO 之间,比如指令寄存器、旁路寄存器、边界扫描寄存器或任一个器件内部的其他数据寄存器。具体哪个寄存器被选中,则是由 TAP 控制器和当前指令寄存器的输出所共同决定的。在描述各个寄存器的具体作用之前,先介绍一下如图 8-9 所示的 TAP 控制器的状态图。

通过 TAP 控制器的状态图可以看出,IEEE 1149.1 中的指令寄存器和若干数据寄存器的控制和访问是分开进行的。TAP 控制器为一个由 TCK 时钟驱动的同步状态机,共 16 个状态,可以用 4 位二进制数进行状态编码。状态机的数据输入信号是 TMS 和一个可选的重置信号 TRST;输出信号为 ShiftDR、ClockDR、UpdateDR、ShiftIR、ClockIR、UpdateIR 等,它们用来控制所选寄存器的具体操作。重置信号 TRST=1 可强制使状态机回到初始的 Test-Logic Reset 状态；如果没有 TRST 信号，令 TMS 连续 5 个时钟周期为 1，也可使状态机回到 Test-Logic Reset 状态。

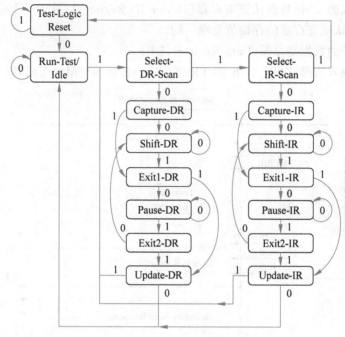

图 8-9　TAP 控制器的状态图

　　接下来结合 IEEE 1149.1 架构中各部件的基本功能介绍，分析边界扫描测试的工作方式。

　　1) 指令寄存器 IR

　　如图 8-10 所示，IR 是用来存储当前 IEEE 1149.1 指令的寄存器。它的内部实际包含两组寄存器：1 个移位寄存器(Shift Register，SR)和 1 个保持寄存器(Hold Register，HR)。保持寄存器会捕获来自移位寄存器的值，但它们之间可能会有一些组合解码逻辑。移位寄存器至少有 2 位，它的串行输入连 TDI，串行输出连 TDO。当 TAP 控制器进入 Capture-IR 状态时，IEEE 1149.1 标准规定移位寄存器的低 2 位必须捕获 01 的值(而更高位的值则未有强制规定)。接下来 TAP 控制器进入 Shift-IR 状态，控制移位寄存器进行移位操作。因此，在移位寄存器的移位过程中，新的指令被输入，而在 Capture-IR 状态下的捕获值被输出。思考一下，为什么 IEEE 1149.1 标准规定移位寄存器的低 2 位必须捕获 01 的值？

　　当新指令的所有位被输入后，TAP 控制器进入 Update-IR 状态，保持寄存器会载入来自移位寄存器的值，并一直保持到下一个 Update-IR 状态。标准中规定指令寄存器的长度至少是 2 位，因为 IEEE 1149.1 需要支持至少 4 条强制指令。

　　2) IEEE 1149.1 的常见指令

　　IEEE 1149.1-2001 版本的标准规定了 4 条强制指令 Bypass、Sample、Preload、Extest，和一些可选指令，例如 Intest、Idcode、Runbist 等。

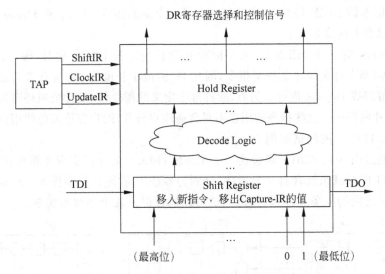

图 8-10　指令寄存器 IR 的基本实现形式

- Bypass 指令对应于 IR 的编码值为全 1。当 Bypass 指令的值被捕获到 IR 内部的保持寄存器时，相应的解码控制信号会将图 8-8 中 1 位的旁路寄存器置于 TDI 和 TDO 之间。根据标准的定义，IR 内部的保持寄存器初始值为 Idcode 指令，若没有实现 Idcode 指令，则为 Bypass 指令。

- Sample 和 Preload 指令都是选择将图 8-8 中的边界扫描寄存器置于 TDI 和 TDO 之间。其中 Sample 指令的控制信号是器件输入端的边界扫描单元捕获器件的输入值；而 Preload 指令的控制信号则是使输出端的边界扫描单元预先载入预置的 01 值。这些预置的 01 值是为一些后续的操作做准备的。另外，标准中没有规定 Sample 和 Preload 指令的编码。

- Extest 指令是选择将边界扫描寄存器置于 TDI 和 TDO 之间，其是为了测试器件间的互连线。所以这个测试的对象对于器件来说是外部的，英文是 External，这也是 Extest 名字的由来。后面还会详细介绍一下 Extest 的具体实现流程。

IEEE 1149.1 标准中常用的可选指令是 Intest、Idcode 和 Runbist。虽然这些指令不是强制要求的，但如果设计工程师选择支持这些指令，则需符合标准的功能定义。

- Intest 指令选择将边界扫描寄存器置于 TDI 和 TDO 之间，其是为了测试器件的内部逻辑。内部的英文是 Internal，这也是 Intest 的由来。

- Idcode 指令选择将图 8-8 中的身份认证寄存器置于 TDI 和 TDO 之间，并可以通过后续的移位操作将身份认证寄存器的预置值输出 TDO。如果器件没有包含身份认证寄存器，则 Idcode 指令的操作与 Bypass 指令相同。

- Runbist 指令会启动器件内部的内建自测试操作，并将内建自测试的结果寄存器置于 TDI 和 TDO 之间。当内建自测试完成后（通常是在图 8-9 的 Run-test/Idle 状态等待足够长的周期数）再将结果寄存器的值输出 TDO。

1993 年版本的 IEEE 1149.1 标准还引入了两个新的指令 Clamp 和 Highz,关于它们的详细信息可以参看标准定义。

除了 Bypass 指令外,IEEE 1149.1 标准并没有规定各个指令的 IR 编码。由于 IEEE 1149.1 标准需要支持至少 4 条强制指令,因此 IR 的最小长度为 2。所有未被定义的指令编码都必须被解释成 Bypass 指令。另外,除标准中定义的指令外,设计公司还可以实现保密指令,以帮助芯片的调试。这些指令的用途不对普通用户公开,用户应该避免使用这些指令。

3) IEEE 1149.1 的测试实例

接下来通过图 8-11 的例子来讲述一下 IEEE 1149.1 是如何实现系统中的器件互连测试的。图 8-11 的板载系统含有 3 个器件,分别为器件 1、器件 2 和器件 3。假定需要测试器件 1 和器件 2 之间的 4 条互连线,则该测试可以通过以下几个步骤来实现。

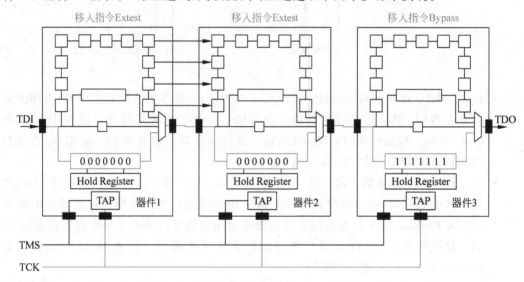

图 8-11 器件互连测试的实例:步骤一

步骤一:对所有器件串行输入相应的 IEEE 1149.1 指令。

该步骤是通过 TMS 和 TCK 信号的并行驱动使所有的板载器件进入图 8-9 中的 Shift-IR 状态,然后通过串行移位,将全 0 输入器件 1 和器件 2 的 IR 移位寄存器,全 1 输入器件 3 的 IR 移位寄存器。全 0 对应于指令 Extest;全 1 对应于指令 Bypass。

步骤二:执行指令更新,每个器件选中相应的数据寄存器,并载入测试激励。

如图 8-12 所示,通过 TMS 和 TCK 信号的驱动使所有器件进入 Update-IR 状态,则 IR 中移位寄存器的值被更新到保持寄存器中。器件 1 和器件 2 的边界扫描寄存器被选中,器件 3 的旁路寄存器被选中。然后通过 TMS 和 TCK 使所有器件进入 Shift-DR 状态,并载入相应的测试激励。

步骤三:令 Extest 指令下的输出边界扫描单元执行更新模式,输入边界扫描单元执行捕获模式。

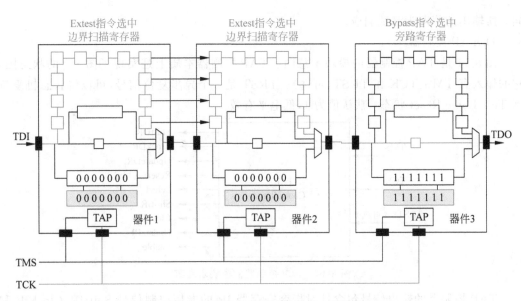

图 8-12 器件互连测试的实例：步骤二

如图 8-13 所示,通过 TMS 和 TCK 信号的驱动使所有器件进入 Update-DR 状态,则执行指令 Extest 的输出边界扫描单元(图中黄色方格,扫描二维码看彩色图片)进入更新模式,输入边界扫描单元(图中紫色方格)进入捕获模式。旁路寄存器则保持状态不变。

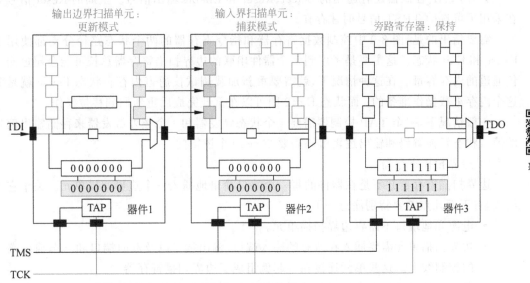

彩色图片

图 8-13 器件互连测试的实例：步骤三

在步骤三中,紫色边界扫描单元将捕获对应黄色边界扫描单元的值。

步骤四：输出数据寄存器的值,此值即为测试响应。

通过 TMS 和 TCK 信号的驱动使所有器件进入 Shift-DR 状态,该移位操作同步骤三相同。所输出的值即为测试响应。

4）TAP 控制器

图 8-14 是 TAP 控制器的模块示意图。TAP 控制器本质上是实现了图 8-9 的状态图，它的输入有 TMS、TCK 和 TRST(可选)。TRST 是一个异步复位信号，可以将状态机复位到 Test-Logic Reset 状态；默认值为 1，低电平有效。

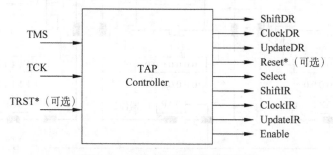

图 8-14　TAP 控制器的模块示意图

TAP 控制器的输出信号包含针对指令寄存器 IR 的专用控制信号 ShiftIR、ClockIR 和 UpdateIR，以及针对数据寄存器的通用控制信号 ShiftDR、ClockDR 和 UpdateDR。每个数据寄存器的实际控制信号是以通用控制信号 ShiftDR、ClockDR、UpdateDR 和当前指令为输入的一组逻辑函数。

另外，TAP 控制器还有通用的 Select、Reset 和 Enable 输出信号。全局的 Reset 信号只在采用了可选的 TRST 信号时才存在。

需要指出的是，图 8-9 中控制数据寄存器和指令寄存器的两个状态路径分支都使用了 Pause 和 Exit 状态。这主要是考虑到多个器件串联的边界扫描寄存器总长可能会超过测试仪通道的内存容量。在这种情况下，就需要重新加载测试仪通道内存。状态 Pause 就是为这个内存重载操作准备的；而状态 Exit2 则可以在重载完成后重新回到移位操作。

一般情况下，一个 TAP 控制器需要 4 个状态触发器和 4 个额外触发器来存储输出信号的值。状态转换解码和输出逻辑解码需要 20～40 个逻辑门。

5）边界扫描寄存器

边界扫描寄存器并不是在器件的每一个端口简单地插入一个边界扫描单元。关于它的组成，有下面几点需要特别注意一下。

- 电源和地端口不需要边界扫描单元。
- 边界扫描单元需要插入在所有的输入端口、输出端口以及双向端口和三态输出端口的控制线上。这些单元连接在一起就组成了边界扫描寄存器。
- 若输入端口通过多个扇出驱动器件的内部逻辑，则每个扇出上都应该插入一个边界扫描单元。这将为 Intest 指令提供最大的灵活性。
- 当存在三态输出端口和双向端口时，三态门的使能信号和双向端口的方向控制信号应该插入额外的边界扫描单元。
- 边界扫描单元的连接顺序是由它们的物理位置决定的，相邻的单元会连接在一起。

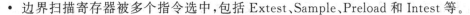

- 边界扫描寄存器被多个指令选中,包括 Extest、Sample、Preload 和 Intest 等。

IEEE 1149.1 标准是历史最悠久,也是应用最广泛的系统结构测试标准。除了原有的系统器件互连测试中的应用之外,它所定义的测试访问端口 TAP 和 TAP 控制器已成为芯片内部模块访问的接口标准。但随着时间的推移和芯片设计制造技术的发展,IEEE 1149.1 标准越来越难以满足新型 SoC 芯片的测试需求。于是后期人们又提出了 IEEE 1500 标准和 IEEE 1687 标准。

虽然 IEEE 1500 和 IEEE 1687 标准是主要面向 SoC 芯片测试的标准,但它们同 IEEE 1149.1 标准有着千丝万缕的联系。从某种程度上来说,IEEE 1500 和 IEEE 1687 标准是 IEEE 1149.1 标准的继承和发展。深刻理解 IEEE 1149.1 标准对于掌握后续 IEEE 1500 和 IEEE 1687 标准的设计思想和使用方式是至关重要的。

接下来介绍一下 IEEE 1500 和 IEEE 1687 标准。

8.3.2　IEEE 1500 标准

1. IEEE 1500 标准的缘起

随着芯片设计技术的发展,基于大量 IP 核的 SoC 设计变得越来越普遍,这些核可能是公司内部以前设计的功能模块,也可能是第三方提供的 IP 核。IP 核可以是逻辑核,也可以是非逻辑核,比如嵌入式内存、数/模或模/数转换器等。对嵌入式 IP 核测试,工业界广泛接受的方法是将之作为一个单独的模块进行测试,即所谓模块化测试(modular test)。

对于第三方 IP 核,出于知识产权的考虑,IP 供应商往往会隐藏它们的实现细节,而只是提供 IP 核的测试向量集,比如所谓的硬核和加密核。对于 SoC 集成工程师来说,第三方 IP 核更像一个黑匣子,他们无法为它生成更多的测试向量。工程师的主要工作是将 IP 核模块级的测试集转换成 SoC 芯片级的测试集。对于公司内部设计的功能模块,虽然 SoC 集成工程师可以获得它们所有的设计数据,但模块化测试的分而治之策略仍然有它的优势。在模块化测试中,测试向量的生成和验证可以在模块级完成,而不需要等到完整的 SoC 芯片设计完成以后。并且,对于 ATPG 工具来说,功能模块的网表规模是更为合适的。在层次化 ATPG 中讨论过,运行基于功能模块网表的 ATPG 所需的内存和时间要远小于基于完整 SoC 芯片网表的相应开销。另外,需要指出的是,芯片的 DFT 和 ATPG 是一个多次迭代优化的过程。商用的 ATPG 工具需要配置许多用户定义的参数,这些参数更适合在模块级的 ATPG 中进行设置和优化。

模块化测试的另一个重要优势是它有利于测试集的复用,这既可以针对单个 SoC 芯片,也可以针对不同的 SoC 芯片设计。在多核微处理器设计中,一个常用的方法是采用一组完全相同的 CPU 核。因此,当对 CPU 核进行模块级测试时,对其中的一个核生成的测试集可以用在其他的 CPU 核上。同样地,测试集复用也适用于不同的 SoC 芯片设计,比如前面提到的第三方 IP 核测试集,即是 IP 核测试集在不同 SoC 芯片上的复用。

本节所要介绍的 IEEE 1500 标准即是为了标准化嵌入式核的模块化测试而制定的。1EEE 1500 标准的制定始于 1997 年,当时 IEEE 标准委员会同意为嵌入式 IP 核的测试设立一个标准工作委员会。经过近 8 年的反复讨论和修改，IEEE 1500 嵌入核测试标准 (Embedded Core Test，ECT)于 2005 年被批准。

2．IEEE 1500 架构简介

由于 IEEE 1500 标准是为了实现嵌入式核的模块化测试而设计的，因此，它需要满足以下模块化测试的两个基本需求。

(1) 测试访问硬件架构。这个架构需要将测试激励从芯片的端口传送到被测模块的输入端，并将测试响应从被测模块的输出端送至芯片的端口。IEEE 1500 标准即定义了这样的一个测试访问硬件架构。

(2) 模块层级的测试行为描述。该描述需要包含针对被测模块的测试流程信息，例如时钟信号定义、数据扫描通道定义和测试模式定义等。这些定义可以有效帮助 EDA 工具将模块级的测试集转换成芯片级的测试集。对于 IEEE 1500 标准来说，这个测试行为描述即于 2005 年批准的 IEEE 1450.6-2005 嵌入式核测试语言标准(Core Test Language，CTL)。

IEEE 1500 的基本架构如图 8-15 所示。该架构为数字类型的嵌入式核(即逻辑模块和内存模块)定义了一个测试环(test wrapper)模块。这个测试环模块借鉴了 IEEE 1149.1 标准的诸多设计思想。它包含一个穿透模式(即正常工作模式)和多个测试模式。这些测试模式使嵌入式核能够同它的外部逻辑相隔离，得以被独立测试。测试环模块的另一个重要作用是它可以使嵌入式核的外部逻辑也能够被独立测试，即不受嵌入式核内部状态的影响。除了强制的功能要求外，IEEE 1500 的测试环模块还可以支持一些可选的和用户自定义的功能特性，以满足不同用户的需要。

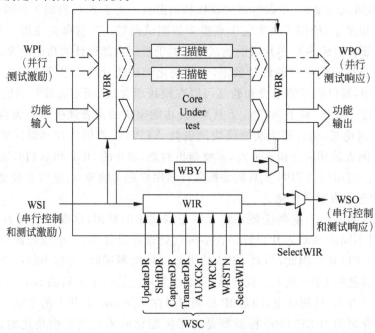

图 8-15　IEEE 1500 的基本架构

从图 8-15 可以看出,测试环模块好比是给嵌入式核穿上了一件外套。在穿透模式下,嵌入式核的"功能输入"和"功能输出"信号可以穿透这件外套,嵌入式核工作在正常的功能模式。测试环模块的测试模式可简单划分为串行测试模式和并行测试模式,并且每个模式还可以细分成多个子模式。

在串行测试模式下,测试环模块的功能同 IEEE 1149.1 有很多类似的地方。它的串行数据是通过测试环串行输入(Wrapper Serial Input,WSI)和测试环串行输出(Wrapper Serial Output,WSO)来传送的。WSI 和 WSO 的作用类似于 IEEE 1149.1 中的 TDI 和 TDO。

测试环模块中包含了多组特殊寄存器,其中强制要求有一个测试环边界寄存器(Wrapper Boundary Register,WBR)、一个 1 位的测试环旁路寄存器(Wrapper Bypass Register,WBY)、一个测试环指令寄存器(Wrapper Instruction Register,WIR)。除了强制的寄存器外,用户也可以自定义一些可选的测试环数据寄存器。WBR 寄存器的作用同 IEEE 1149.1 中的边界扫描寄存器类似,该寄存器将嵌入式核的输入/输出通过扫描链的方式连接起来,以此同它的外围电路相隔离。WBY 寄存器的作用同 IEEE 1149.1 中的旁路寄存器类似。WIR 寄存器的作用同 IEEE 1149.1 中的 IR 寄存器类似。测试环模块中定义的环串行控制信号决定了到底是哪个寄存器连接在 WSI 和 WSO 之间,测试环串行控制信号(Wrapper Serial Control,WSC)是一组控制信号,具体如下。

- WRCK(Wrapper Clock),这是驱动 WIR、WBR 和 WBY 等寄存器的专门时钟信号,在具体实现中往往是通过连接 IEEE 1149.1 中的 TCK 信号而来。
- AUXCKn(Auxiliary Clocks),其中的 n 是一个整数。这是 n 个可选的辅助性质的时钟信号,常用作测试向量中的捕获时钟。
- WRSTN(Wrapper Reset),这是一个专门的测试环模块复位信号,低电平有效。这个信号将 WIR 复位,并使测试环模块处于正常的功能模式下。
- SelectWIR(Select WIR),这是一个数据选择器的选择信号。如果 SelectWIR=1,则 WIR 寄存器被置于 WSI 和 WSO 之间;如果 SelectWIR=0,则 WIR 的值会决定是哪一个数据寄存器被置于 WSI 和 WSO 之间,它可以是 WBR、WBY 或用户定义的数据寄存器。从这里可以看出,WSI、WSO 间的寄存器选择沿用了 IEEE 1149.1 标准的规范。
- ShiftDR、CaptureDR、UpdateDR、TransferDR(可选),从名字上可以看出,这组信号和 IEEE 1149.1 的 TAP 控制器输出有关。在具体的应用中,它们往往是结合 TAP 控制器的数据寄存器控制输出(ShiftDR、CaptureDR、UpdateDR)和当前 WIR 的指令对相应的寄存器进行操作控制。这些操作需要与时钟信号 WRCK 同步。

考虑到复杂嵌入式核的测试向量需要比较大的数据带宽,用以降低测试时间和测试成本以及支持实速测试(at-speed test),串行接口(WSI/WSO)难以满足测试应用的需求。与 IEEE 1149.1 不同的是,测试扫描环还可以有一组可选的多位并行输入信号(Wrapper Parallel Input,WPI)、多位并行输出信号(Wrapper Parallel Output,WPO)。用户可以定义 WPI 和 WPO 信号的位宽。当测试环模块中定义了并行测试端口时,串行测试端口(WSI/

WSO)的主要作用就在于测试模式设置,以及低速状态下的芯片调试。

3. 测试环边界寄存器 WBR

WBR 寄存器为被测核的每个输入/输出端口加上了可控和可观察的扫描单元,它的功能几乎完全借鉴了 IEEE 1149.1 中的边界扫描单元。为了同边界扫描单元区分,可称作测试环扫描单元(wrapper cell)。图 8-16 展示了一个基本的只支持串行移位和捕获功能的测试环扫描单元。IEEE 1500 只定义了测试环扫描单元的功能图,如图 8-16(a)所示。具体的实现方式则可以有很多种,图 8-16(b)给出的是针对图 8-16(a)的功能图的一种实现形式。

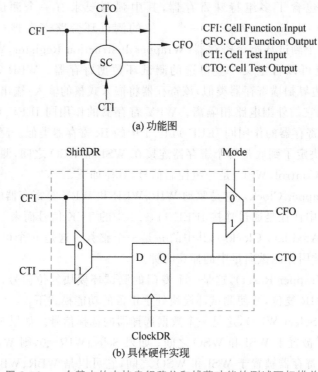

(a) 功能图

CFI: Cell Function Input
CFO: Cell Function Output
CTI: Cell Test Input
CTO: Cell Test Output

(b) 具体硬件实现

图 8-16 一个基本的支持串行移位和捕获功能的测试环扫描单元

由图 8-16 不难看出,测试环扫描单元的功能端口 CFI/CFO 对应于图 8-7 中边界扫描单元的 PI/PO 端口,测试端口 CTI/CTO 对应于边界扫描单元的 SI/SO 端口。它们在功能上是完全一致的,虽然用了不同的名字。如果一个测试环扫描单元需要同时支持串行移位、捕获和更新功能,则其实现形式就与图 8-7 类似。

4. 测试环指令寄存器 WIR

如前面所讲到的,WIR 寄存器的功能同 IEEE 1149.1 中指令寄存器 IR 类似,所以它的实现方式也同图 8-10 类似,即包含一个数据移位部分和一个数据保持部分。测试环逻辑的不同工作模式是由 WIR 的数据保持部分和 WSC 信号协同控制的。当 WSC 信号中的 SelectWIR 为 1 时,WIR 被赋予相应的指令。IEEE 1500 所定义的常见指令如表 8-2 所示。WIR 的寄存器长度是用户定义的。考虑到 IEEE 1500 至少需要 4 条强制指令,WIR 寄存器长度至少为 2。一般情况下,WIR 是由 IEEE 1500 的一条数据寄存器指令来控制的。

表 8-2 常见的 IEEE 1500 指令

指 令	类 型	描 述
WS_BYPASS	强制	被测核处于正常功能模式;WSI-WSO 通过 WBY 相连
WS_EXTEST	强制	通过 WSI-WSO 实现被测核的 Extest
WP_EXTEST	可选	通过 WPI-WPO 实现被测核的 Extest
Wx_EXTEST	可选	通过用户自定义的方式实现被测核的 Extest
WS_SAFE	可选	将被测核置于安全模式;输出端口置于安全的静态值;WSI-WSO 通过 WBY 相连
WS_CLAMP	可选	令所有的可编程输出置于安全的静态值;WSI-WSO 通过 WBY 相连
WS_PRELOAD	有条件强制	通过 WSI-WSO 给 WBR 的移位部分赋值
WP_PRELOAD	可选	通过 WPI-WPO 给 WBR 的移位部分赋值
WS_INTEST_RING	可选	实现被测核的 Intest;WSI-WSO 通过 WBR 相连
WS_INTEST_SCAN	可选	实现被测核的 Intest;WBR 同模块内部的扫描链相连
Wx_INTEST	强制	用户定义和实现的 Intest

8.3.3 IEEE 1687 标准

1. IEEE 1687 标准的缘起

IEEE 1687 标准(也称 IJTAG,即 Internal JTAG 之意)的制定开始于 2005 年,即 IEEE 1500 标准被批准的同一年。在 IEEE 1500 批准之前,SoC 芯片通常会集成数十个嵌入式核;这些核可以是不能修改的硬核,也可以是可综合的软核。IEEE 1500 通过定义测试环模块使嵌入式核以及它的外部逻辑可以在 SoC 芯片中被独立测试和验证。从某种意义上来说,IEEE 1500 类似于将嵌入式核定义成了"虚拟芯片",再辅之以 IEEE 1149.1 的边界扫描策略来进行测试。而一个嵌入式核可以被当作"虚拟芯片"来对待,也说明它的复杂度是相当高的。当然,今天的 SoC 芯片的嵌入式核数目已经可以远超 100 了。

2005 年前后,人们发现 SoC 芯片的嵌入式仪控(Embedded Instrumentation 或 Embedded Instrument)的类型和数量急剧增长。嵌入式仪控和嵌入式核是有区别的。嵌入式核通常指的是比较复杂的逻辑模块。嵌入式仪控可以是比较简单的工艺参数传感器,比如温湿度传感器、电压电流和频率检测单元,也可以是比较复杂的逻辑和存储内建自测试模块。在长期的实践中芯片工程师意识到,通过大量芯片内部的嵌入式仪控进行监测和分析是进行硅测试、硅验证、硅调试的最有效方法。它的效益和成本要比采用昂贵的 ATE 设备经济得多。另外,这些嵌入式仪控的数据分析还可以有效地应用在 PCB 板的测试和诊断上。

高端 SoC 芯片的嵌入式仪控数量庞大,可超过一千。而当时的产业界还没有统一的协议和标准来高效和低成本地管理和访问这些仪控的检测和监控数据。不同应用场景下的仪控通常有不同的访问机制。晶圆探测(Wafer Probe)中的工艺参数传感器(比如环路振荡器)通常是通过探针来访问的;测试压缩或扫描测试向量是通过专门的芯片扫描端口来进行的；大量芯片调试功能则是通过 JTAG 协议和端口来管理和访问。IEEE 1687 标准的主要目的是为不同种类的嵌入式仪控定义一个通用的更易整合的访问机制，同时又不影响现有的测试标准应用(比如 IEEE 1149.1)。

IEEE 1149.1、IEEE 1500 和 IEEE 1687 这三个标准似乎非常类似，但实际上它们有相当大的差异。

IEEE 1149.1 或 JTAG 是三个标准中历史最悠久的，也是应用最广泛的。IEEE 1149.1 所定义的 TAP 端口和 TAP 控制器已成为配置和访问嵌入式模块的事实标准。IEEE 1149.1 建立了指令寄存器和数据寄存器，以及基于 TAP 控制器状态机的运行规范。这也是后续两个标准的运行基础。IEEE 1149.1 的电路板测试是通过集中式的指令寄存器控制实现的。每个指令激活选定的数据寄存器。TAP 控制器的状态机采用了不同的分支来操作和控制指令寄存器和数据寄存器。数据寄存器在每个状态的具体操作是由当前状态和当前指令共同决定的。

IEEE 1500 的设计思想和 IEEE 1149.1 类似。但它的测试对象是 SoC 芯片中的嵌入式核。IEEE 1500 为嵌入式核定义了测试环模块，从而可以独立测试嵌入式核和它的外部逻辑。IEEE 1500 的测试环模块的寄存器定义同 IEEE 1149.1 类似，也包含指令寄存器和数据寄存器。但是 IEEE 1500 并没有定义一个有限状态机来控制其中寄存器的运行，一般由 IEEE 1149.1 的 TAP 控制器直接控制。

IEEE 1687 IJTAG 的设计初衷是为了给不同类型和应用场景的嵌入式仪控提供一个统一和有效的访问机制。IEEE 1687 标准的一个被特别强调的愿景和目标是促进测试向量的重定向(test vector retargetting 或 pattern retargetting)，即令测试向量从模块级、到芯片级、甚至到系统板级的重定向变得自动化。IEEE 1687 的向量重定向借助于定义在仪控接口处的仪控向量，以及向量传送网络的最简架构信息，从而将仪控接口端的测试向量自动转换成芯片端口的测试向量。由于 IEEE 1687 是这三个标准中最新的一个，所以它有机会去分析前两个标准中的各自优势和不足，并尽量避免重复 IEEE 1149.1 和 IEEE 1500 的已有功能。当然，IEEE 1687 也无法预测和控制 IEEE 1149.1 和 IEEE 1500 标准的演变进程，所以在具体的 DFT 设计中会发现在某些方面它们的应用和功能会有重合的地方。

IEEE 1687 标准委员会的专家们因为基于一个共同的认知而走到一起。这个认知即是 IEEE 1149.1 和 IEEE 1500 标准有它们一些无法克服的缺陷，导致它们在 DFT 设计整合中出现诸多困难。

- 当 SoC 芯片中的嵌入式仪控数目急剧增长时，IEEE 1149.1 标准中集中式的指令寄存器架构使芯片 DFT 整合在物理实现(即布局布线)上遇到了不小的困难，应该说是不利于嵌入式仪控的灵活扩展的。
- IEEE 1149.1 和 IEEE 1500 架构中的数据寄存器定长要求过于严格，即每条指令所对应的数据寄存器的长度是固定的。这限制了 DFT 工程师在设计向量传送网络时所追求的灵活性和多目标的权衡取舍，比如功耗、面积、布局布线和分布式解码等。
- 在器件的实际测试向量应用和操作中，DFT 工程师希望实现灵活的仪控测试调度和实时的扫描链长度调整。这在严格的 IEEE 1149.1 标准中也是难以达成的。

- 对于简单嵌入式仪控的读写访问（比如片上传感器），IEEE 1149.1 和 IEEE 1500 标准引入了过大的和不必要的硬件开销。比如 IEEE 1149.1 和 IEEE 1500 标准都要求至少实现指令寄存器、边界扫描寄存器、旁路寄存器和支持若干强制指令。

IEEE 1687 标准的工作委员会专家认为需要一个比 IEEE 1149.1 和 IEEE 1500 更简单、更灵活的标准来支持嵌入式仪控的数据访问和控制。表 8-3 列出了 IEEE 1149.1、IEEE 1500 和 IEEE 1687 这三个标准的主要特征对比。

表 8-3　IEEE 1149.1、IEEE 1500 和 IEEE 1687 标准的主要特征对比

特　　征	IEEE 1149.1 JTAG	IEEE 1500 ECT	IEEE 1687 IJTAG
包含状态机控制器	是	否	否
包含指令寄存器	是	是	否
包含强制指令	是	是	否
规定了同控制器的连接关系	是	否	是
指令和数据区别对待	是	是	否
支持仅基于数据寄存器的操作	否	否	是
强制边界寄存器	是	是	否
强制旁路寄存器	是	是	否
强制 ID 寄存器	是	是	否
支持测试数据寄存器	是	是	是
支持多个嵌入式的 TAP 控制器	否	否	是
支持并行端口	否	是	否
架构描述语言	BSDL	CTL	ICL
基于数据寄存器的测试向量	是	是	否
测试向量描述语言	SVF、PDL	STIL	PDL

总体来说，虽然这三个标准都依赖于 IEEE 1149.1 所建立的复位、移位、捕获和更新这 4 个基本操作，但不一样的目标定位和设计理念导致它们在实际场景应用中的电路开销和使用灵活性有非常大的不同。

2. IEEE 1687 IJTAG 标准的基本架构

图 8-17 是一个芯片层级的 IEEE 1687 IJTAG 基本架构。图右边显示的是和 IJTAG 网络相连的两个兼容 IJTAG 的嵌入式仪控，分别是一个存储器内建自测试控制器和一个逻辑内建自测试控制器。图左边画的是一个 IEEE 1149.1 的 TAP 控制器，用来驱动和控制 IEEE 1687 的扫描网络。也就是说，TAP 端口是 IEEE 1687 架构通往外界的接口。

IEEE 1149.1 的 TAP 和 TAP 控制器需要定义一个专门指令来产生一组针对 IEEE 1687 扫描网络的控制信号，这组信号合起来称作 AccessLink。在这个指令下 IEEE 1687 扫描网络（也称 IJTAG 网络）被置于 TDI/TDO 之间。这个 IJTAG 网络可以被看作是 IEEE 1149.1 中的一个特殊的"可变长"数据寄存器，IJTAG 网络可以定义多组可配置的扫描段（scan segment），通过 AccessLink 的控制决定哪些扫描段最终被连接成一个扫描寄存器。图

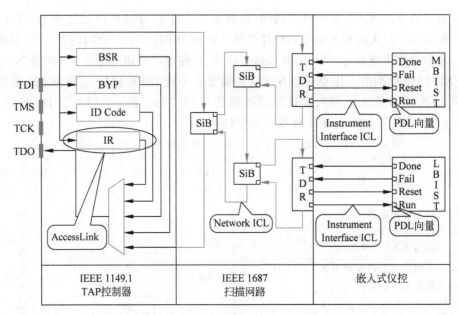

图 8-17 IEEE 1687 IJTAG 基本架构

中除了 AccessLink 外,还出现了 SiB、ICL、PDL 等多个新的术语,这些将在后面详细介绍。

1)控制器和 AccessLink

在 IEEE 1687 中,控制器是用来产生控制 IJTAG 网络的操作协议的,这个协议是以 AccessLink 机制来实现的。IEEE 1687 标准中并没有强制要求特定类型的控制器,而是描述了 IJTAG 网络可以通过 AccessLink 协议同任意控制器相连。当然,现阶段被 IEEE 1687 标准推荐的控制器是 IEEE 1149.1 的 TAP 控制器。

无论是哪种类型(比如 TAP 控制器,直接的芯片端口访问、SPI 或 I2C 等),控制器都必须提供可靠的控制和数据信号,以实现 IEEE 1149.1 标准中所建立的针对测试数据寄存器(Test Data Register,TDR)的移位、捕获、更新和复位操作。表 8-4 列出了 AccessLink 的基本接口信号。从它们的命名不难看出,这些信号的功能定义规范是由 IEEE 1149.1 标准所建立的。

表 8-4 AccessLink 的基本接口信号

信　号	类　型	功　能
TCK	时钟	串行接口的时钟信号
ScanIn	数据	串行输入信号
ScanOut	数据	串行输出信号
ShiftEn	控制	TDR 移位使能控制信号
CaptureEn	控制	TDR 捕获使能控制信号
UpdateEn	控制	TDR 更新使能控制信号
Reset	控制	TDR 复位控制信号
Select	控制	TDR 选择信号

2）嵌入式仪控

图 8-17 右侧的模块为两个嵌入式仪控的例子。IEEE 1687 标准并没有规定嵌入式仪控应该如何设计，因为标准的制定者们希望给设计工程师尽量大的自由度去设计和优化它们的仪控模块。IEEE 1687 标准所定义的是仪控模块如何通过接口信号同 IJTAG 网络中的 TDR 寄存器相连。图 8-18 给出了一个基于 MBIST 控制器的嵌入式仪控实例。

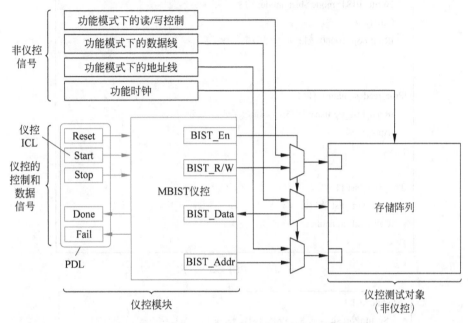

图 8-18 一个基于 MBIST 控制器的嵌入式仪控实例

IEEE 1687 标准中所说的仪控模块是可独立存在的功能模块，但它和 IEEE 1500 的嵌入式核定义是不一样的。如图 8-18 所示，IEEE 1687 的嵌入式仪控并不包含被测的对象，比如被测的存储阵列或是核内部逻辑。它只需要描述控制器和 IJTAG 网络的接口模块，如图中左下角所示的仪控模块。为了符合 IEEE 1687 的标准，嵌入式仪控的一些接口信号必须按照标准所定义的规范进行描述。

在嵌入式仪控的边界，需要定义针对该仪控的测试向量文件 PDL（Procedural Description Language）。图 8-19 给出了一个 PDL 文件实例，它规范了在仪控边界，如何应用测试向量。另外，针对仪控的 TDR，需要定义它的连接关系 CDL 文件（Connectivity Description Language），图 8-20 给出了一个 CDL 文件实例，其中 ScanInPort～TCKPort 规定了 AccessLink 的信号如何连接到该仪控，而 ScanRegister 则定义了被 AccessLink 具体操控的扫描寄存器。具体的语句含义请参考 IEEE 1687 标准。图 8-19 的 iWrite、iRead、iRunLoop 等最终都会转换成一组 AccessLink 信号的控制协议。

3）IJTAG 网络

IEEE 1687 的 IJTAG 网络的最重要特色是它的扫描路径的实时可配置性。这么做主要有两个目的：①支持芯片测试、硅调试、硅验证时的灵活权衡取舍；②支持嵌入式模块

```
iPDLLevel 0 –version STD_1687_2014;  # PDL的0级描述
iProcsForModule  mbist;  # 定义目标模块

iProc start_bist {bist_mode}  {
    iWrite  BIST_engage[42] 0b1;  # BIST_engage[42]是一个寄存器位
    iWrite  BIST_mode $bist_mode;  # $bist_mode: 参数替换
    iApply;  # 执行实际操作
    iRunLoop 10000 -tck;  # 运行10,000 个TCK时钟周期
}

iProc read_signature {}  {
    iRead  bist_sig 0xaaa5555;  # 读取寄存器结果并同0xaaa5555相比较
    iApply
}

iProc run_bist {}  {
    iCall start_bist 0b110;  # 值"0b110" 作为函数start_bist的输入参数
    iCall read_signature;  # 读取执行结果
}
```

图 8-19　PDL 文件实例

```
Module tdr1 {
    ScanInPort si;  # 从ScanInPort到TCKPort属于AccessLink信号的定义
    ScanOutPort so { Source R[0]; }
    SelectPort en;
    ShiftEnPort se;
    CaptureEnPort ce;
    UpdateEnPort ue;
    TCKPort tck;
    ScanRegister R[7:0]  { # ScanRegister定义的是AccessLink控制的寄存器
        ScanInSource si;
    }
}
```

图 8-20　CDL 文件实例

IJTAG 网络即插即用的灵活整合。

　　IJTAG 网络主要由两种类型的对象构成：与嵌入式仪控模块绑定的测试数据寄存器——TDR；段插入控制位（Segment Insert Bit，SIB）。

　　需要注意的是 IEEE 1149.1 标准往往把整个 TDI/TDO 之间的扫描路径称作 TDR，但在 IEEE 1687 标准中 TDR 特指访问嵌入式仪控的接口寄存器，每个仪控可包含 1 个或多

个 TDR。一个复杂的 SoC 芯片可以有成百上千的 TDR。IEEE 1687 标准中扫描路径是由可动态配置的多个 TDR 和 SIB 组成的。为了有效实现 IJTAG 网络的动态配置，TDR 和 SIB 的设计会有如下的设计需求：

- 通过仅支持移位的位来实现时序对齐功能。
- 通过仅支持移位和捕获的位来实现只读功能。
- 通过仅支持移位和更新的位来实现只写功能，图 8-21 中的 SIB 就是这样一个例子。
- 通过支持移位、捕获和更新的位来同时实现读写功能。

SIB 的概念是实现 IJTAG 网络可配置性的关键。图 8-21 是一个前置 SIB 寄存器的基本电路结构。这个结构同 IEEE 1149.1 中的边界扫描单元有一点类似，它包含一个移位（Shift）触发器和一个更新（Update）触发器。当更新触发器的值为 0 时，TDI/TDO 之间的扫描路径是从图中蓝色箭头到绿色箭头（扫描二维码看彩色图片）；当更新触发器的值为 1 时，TDI/TDO 之间的扫描路径则是顺着红色箭头至绿色箭头。也就是说根据不同的更新触发器的值，可以决定是否将 TDI-2/TDO-2 之间的扫描路径或是 IJTAG 网络插入 TDI/TDO 的扫描路径中来。这里的"前置"或"后置"指的是插入的扫描路径是放在 SIB 的移位触发器之前或之后。从 IEEE 1149.1 标准中可知，更新触发器的值在数据寄存器的移位操作中处于稳定态，只有当移位操作结束，TAP 状态机进入 UpdateDR 状态时，更新触发器的值才被更新。此时 UpdateEn=1，更新触发器捕获来自移位触发器的值。所以通过 TAP 控制器的控制，可以在实时状态下配置扫描路径的 TDR 组成或者扫描路径的长度。

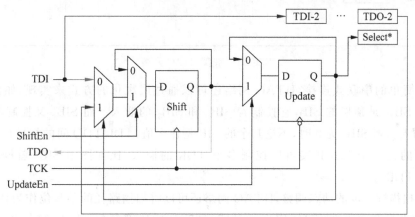

图 8-21 前置 SIB 寄存器的基本电路结构

扫描段的插入除了能够用 1 位更新触发器来控制外（见图 8-21），也可以通过多位更新触发器的联合作用来实现，如图 8-22 所示，这是一个分布式的 SIB 实现，其中 S_i 代表移位触发器，U_i 代表更新触发器。不难看出，图中 TDI-2/TDO-2 之间的扫描路径只有在 U_4 和 U_2 同时为 1 时才被插入。

通过 SIB 的作用，IEEE 1687 中的 IJTAG 网络可以有多种实现形式。图 8-23 展示了一种简单的串联 IJTAG 网络，其中每个 TDR 都由一个 SIB 来控制。所有的 SIB 通过串联

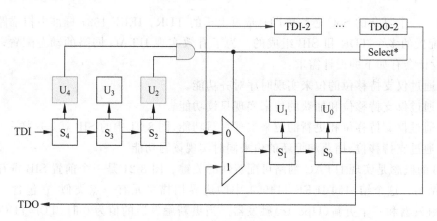

图 8-22　分布式的 SIB

的方式连接在 TAP 控制器的 TDI 和 TDO 之间。当 5 个 SIB 的值都为 1 时,扫描路径的长度是所有 SIB 和 TDR 寄存器长度之和。当只有 SIB_1 为 1,其余的 SIB_i 为 0 时,扫描路径的长度为 TDR_1 的长度加上 5 个 SIB 的长度。

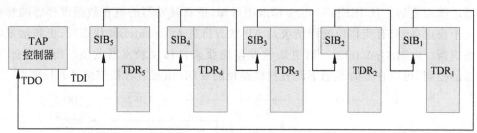

图 8-23　串联 IJTAG 网络

除了简单的串联式连接,IJTAG 网络还可以通过层次化的方式来实现,如图 8-24 所示。图中 SIB_5 是顶层的 SIB,它控制着 SIB_4 和 SIB_3 的插入。而 SIB_4 又控制着 SIB_2 和 SIB_1 的插入。当 SIB_5 为 0 时,不论其余的 SIB 是什么值,TDI/TDO 间的扫描长度都是 1。需要指出的是一个 SIB 其实可以控制多个 TDR 的插入,比如图中 SIB_3 就同时控制了 TDR_3 和 TDR_4。

除了扫描链长度的动态调整,IJTAG 网络还可以将扫描路径的某些位作为特殊的控制位,以此产生特殊的控制信号,实现针对特定 TDR 的局部复位、更新、移位和捕获控制。IJTAG 网络也是由 ICL 语言来描述的。通过 IJTAG 网络的动态控制,IEEE 1687 标准可以有效实现

- 动态调整扫描路径的长度。
- 灵活调度和协同嵌入式仪控的操作。
- 同时控制多个仪控的操作,以降低整体的测试时间。

通过读取 PDL 和 ICL 文件,EDA 工具可以自动将仪控边界的测试向量转换成通过 TAP 端口的测试向量,即所谓向量重定向。

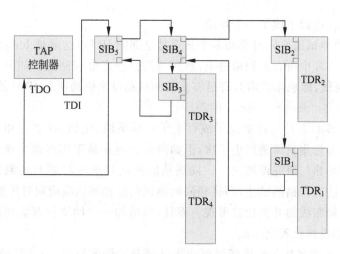

图 8-24　层次化的 IJTAG 网络

8.3.4　基于数据包的扫描测试网络

随着 SoC 芯片设计的飞速发展,SoC 芯片的测试变得越来越困难。虽然有 IEEE 1149.1、IEEE 1500 和 IEEE 1687 标准以及相应的商用 DFT 工具支持,但它们仍不足以解决以下 SoC 测试中的几个瓶颈问题。

1. SoC 测试规划和测试逻辑的布局布线

SoC 的 DFT 架构是通过层次化设计来实现的。每个嵌入式核分别完成各自的扫描链和测试压缩模块插入。核的边界通常需要加上测试环逻辑,用以隔离核内部逻辑和核外部逻辑。核的测试向量在 IP 核模块上生成和验证,随后这些测试向量再重定向到芯片的顶层端口上。如果芯片顶层的测试端口数足够多,则可以考虑将多个 IP 核的测试向量集进行合并。随着 SoC 芯片层级的增加,这种多个核之间的串行或并行测试规划也变得越来越复杂。而且一旦决定并实现,后期想要再做调整就变得非常困难。

将 IP 核级的端口连接到芯片顶层的端口在物理实现上有相当的复杂度。尤其是当 SoC 芯片中有海量的 IP 核而芯片测试端口又非常有限时。另外考虑到端口信号的连接经过很长的传输路径,所以这些连接通常要用流水线的方式来实现。这些都必须非常仔细地进行设计和验证,以保证测试向量的应用中不会出现时序的问题。

另外,近些年兴起的基于瓷砖拼接(tile-based)的多核 SoC 版图设计方法令 SoC 的 DFT 规划变得更加困难。因为在这种版图设计中,所有的 IP 核级布局布线要求在 IP 核级完成,而不是在芯片顶层。这就要求 DFT 的设计能够完全模块化,且拼接后还能根据需要进行测试规划的动态调整。

2. 极其有限的芯片测试端口

理论上来说,为了降低 SoC 芯片的测试时间,希望尽可能地同时测试多个嵌入式核,这就要求分配尽量多的测试端口来同时驱动多个核。而 SoC 芯片上能够用于测试的端口往往是非常有限的。这似乎成了一个悖论。

另外,有一类测试需要同时驱动多个甚至是全部的 IP 核,这就是 Iddq 测试。它需要将测试向量加载到芯片中所有的扫描链上,然后再进行静态电流测量。如果采用测试压缩技术来应用 Iddq 测试,即意味着需要有足够多的测试端口来驱动所有 IP 核的测试输入通道。

3. 多个同质核(identical cores)的测试

今天的高端 SoC 芯片往往集成了成百上千的同质核,比如 AI 芯片和显卡芯片等。虽然同质核的测试向量集只需要产生一次,但如何有效地和易于拓展地实现多个同质核的并行测试一直是业界热门研究课题之一。同质核的测试对于 SoC 芯片的测试时间有重大的影响。常见的方法有广播测试法,即将相同的测试向量和测试响应同时传播到多个同质核,但这个方法的布局布线的开销比较可观。而且,每增加一个同质核都需要更新设计传播逻辑,即这个方法的模块化程度不高。

关于 SoC 芯片中多核测试的问题产业界已展开了许多研究,但往往缺乏 EDA 商用工具的有效支持。最近西门子公司(原 Mentor 公司)在综合了许多前期研究的基础上,提出了一个非常有效的基于总线数据包的 SoC 多核测试解决方案:扫描数据流网络(Streaming Scan Network,SSN)。这里简要介绍一下这个解决方案的基本思想。SSN 采用了基于总线数据包的测试数据传输方法,有非常好的拓展性和可配置性。

图 8-25 是 SSN 架构的简化示意图。该芯片中有 6 个核,每个核都插入了西门子公司的测试压缩 EDT 模块。为了有效驱动 EDT 模块,每个核还同时插入了一个扫描数据流控制模块(Streaming Scan Host,SSH)。图 8-26 展示了一个 SSH 模块的基本电路结构。事实上,SSH 模块既可以驱动 EDT 模块,也可以连接传统的扫描链。SSH 模块有两种接口,一个是 N 位并行的扫描数据接口,另一个是串行的 1 位 IJTAG 控制数据接口。SSH 的并行扫描数据接口可称之为扫描数据总线或是扫描数据流水线网络,它既可以将测试激励传到对应的扫描链,同时也可以将测试响应带出送往流水线网络的下一级。1 位 IJTAG 控制

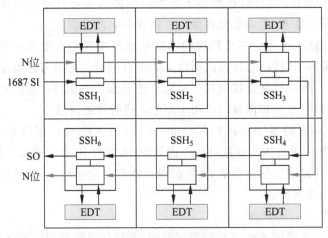

图 8-25 SSN 架构的简化示意图

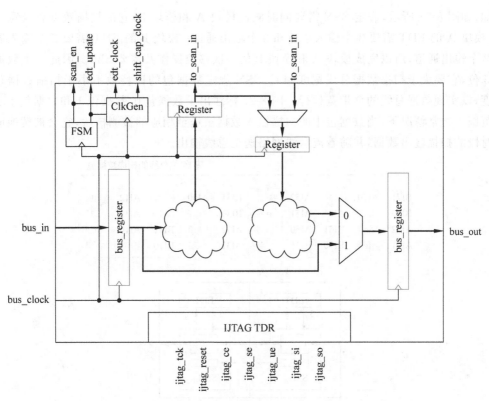

图 8-26 SSH 模块的基本电路结构

数据接口则是用来配置 SSH 模块中的控制寄存器,其中的信息包含扫描数据总线宽度、模块在扫描数据流水线中的位置、扫描向量的移位周期数、Scan_enable 的时序规范等。

为了测试 SoC 芯片的嵌入式核,SSN 首先通过 1 位 IJTAG 控制数据接口配置所有 SSH 模块。当配置完成后,各个被测核的测试激励从扫描数据流水线输入端上传,流水线的输出端输出的则是被测核的测试响应。由于扫描测试的移位/捕获协议是非常规范的和可重复的,所以每个 SSH 模块在获得它们的初始配置信息后,就可以通过有限状态机的控制跟踪数据流中所对应的测试激励和测试响应,并不需要额外的操作码或是地址信息。另外,所有的扫描操作和 EDT 控制信号都是由 SSH 模块在本地产生。被测核之间的测试控制信号只有并行扫描数据接口和 IJTAG 控制数据接口,这使得扫描时序签核可以在嵌入核级完成。同时,基于瓷砖拼接的多核 SoC 版图设计方法也能够完美适用。

在 SSN 的配置过程中(见图 8-25),人们可以灵活选择具体需要测试哪些核。而那些不被测试的核则相当于两级有穿透功能的流水线(见图 8-26)。这种灵活配置的能力使 SSN 在不需要改变硬件的前提下能够实现几乎任意组合的多核测试调度,而且它不会导致布局布线的拥塞问题。因此 SSN 不需要 SoC 芯片的 DFT 顶层设计提前规划 IP 核的并行测试策略,这为 SoC 测试规划提供了极大的便利性。

在 SSN 中,所有被测核完成一次内部移位扫描操作所需的数据称为一个数据包(packet)。

例如,如图 8-27 所示,假定 SSN 需要同时测试模块 A 和模块 B,它的扫描数据总线宽度是 4。模块 A 的 EDT 需要 3 个输入通道和 3 个输出通道;模块 B 的 EDT 需要 2 个输入通道和 2 个输出通道,所以完成模块 A 和模块 B 的一次移位操作共需要 5bit。因此一个数据包有 5 位,它要大于扫描数据总线宽度(4)。SSN 规定数据包的比特数不小于扫描数据总线宽度,以实现数据总线的全带宽运行。图 8-27 标注出了数据包 0、数据包 1 和数据包 4 的具体范围。通常情况下,当数据包中的扫描输入数据被送至相应的被测核后,它会被替换成同一时段的扫描输出数据,并随着流水线网络送至总线输出。

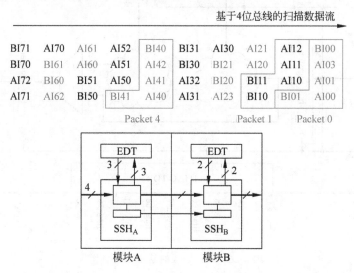

图 8-27　扫描数据流中的数据包

如果所有的被测核都为同质核,则数据包中将同时包含预期的扫描输出数据,并在 SSH 上完成扫描输出的实际值和预期值对比,从而在测试结束后可以输出有故障的被测核。当然,如果需要考虑故障诊断,则需要输出更多的信息。

8.4　基于 AI 芯片的 SoC 测试案例分析

8.4.1　面向深度学习的定制 AI 芯片

近些年来,由于人工智能(AI)算法的创新和芯片算力的不断提升,人工智能开始应用到越来越多的领域。而传统的基于多核 CPU 或是 GPU 的通用计算架构在处理 AI 训练和建模时也逐渐显示出它在算力和能耗效率上的不足。因此,许多厂商都在开放针对 AI 计算的定制芯片,简称 AI 芯片。比较有代表性的有 Graphcore 的 Colossus™ MK2 智能处理器(Intelligence Processing Unit,IPU)[①],如图 8-28 所示。它采用 TSMC 的 7nm 工艺制造,

---

① Graphcore[EB/OL].[2022-11-5]. www.graphcore.ai/products/ipu.

包含 1472 个处理器核,可独立运行将近 9000 个独立并行线程,且有 900MB 的嵌入式内存,算力可达 250 TeraFLOPS。IPU 同 CPU 和 GPU 相比,有许多微架构上的创新,能够更高效率地运行 AI 算法。但对于 DFT 架构工程师来说,不论什么样的微架构,都是当作逻辑电路或是存储器来测试。因此,从结构测试的角度上来说,它们并没有多大区别。

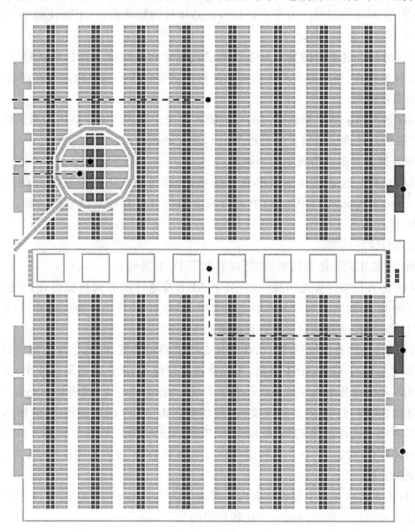

图 8-28 Graphcore 的旗舰 AI 芯片 Colossus MK2 IPU

从 DFT 的角度来看,AI 芯片属于 SoC 芯片,但它又有自己的一些特点。

- AI 芯片属于高端的超大规模芯片,有上百亿晶体管。
- 集成了上千的同质核。Colossus[TM] MK2 AI 芯片就有 1472 个同质的处理单元。
- 大量的分布式的嵌入式内存。Colossus MK2 的嵌入式内存有 900MB,但它们是以许多小块内存的形式分布于芯片的不同区域。

8.4.2　AI 芯片测试策略

对于这样一个超大规模的 SoC 芯片,在芯片级的 DFT 模块插入和测试规划上,有如下的因素需要考虑。

(1) ATPG 的运行时间。由于这是超百亿晶体管的数字芯片,平面化的 ATPG 是不可取的,必须采用层次化 ATPG。

(2) 测试时间。这里指的是芯片生产测试过程中在测试仪上花的测试时间,由于有海量的嵌入式核的存在,所以必须尽可能多地并行测试处理单元模块和嵌入式存储器模块,以降低整体的测试时间。

(3) 测试数据量。这里需要通过共享同质核测试向量集以减少整体的测试数据量。

(4) 有限的芯片测试端口。这是许多 SoC 芯片测试的一个约束条件。

(5) DFT 逻辑开销。当然是越小越好。

(6) 测试功耗。这是芯片测试模式下的功耗,这个功耗不能超过芯片的热设计功耗(Thermal Design Power,TDP)。TDP 的存在会限制可以并行测试的核的数目,以及可移位时钟的频率。

(7) 布局布线的约束。

考虑到 AI 芯片的具体架构特性,可以有如下 DFT 策略。

(1) 层次化 ATPG。首先明确一点,对于 AI 芯片这样的超大规模设计,平面化 ATPG 几乎是不可能的,因此需要采取分而治之的策略,即在 IP 核级产生测试向量,并重定向至芯片端口。对于同质核的测试则可以进行测试向量复用。

(2) 选择适当的“测试核”分区。AI 芯片有海量的同质核,但每个核的规模较小。如果对每个核都插入 EDT 或 MBIST 逻辑,不论在硬件开销上,还是在布局布线上,都是不合适的。所以可以考虑将几个同质核和内存模块归成一组,组成一个“超级核”(super core)。这个超级核是指在 ATPG 意义上的同质核,姑且称之为 ATPG 核,如图 8-29 所示。可以在 ATPG 核的基础上进行诸如 EDT 和 MBIST 模块的插入,让它们集中管理 ATPG 核内部的逻辑核模块和内存模块的测试。这样做可以有效降低 DFT 逻辑的硬件开销,并且对芯片的布局布线更为有利。

当然,具体应该选择几个逻辑核和内存模块组成 ATPG 核,需要 DFT 工程师去做权衡取舍。通过实验和比较可以得到一个比较理想的数字。

(3) 选择测试标准。SoC 芯片的测试需要支持 IEEE 1149.1 标准。可以在它的基础上同时支持 IEEE 1687 IJTAG 标准和 IEEE 1500 ECT 标准,以利于后期的硅调试和硅验证。这些标准主要是依赖于串行的数据接口,并不适用于需要大量数据带宽的扫描向量测试。因此,在这些标准之外,还需要选择合适的并行测试端口实现方法。

(4) 选择合适的同质核测试策略。同质核的测试可以参照 SSN 总线数据包的测试方法。这里的同质核指的是前面定义的同质 ATPG 核。在芯片的顶层引入并行的测试端口,同时输入同质核的测试激励和测试响应,以有效测试同质核,并同时降低测试时间。

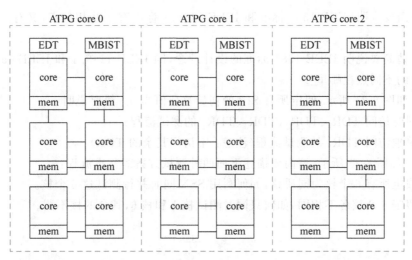

图 8-29 ATPG 核分组

8.5 本章小结

本章介绍了系统测试和 SoC 测试的基本概念和主要挑战,并介绍了为了应对这些挑战,人们所提出的主要策略和测试标准,包括层次化 ATPG、IEEE 1149.1 标准、IEEE 1500 ECT 标准、IEEE 1687 IJTAG 标准、SSN 扫描数据流网络等。最后,通过 AI 芯片的特性分析,简要阐述了一下这些标准和方法的实际应用。

8.6 习题

8.1 请说明一下系统结构测试、系统功能测试和系统诊断测试的异同。它们同芯片结构测试、芯片功能测试和芯片诊断测试有怎样的联系?

8.2 什么是 ICT 技术?为什么随着时间的推移,它在系统测试中的应用变得越来越困难?

8.3 请解释一下,为什么 IEEE 1149.1 规定 IR 内部的移位寄存器低 2 位必须在 CaptureIR 状态捕获 01 的值?

8.4 请描述一下 IEEE 1149.1 标准如何实现图 8-12 的器件 3 的内部逻辑测试。

8.5 参看图 8-9 中的 TAP 控制器状态图,请标注出对于除 Test-Logic Reset 状态外的任一状态,至少需要几个时钟周期才可以返回到 Test-Logic Reset 状态。它们的返回方式有什么共同点?

8.6 请说明 IEEE 1500 标准中 WBR 寄存器和 WIR 寄存器同 IEEE 1149.1 中的边界扫描寄存器和指令寄存器有哪些异同。

8.7 简要说明 IEEE 1500 标准和 IEEE 1149.1 标准有哪些相似点,又有怎样的继承关系。

8.8 请简要说明 IEEE 1687 标准的设计理念,同 IEEE 1149.1 和 IEEE 1500 标准相比,其最大的不同点在哪里?

8.9 如图 8-24 所示,假定所有 SIB 的初始复位值为 0。简要说明:

(1) 同时访问 TDR_1、TDR_2、TDR_3、TDR_4 的测试流程;

(2) 单独访问 TDR_1 的测试流程(注意:不访问其余的 TDR)。

8.10 如图 8-25 所示,请简要描述下面两种测试方案的基本流程:

(1) 假定所有 6 个核为同质核,如何利用 SSN 同时并行测试这 6 个核。

(2) 假定 6 个核各不相同,如何只同时测试核 1 和核 6,其余的核不测。

参 考 文 献

[1] TOUBA N A. Survey of test vector compression techniques[J]. IEEE Design & Test of Computers, 2006,23(4):294-303.

[2] SIMPSON W R,SHEPPARD J W. System test and diagnosis[M]. New York:Springer Science & Business Media,1994.

[3] JALOTE P. An integrated approach to software engineering[M]. New York:Springer Science & Business Media,2012.

[4] SHEPPARD J W,SIMPSON W R. Research perspectives and case studies in system test and diagnosis [M]. New York:Springer Science & Business Media,2012.

[5] PRADHAN D. K. Fault-tolerant computing theory and techniques-Vol. 2[M]. Upper Saddle River, NJ:Prentice-Hall,1986.

[6] BATESON J T. In-circuit testing[M]. New York:Springer Science & Business Media,2012.

[7] PRASAD R. Surface mount technology:principles andpractice[M]. New York:Springer Science & Business Media,2013.

[8] ZORIAN Y. Multi-chip module test strategies[M]. New York:Springer Science & Business Media,1997.

[9] MAUNDER C M,TULLOSS R. The test access port and boundary-scan architecture[M]. Los Alamitos,CA:IEEE Computer Society Press,1990.

[10] DASILVA F,ZORIAN Y,WHETSEL L,et al. Overview of the IEEE P1500 standard[C]// Proceedings of International Test Conference,Los Alamitos,IEEE,2003:988-988.

[11] MARINISSEN E J,ZORIAN Y. IEEE Std 1500 enables modular SoC testing[J]. IEEE Design & Test of Computers,2009,26(1):8-17.

[12] 1450-1999 IEEE standard test interface language (STIL) for digital test vectors[S]. New York: IEEE,1999.

[13] IEEE 1687 IJTAG tutorial-second edition[EB/OL]. [2023-11-14]. http://www.asset-intertech.com.

[14] IJTAG vs JTAG vs IEEE 1500 ECT | technical tutorial-second edition[2023-11-14]. http://www.asset-intertech.com.

[15] GILES G,WANG J,SEHGAL A,et al. Test access mechanism for multiple identical Cores[C]// Proceedings of International Test Conference. Los Alamitos,IEEE,2008:1-10.

[16] DONG Y,GILES G,LI G L,et al. Maximizing scan pin and bandwidth utilization with a scan routing fabric[C]//Proceedings of International Test Conference. Los Alamitos,IEEE,2017：1-10.

[17] SONAWANE M,CHADALAVADA S,SARANGI S,et al. Flexible scan interface architecture for complex SoCs[C]//Proceedings of VLSI Test Symposium,Los Alamitos,IEEE,2016：1-6.

[18] CÔTÉ J F,KASSAB M,JANISZEWSKI W,et al. Streaming scan network (SSN)：An efficient packetized data network for testing of complex SoCs [C]//Proceedings of International Test Conference,Los Alamitos,IEEE,2020：1-10.

第 9 章

逻辑诊断与良率分析

本章主要介绍故障诊断的方法与意义。首先,介绍故障诊断的意义,介绍它对于良率分析的作用,以及如何评估故障诊断的结果。然后,对故障诊断的方法进行总结和介绍,这里分别涉及扫描链故障和组合逻辑故障,这两类故障所采用的诊断技术并不相同。同时,故障诊断技术包括可诊断性设计方法、自动诊断向量生成方法、失效芯片诊断方法三类。可诊断性设计方法对原电路进行了逻辑修改和优化,为故障诊断提供更强的故障区分能力;自动诊断向量生成方法产生了专门的向量,这些向量能够产生对故障诊断更加有利的失效响应;失效芯片诊断方法则是通过分析芯片的失效响应,推导可能发生的故障。重点掌握以下要点:

(1) 故障诊断评估指标;

(2) 可诊断性设计方法;

(3) 自动诊断向量生成方法;

(4) 失效芯片诊断方法。

9.1　简介

集成电路芯片在被大规模量产之前,会经历两个阶段:芯片设计阶段和原型芯片生产阶段。在芯片设计阶段,设计人员根据具体的设计需求,通过硬件描述语言对电路进行描述,然后使用 EDA 实现电路综合和版图的布局布线,在该阶段,可能会存在设计时的功能错误,也会存在一些设计可能与制造工艺不适配。然后,会进行原型芯片的生产制造,这个阶段一般只生产少量的原型芯片,对所设计的芯片进行测试,也对该设计在该工艺下的良率进行分析。对于设计错误,可以借助硅后调试(post-silicon debug)发现错误位置,从而修订设计。对于制造工艺的不足,可以完善可制造性设计规则来提高设计与工艺的适配性,也可以对制造流程进行改进。在修订和优化后,将会进入芯片量产阶段。

芯片良率对于公司而言是非常重要的,良率学习(yield learning)的速度越快,产品就能够越早进入市场获利。据 2000 年左右的报道,若芯片延迟三个月发售,可能会造成五亿美元的损失,而在现今集成电路行业的黄金时期,该损失远远不止五亿美元。所以,想要提高产品收益,快速有效地提高良率至关重要。然而,在芯片量产初期,良率一般都较低,芯片中可能会含有较多的缺陷。如果能发现引起这些缺陷的系统性原因,则可以为良率的提高提供重要的指导意见。

在原型芯片生产阶段和芯片量产阶段,寻找引起芯片失效的原因至关重要,物理失效分析(Physical Failure Analysis,PFA)是通过物理方式发现缺陷的重要方法之一。它通过开封失效芯片,然后研磨,利用显微镜观察芯片内部各金属层和晶体管层,进而寻找失效位置,但该方法开销较大,不可能对所有失效芯片(failure chip)一一进行分析,且时间也不允许,在集成了上亿个晶体管的芯片中寻找一个缺陷,无异于大海捞针。

故障诊断(fault diagnosis)不需要物理设备,它根据失效芯片在测试过程中产生的失效响应(failing response),使用软件分析的方式,推测芯片中可能在哪发生了故障,并识别故障行为(fault behavior)。一个准确的故障诊断能够快速缩小PFA需要分析的范围,其效率远高于人工寻找缺陷。此外,通过对量产时同一批失效芯片进行故障诊断,并对分析出来的候选故障(candidate fault)进行分析,甚至可能在不进行PFA的情况下,推测这批芯片良率不高的系统性原因,从而指导芯片设计的改进及制造工艺的完善。因此,准确的故障诊断,可以提高量产学习效率,对于快速提升芯片良率、增加芯片公司效益有着至关重要的作用。

为了提高电路的可测试性,会在功能电路的基础上增加扫描链,但这也导致故障不仅可能发生在实现电路功能的组合逻辑中,也可能发生在扫描链上。对于一些电路而言,与扫描链故障相关的失效电路可能占到50%。由于触发器会被替换成扫描单元,对于实际工业芯片而言,整个电路有很高比例的晶体管属于扫描单元,由于缺陷的发生具有一定的随机性,扫描链上发生故障的可能性也不小。由于扫描链故障和组合故障在电路中所处的位置不同,故它们的故障行为也不同,诊断方法也有较大差异。若芯片中发生的多个故障,一部分发生在扫描链,而另一部分发生在组合逻辑,则称为复合故障(compound fault),一般采用分而治之的方法进行诊断,首先诊断发生在扫描链上的故障,然后诊断发生在组合逻辑上的故障。

根据故障诊断在芯片设计制造流程中所处的位置,可以把故障诊断技术分为以下3类。

(1) 可诊断性设计(Design for Diagnosability,DFD)方法:类比于可测试性设计,DFD在芯片设计阶段,通过改造和优化电路,提高电路固有的故障区分能力,从而为后续的故障定位提供更好的支持。

(2) 自动诊断向量生成(Automatic Diagnostic Pattern Generation,ADPG)方法:类比于自动测试向量生成,ADPG不仅希望生成向量测试每个故障,还希望所生成的向量能够尽可能区分所有的故障,即至少存在一个向量使得任意两个故障拥有不同的失效响应,从而在故障诊断的时候能够更好地辨认和推导最可能发生的故障。

(3) 失效芯片诊断方法(diagnosis method):芯片在测试时,若存在缺陷,则会产生失效响应,诊断方法就是用来分析该响应,进而得到芯片中最有可能发生的故障,即候选故障。

9.2 评估指标

故障诊断得出的是芯片中最有可能发生的故障,但一般而言,往往会包含多个候选故障,很难准确地给出一个候选故障。如果失效芯片中同时存在多个故障,故障诊断就会报出多个候选故障集合,并认为每个集合中很有可能包含一个真实故障。故障诊断结果的评估指标主要有准确度(accuracy)、分辨率(resolution)、命中率(hit-rate)。

下面以表 9-1 为例,分别介绍这三个评估指标。假设一个失效电路中有三个真实故障位置:F_1、F_2 和 F_3,但故障诊断报出了四个候选故障集合。

表 9-1　诊断质量评估指标示例(真实故障位置:F_1,F_2,F_3)

类　　别	位　　置	准确度	分辨率	命中率
候选故障集合 1	F_1,F_4,F_5	1	3 或 1/3	
候选故障集合 2	F_2,F_6	1	2 或 1/2	2/3
候选故障集合 3	F_7,F_8	0	2 或 1/2	
候选故障集合 4	F_9,F_{10},F_{11},F_{12}	0	4 或 1/4	

准确度:若一个候选故障集合中确实存在真实故障位置,则该集合的准确度为 1,否则为 0。在例子中,集合 2 包含了真实故障位置 F_2,因此准确度为 1。

分辨率:一个候选故障集合的分辨率,即其中候选故障位置数或其倒数。有时,故障诊断难以区分两个故障,比如这两个故障能够产生完全相同的失效响应,在没有其他信息的支持下,很难说这两个可疑故障(suspect fault)到底哪个更有可能是真实故障,所以往往把这两个可疑故障都放入候选故障集合中。显然,我们期望一个候选故障集合中只包含一个可疑故障,如果它的准确度是 1,就相当于准确定位到了真实故障,换言之,分辨率的理想值为1。在例子中,候选故障集合 2 中有 2 个候选故障位置,因此分辨率为 2 或 1/2。

命中率:准确度和分辨率评估的是各个候选故障集合,而命中率则是对所有候选故障进行评估,是所有候选故障包含的真实故障数占真实故障总数的比率。在该例中,有两个真实故障位置 F_1 和 F_2 被包含于候选故障中,所以命中率为 2/3。由于在故障诊断时,不能提前知道失效芯片中有多少个故障,因此,真实故障数并不一定等于候选故障集合数。

9.3 扫描链故障诊断

传统的扫描链设计,其主要目的是提高电路的可测试性,并未考虑电路的可诊断性,因而造成扫描链固有的故障区分能力较低,限制了自动诊断向量生成方法和失效芯片诊断方法的诊断质量。因此,通过扫描链可诊断性设计方法提高扫描链固有的故障区分能力,是提高扫描链自动诊断向量生成方法和失效芯片诊断方法诊断质量的重要手段之一。

9.3.1 扫描链可诊断性设计方法

扫描链上的扫描单元是串联的,扫描链上的数据以串行的方式传递于扫描单元之间,因此无法直接通过引脚控制或观察某个扫描单元。由于是串联结构,故在扫描输入和扫描输出时,数据一旦经过故障扫描单元,就有可能被故障所污染。为了提高对扫描单元的控制和观察能力,可以对扫描单元和扫描链结构进行改造。

改造扫描链可以将两条扫描链上的扫描单元交叉互连,一条扫描链上的数据在特定的控制下能够传播到另一条扫描链上,这样提高了对扫描单元的控制和观察能力,有可能绕过故障,不至于被一个故障影响了整条扫描链上的数据。图 9-1(b)在图 9-1(a)的传统扫描链上进行了改造,扫描链 1 和 2 的每个扫描单元的输出,都连接到另一条扫描链的各个扫描单元输入。在添加的多路复用选择器(Multiplexer,MUX)(图中 MUX 的选择信号省略未标)

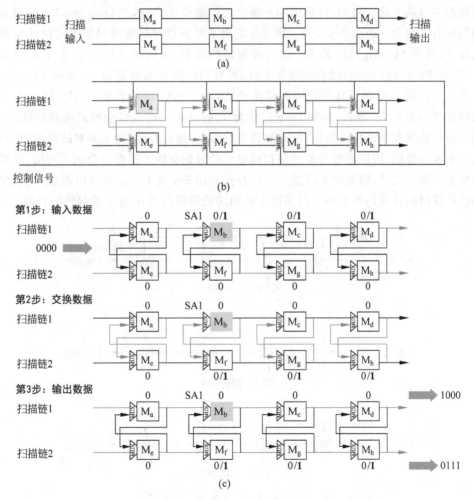

图 9-1 扫描链交叉互连设计方法示例

的控制下,扫描链1的所有扫描单元都能够与扫描链2的所有扫描单元交换数据。当一条扫描链发生故障时,可以通过另一条扫描链控制或观察故障扫描链上的数据,从而诊断故障扫描单元。图 9-1(c)给出了故障诊断示例,假设扫描单元 M_b 发生固定为 1(Stuck-At 1,SA1)故障。首先,输入向量 0000,不存在故障时,两条扫描链所有扫描单元的值应该都是 0,当 M_b 发生 SA1 故障时,因为 M_c 和 M_d 的数据都要通过 M_b 串行传递,所以它们三个扫描单元的数据皆被污染为 1。然后,交换两条扫描链所有扫描单元的数据,故障扫描单元被污染后的数据就被转移到了无故障扫描链上。最后,沿着两条扫描链分别输出交换后的数据,在这个过程中,原本故障扫描链上的数据因为被转移到无故障扫描链上,因此,在输入过程中没有被故障污染的数据,也不会在输出过程中被污染,这样就可以通过分析从哪开始数据被污染了,进而推测出故障扫描单元。

对扫描单元本身的设计进行改造有很多方式,一种是采用全局控制信号操纵每个扫描单元数据本身的变化。例如,可以增加一条全局控制信号 Diag,当 Diag 为 1 时,扫描单元存储的数据由 1 变为 0 或由 0 变为 1。图 9-2 给出了具备这种功能的扫描单元设计及其故障诊断过程,其中 M_a、M_b、M_c 和 M_d 都是可翻转扫描单元,假设 SA1 故障发生在扫描单元 M_b。首先,输入向量 0000,没有故障发生时,所有的扫描单元值都为 0。此时 Diag 为 0,该扫描单元与传统扫描单元具有相同的移位功能,由于 SA1 故障发生在 M_b,M_b、M_c 和 M_d 的数据皆被污染为 1。然后,控制 Diag 的值为 1,扫描单元进入诊断模式即翻转状态,所有扫描单元的数据发生翻转。最后,输出翻转后的数据,通过翻转,将本来对故障敏感的数据,变成了不敏感数据,因此通过分析哪些扫描单元的数据在输入过程中受到了污染,便可定位故障单元。除此之外,扫描单元改造方法还包括利用 Set 或 Reset 全局控制信号、增加全局诊断信号控制的异或门等实现对扫描链上移动的数据进行置 0、置 1 或翻转的目的。

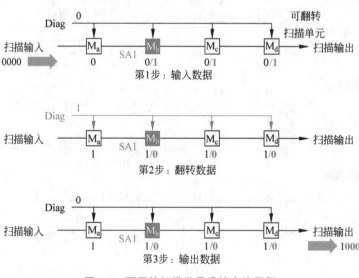

图 9-2　可翻转扫描单元设计方法示例

　　另一种方式是设计专门的扫描单元,例如螺旋扫描单元,它能够让扫描链上传递的数据跳过一个扫描单元直接传输给下一个扫描单元,如图 9-3 所示,该设计方案为每个传统扫描单元添加了一个锁存器和一个 MUX。通过这种跳跃传输数据的方法,在扫描链存在故障时,能够让数据跳过故障扫描单元,这样可以保护故障扫描链上的其他扫描单元数据,使得大部分扫描单元都能够获得正确值。该设计不仅能够提高扫描链故障诊断质量,同时,还能在扫描链存在故障时,有效测试组合逻辑。

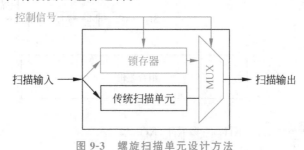

图 9-3　螺旋扫描单元设计方法

9.3.2　扫描链自动诊断向量生成方法

　　扫描链故障的测试较为简单,通过直接输入输出向量,即可观察是否有扫描单元的逻辑值受到了污染,并且根据逻辑值的变化,可以识别其故障类型,但仅仅靠输入输出是无法定位故障的,因为所有的扫描单元都会被污染,为此,仍然需要通过分析失效电路在测试向量下产生的失效响应来定位扫描链故障。测试向量主要包括扫描输入、捕获和扫描输出三个阶段,在扫描输入时,故障能够污染的范围是故障扫描单元与扫描链输出之间的扫描单元;在捕获阶段,因为有些扫描单元的数据已经被污染了,所以扫描单元可能捕获失效数据;在扫描输出阶段,故障能够污染的范围是故障扫描单元与扫描链输入之间的扫描单元。扫描链故障诊断较为困难的原因之一就是每个阶段都在传递失效数据,单个扫描链故障的影响范围很大,难以定位。为了解决这一问题,目前主要有以下两类自动诊断向量生成方法。

　　(1) 一类自动诊断向量生成方法是阻止捕获阶段获得失效数据。让向量在捕获阶段能够获得确定的正确数据,从而通过分析输出的过程中哪些数据被污染,来定位故障位置。以图 9-4 为例,图中共有两条扫描链,组合逻辑上面的两条扫描链和下面的一条是在不同测试阶段,即扫描输入后扫描链的逻辑值状态和捕获后扫描链的逻辑状态。在该例中,扫描链 1 存在固定为 0(Stuck-At 0,SA0)故障。因为能够激活 SA0 故障的数据是 1,因此,如果扫描单元能够正确地捕获数据 1,那么就可以通过观察哪些捕获的数据在输出的过程中被污染为 0 来定位故障位置。以扫描单元 M_b 为例,M_b 捕获的逻辑值,由 M_b 组合逻辑扇入锥中的扫描单元 M_c 和 M_e 决定。为了保证 M_b 能够正确捕获 1,M_c 的数据不能在扫描输入阶段被污染,然而由于故障扫描单元是未知的,因此想要其不被污染的最好办法,就是将它的值设成一个不会被故障污染的值,例如 SA0 故障是不会污染逻辑值 0 的,所以将诊断向量输入 M_c 的数据约束为 0,使 M_c 的数据在存在 SA0 故障的情况下,依然能够保持是 0。满足该约束的诊断向量为 $M_cM_e=01$。由于 M_b 能够正确捕获 1,因此,若 M_b 输出的数据是 0,则可推测 M_b 在扫描输出时遇到了故障扫描单元,即故障扫描单元在 M_b 与 SO_1 之间;若 M_b 输出的数据保持是 1,则故障扫描单元很可能在 M_b 与扫描链输入 SI_1 之间。

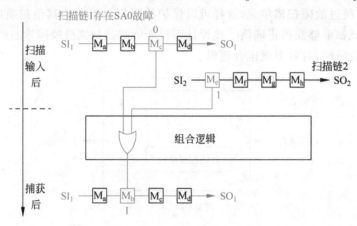

图 9-4 保护输入数据的扫描链自动诊断向量生成方法示例

上述方法,首先通过控制不被污染的输入数据来保证捕获正确数据,然后污染输出数据,定位故障位置。

(2) 另一种自动诊断向量生成方法则允许输入数据被污染,但保护输出数据不被污染,从而定位故障扫描单元。以图 9-5 为例,在两条扫描链中,扫描链 1 存在慢上升(Slow To Rise,STR)故障。在扫描移位过程中,如果一个扫描单元上一拍的逻辑值是 0,而下一拍要输入逻辑值 1,则 STR 故障使其逻辑值来不及从 0 变成 1,从而不能获得正确的状态。首先,希望输入的数据遇到故障后会发生变化,即要产生一个故障激活的数据:$M_cM_d=10$,若故障在 M_c 与扫描链输入 SI_1 之间,那么输入 M_c 的数据因为发生故障而变为 0;若故障在 M_c 与扫描链输出 SO_1 之间,那么输入 M_c 的数据保持 1。其次,希望在捕获阶段,输入的失效数据能够传播到某个扫描单元,在该例中,如果 M_e 为 0,那么输入 M_c 的数据便能传播

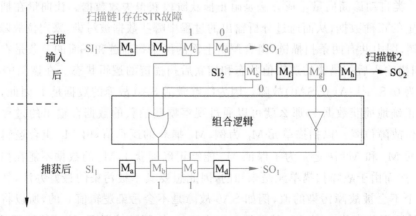

图 9-5 保护输出数据的扫描链自动诊断向量生成方法示例

到 M_b。接下来,为了保证 M_b 捕获的数据不会在扫描输出时被污染,要求 M_c 捕获 1。最后,为了保证 M_c 能够捕获 1,驱动 M_c 的扇入扫描单元 M_g 不能在扫描输入的时候被污染,在该例中,M_g 在无故障扫描链上,所以不会在扫描输入时被污染,换言之,如果输入 M_g 的是0,那么 M_c 肯定能捕获 1。通过上述分析,可以生成诊断向量 $M_c M_d M_e M_g = 1000$。因为 M_b 的数据在输出时并不会被故障所污染,所以通过在扫描输出上看到的 M_b 的值,可以分析 M_c 的数据在扫描输入阶段是否被污染,从而推测故障扫描单元是在 M_c 和 SI_1 之间,还是在 M_c 和 SO_1 之间。通过为扫描链上的所有扫描单元都生成这种诊断向量,便能有效定位故障扫描单元。

9.3.3 扫描链失效芯片诊断方法

故障诊断的核心是比较失效芯片的失效响应与电路在不同故障下模拟所得的失效响应,从而选出最有可能是真实故障的候选故障。根据模拟方法,扫描链失效芯片诊断方法可以分为四类:基于响应轮廓的扫描链失效芯片诊断方法、基于确定性模拟的扫描链失效芯片诊断方法、基于 X 模拟的扫描链失效芯片诊断方法和基于概率模拟的扫描链失效芯片诊断方法。

在扫描输出时,故障会污染故障扫描单元与扫描链输入之间的扫描单元,而不会污染故障扫描单元与扫描链输出之间的扫描单元。基于响应轮廓的扫描链失效芯片诊断方法基于该特性,对输出观察到的响应进行统计分析,从而定位故障。如图 9-6 所示,在大量测试向量的输入下,各个扫描单元既可能捕获 0,也可能捕获 1,如果专门生成一些测试向量,也可以让各个扫描单元捕获 0 和 1 的概率接近。相比之下,如果扫描链上存在故障,输出后的数据的概率统计分布则会被打破,一些扫描单元输出 0 和 1 的比重会发生明显变化。图 9-6 中当扫描链存在 SA0 故障时,靠近扫描链输入的部分扫描单元输出数据 1 的向量比重变为 0%,换言之,统计意义上比重变化的奇异点便是故障扫描单元所在的位置。这个方法的不足之处在于,扫描单元的数据在输入的时候也可能会被污染,所以一个扫描单元无法捕获 0 或 1,不一定是扫描输出的时候被故障污染,也可能是输入的时候捕获本身就出现了错误。另一方面,时序故障 STR、慢下降(Slow To Fall,STF)、快上升(Fast To Rise,FTR)和快下降(Fast

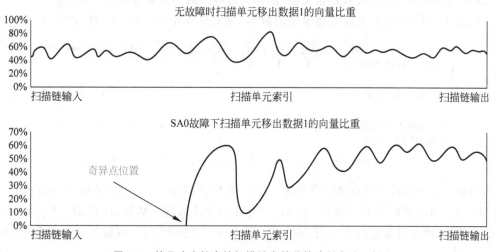

图 9-6 基于响应轮廓的扫描链失效芯片诊断方法示例

To Fall,FTF)的激活条件和故障效应比固定型故障 SA0 和 SA1 更为复杂,也给寻找奇异点带来了难度。此外,为了达到统计特性,需要使用大量的测试向量,这会带来较大的测试开销。

基于确定性模拟的扫描链失效芯片诊断方法使用确定的故障模拟获得可疑故障的失效响应,并将其与失效电路的失效响应相比较,从而选出候选故障。一开始,所有扫描单元都是可疑故障扫描单元,常用的扫描链故障类型有 6 种:SA0、SA1、STR、STF、FTR 和 FTF,可以通过故障模拟计算每个扫描单元在每种可疑故障类型下能够产生的失效响应。一个可疑故障的失效响应与失效电路的失效响应越接近,那它越有可能是真实故障,也更有可能被选作候选故障。为了量化评估接近程度,可以采用以下计算公式:

$$\frac{\text{TFSF}}{\text{TFSF} + \text{TFSP} + \text{TPSF}} \tag{9-1}$$

式中涉及以下三个值。

- 测试不通过模拟不通过(Tester Fail Simulation Fail,TFSF):失效电路产生的是失效输出数据,可疑故障产生的也是失效输出数据的比特数,也称该可疑故障能够解释的失效输出数据比特数。

- 测试不通过模拟通过(Tester Fail Simulation Pass,TFSP):失效电路产生的是失效输出数据,而可疑故障产生的却是正确输出数据的比特数,也称该可疑故障不能解释的失效输出数据比特数。

- 测试通过模拟不通过(Tester Pass Simulation Fail,TPSF):失效电路产生的是正确输出数据,而可疑故障产生的却是失效输出数据的比特数,也称该可疑故障不能解释的正确输出数据比特数。

除此之外,还有测试通过模拟通过(Tester Pass Simulation Pass,TPSP),即失效电路产生的是正确输出数据,可疑故障产生的也是正确输出数据的比特数,也称该可疑故障能够解释的正确输出数据比特数。

一个可疑故障,若能够解释失效电路在一个测试向量下产生的失效响应,即意味着该可疑故障产生的响应,无论失效还是正确,都和失效电路的失效响应完全一致。

如图 9-7 所示,根据失效电路输出的数据,真实故障在 M_a、M_e 和 M_g 产生了三个失效

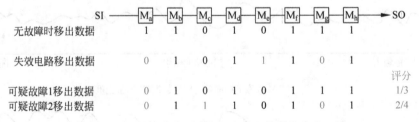

图 9-7 基于故障模拟的扫描链失效芯片诊断方法示例

输出数据。可疑故障 1 只在 M_a 产生了一个失效输出数据,因此可疑故障 1 的 TFSF＝1、TFSP＝2。可疑故障 2 不仅在 M_a 和 M_g 产生了两个失效输出数据,还在 M_c 产生了一个失效输出数据,因此可疑故障 2 的 TFSF＝2、TFSP＝1、TPSF＝1。可疑故障得分越高,越有

可能是真实故障。

在实际失效电路中,真实缺陷行为可能与六类故障模型并不相同,例如表现为间歇性故障,即故障并非在输入输出的每一个时钟周期都有效,也可能在单个失效电路中同时存在多个故障扫描单元,都会影响诊断质量。

为此,在模拟过程中,可以采用逻辑值 X。逻辑值 X 表示逻辑值既可能为 0,也可能为 1,与确定性模拟相比,它代表了一种不确定性,即 X 表示可能被故障污染,也可能没被污染。故障的类型大体可以通过输入输出测试向量获取,因此,虽然不知道故障发生在什么地方,但仍然能够推测哪些数据可能在扫描输入的时候被污染,用 X 替代这些数据。然后,通过 X 模拟,可以计算出各

与	0	1	X
0	0	0	0
1	0	1	X
X	0	X	X

或	0	1	X
0	0	1	X
1	1	1	1
X	X	1	X

图 9-8　逻辑值 X 模拟的逻辑计算规则示例

个扫描单元捕获的值。X 模拟的真值表类似于二值情况,如图 9-8 所示,$X\&0=0$,$X\&1=X$,$X|0=X$,$X|1=1$。若一个扫描单元不会捕获 X,则说明扫描输入时故障对扫描单元的污染不会影响这个扫描单元捕获的值,这和前文所述的自动诊断向量生成方法有类似之处,可以通过分析这些扫描单元的数据是否在扫描输出时被污染,来定位故障。如图 9-9 所示,假设 SA1 故障发生在扫描链 1 上。在扫描输入时,扫描单元 M_c 和 M_d 的数据可能会受到 SA1 故障的污染,因此,M_c 和 M_d 的数据用 X 表示。然后,通过 X 模拟对组合逻辑进行计算,M_b、M_c 和 M_d 分别捕获 0、0 和 X,说明即使存在故障,M_b 和 M_c 捕获的值也不会受到影响。最后,若 M_b 输出的数据是 1,则可以推测故障发生在 M_b 与扫描链输出 SO_1 之间,若输出的是 0,则可以推测故障发生在 M_b 与扫描链输入 SI_1 之间。在该诊断方法中,若一个扫描单元捕获的是 X,而这个扫描单元输出的是一个故障值,则说明该扫描单元既可能是因为扫描输入时故障的污染而捕获了错误数据,也可能是在输出的时候受到故障的污染,所以捕获 X 的扫描单元无法为故障诊断提供足够充分的信息。

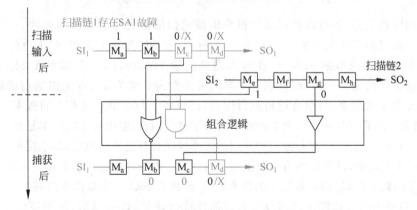

图 9-9　基于 X 模拟的扫描链失效芯片诊断方法示例

最初,所有扫描单元都是可疑故障位置,对于 SA1 故障,意味着在扫描输入时所有数据为 0 的扫描单元都应该用 X 替代。使用上述诊断方法可以缩小故障范围,在此基础上,可

以再次执行该诊断方法,此时,在扫描输入时,只有可疑故障范围内的故障扫描单元才会对输入输出流程产生污染,因此,不再是所有数据为 0 的扫描单元都需要用 X 替代。随着需要被 X 替代的数据越来越少,捕获数据 X 的扫描单元也可能随之减少,从而获得更多的诊断信息,进一步缩小故障可疑范围。通过多次迭代,最终定位故障扫描单元。

在失效电路中,六种常用故障模型也可能以间歇性的形式发生。以图 9-9 为例,若扫描单元 M_d 发生的是间歇性 SA1 故障,则在扫描输出时,M_b 和 M_c 捕获的 0 不一定总会被污染成 1。换言之,即使 M_b 输出的是 0,也不能断言故障发生在 M_b 与 SI_1 之间。为了诊断间歇性故障类型,一种方法是记录各个扫描单元数据在扫描输出时被污染的向量比重,通过统计寻找比重变化的奇异点,定位故障。如图 9-10(a)所示,若发生的是 SA1 故障,被污染的向量比重会出现一个明显从 1 到 0 的变化,但间歇性 SA1 故障则会有一些毛刺(见图 9-10(b))。与基于响应轮廓的扫描链失效芯片诊断方法相比,逻辑值 X 比确定性的 0 和 1 能更好地反映间歇性故障的行为。

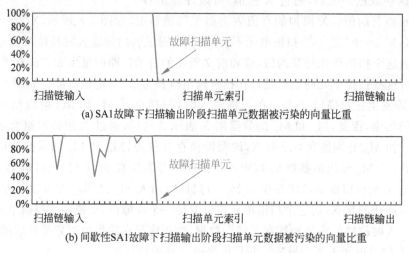

(a) SA1故障下扫描输出阶段扫描单元数据被污染的向量比重

(b) 间歇性SA1故障下扫描输出阶段扫描单元数据被污染的向量比重

图 9-10　基于统计分析的扫描链间歇性故障诊断方法示例

针对间歇性故障,还可以使用基于概率模拟的扫描链失效芯片诊断方法。该方法使用概率模拟可疑故障产生失效响应。如图 9-11 所示,若 M_c 发生间歇性 SA1 故障,并且该故障有 50% 的概率污染数据 0,那么,在输入测试向量 11001011 时,扫描单元 M_c、M_d 和 M_f 的数据可能会被污染,而且它们分别有一半的可能性为 0 或为 1。首先根据扫描输入后,各个扫描单元为 1 的概率,对组合逻辑进行模拟,计算各个扫描单元捕获 1 的概率。对于与门而言,输出为 1 的概率是输入都为 1 的概率。对于或门而言,输出为 1 的概率是输入有一个为 1 的概率。图 9-12 给出了与门、或门和非门的概率模拟计算公式。然后,基于模拟所得各个扫描单元捕获 1 的概率,计算输出后的数据是 1 的概率。例如,M_b 输出后数据是 1 的概率为 M_b 捕获数据 1 的概率+M_b 捕获数据 0 的概率×M_c 间歇性 SA1 污染数据 0 的概率,即 0.875。

最后,对各个可疑故障是真实故障的可能性进行评分,评分越低,说明该可疑故障产生的失效响应越接近于失效电路的失效响应,是真实故障的可能性越大。评分公式如下:

$$\sum_{\text{所有扫描单元在所有测试向量下}} |\,失效电路输出数据 - 可疑故障输出数据是 1 的概率\,| \quad (9\text{-}2)$$

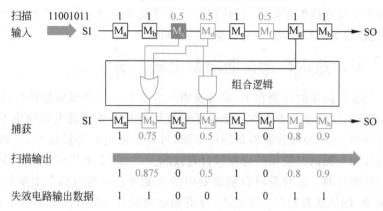

图 9-11　基于概率模拟的扫描链失效芯片诊断方法示例

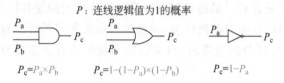

图 9-12　概率模拟的逻辑计算规则示例

　　需要注意的是,除了故障扫描链上各个扫描单元输出的失效响应和正确响应,故障扫描单元的故障效应也可能传播到电路的输出上或正确扫描链的扫描单元中,这些数据都不会在输出的时候受到故障效应的污染,因此也能够为故障诊断提供重要的信息,对故障诊断质量也至关重要。

9.4　组合逻辑故障诊断

　　组合逻辑故障直接影响着电路的功能,同样,可以从可诊断性设计方法、自动诊断向量生成方法、失效芯片诊断方法三个角度提高诊断质量。需要说明的是,由于组合逻辑的性能直接决定整个电路的性能,因此不宜对组合逻辑电路做大量修改,因此可诊断性设计方法的研究也并不多,主要以后两种方法为主。

9.4.1　组合逻辑可诊断性设计方法

　　组合逻辑可诊断性设计方法的核心思想就是在可测试性设计的基础上,进一步增加观察点,其主要设计方法就是复用输出。图9-13给出了该设计方法在组合逻辑中额外增加的电路。诊断使能信号控制输出的信号来源,若其

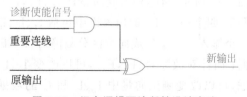

图 9-13　组合逻辑可诊断性设计方法

为 0,与门输出 0,新输出的数据就是原输出数据,电路的逻辑功能保持不变;若其为 1,与门输出的是电路中重要连线的逻辑值,这些重要连线就是为了提高故障诊断而需要观察的内部点,可以通过新输出的数据,推测重要连线的逻辑值。

9.4.2 组合逻辑自动诊断向量生成方法

测试向量与诊断向量的区别在于,前者希望至少存在一个测试向量能够使得这个故障产生失效响应,而后者希望至少存在一个诊断向量使得两个故障的失效响应不同。考虑到故障诊断的重要性,如果使用诊断向量测试电路,可疑故障更容易被区分,进而提高诊断质量。由于测试开销与测试时使用的向量数目直接相关,因此希望生成尽可能少的诊断向量区分尽可能多的故障对。组合逻辑自动诊断向量生成方法一般包括三个步骤:第一步,正常生成测试向量,测试所有故障;第二步,分析测试向量对可疑故障对的区分能力,得出哪些故障对不能被测试向量区分,即具有相同的失效响应;第三步,针对没能被区分的故障对,生成额外的向量区分它们。最初的测试向量和后补充的向量共同组成诊断向量,采用这些向量测试电路,更多的故障对能被区分,从而为故障诊断提供更多有效的信息。针对未被最初生成的测试向量所区分的故障对,自动诊断向量生成方法主要有两种:向量变换和电路变换。

第一种自动诊断向量生成方法是变换测试向量的逻辑值,生成新的能够区分目标故障对的向量。例如,可以在测试向量生成的时候控制故障传播的路径,生成能够让故障对产生不同失效响应的向量。又如,可以采用遗传算法对向量进行变换,通过对测试向量的逻辑值进行"杂交"和"突变"生成新的向量,然后分析新向量是否能够区分目标故障对。图 9-14 给出了两个测试向量进行"杂交"和单个测试向量"突变"的示例。在"杂交"的过程中,两个测试向量的部分数据进行交换,生成两个新的向量;在"突变"的过程中,一个测试向量翻转若干数据,生成一个新的向量。如果新的向量能够区分目标故障对,那么该向量保留下来,否则继续进行杂交和突变。

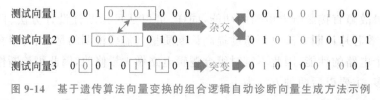

图 9-14 基于遗传算法向量变换的组合逻辑自动诊断向量生成方法示例

针对"突变"有一些改进方法,例如,可以通过故障对划分来减少诊断向量的总数,如图 9-15 所示,目标是生成向量区分 $\{F_a, F_c\}$ 和 $\{F_b, F_c\}$,其中,F_a 的扇入锥中包括 I_2、I_3、I_4 和 I_5 四个输入,F_b 的扇入锥中包括 I_4、I_5、I_6 和 I_7 四个输入,F_c 的扇入锥中包括 I_4、I_5 和 I_6 三个输入。为了生成向量区分故障对 $\{F_a, F_c\}$,可以改变测试向量中 I_2、I_3、I_4、I_5 和 I_6 的数据;而针对故障对 $\{F_b, F_c\}$,可以改变 I_4、I_5、I_6 和 I_7 的数据;但从减少向量数目的角度考虑,可以改变测试向量中 I_4、I_5 和 I_6 的数据,这有可能同时区分两个目标故障对。基于该方法,可以将目标故障对划分为多个集合,每个集合中的故障对具有较多的共同扇入锥输入,优先对这些共同的输入值进行翻转,就可能生成同时区分多个故障对的向量,进而减少向量数目。

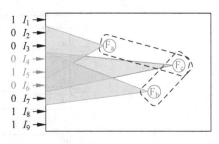

利用整型线性规划可以进一步减少诊断向量总数。在上述自动诊断向量生成方法的基础上,对产生的诊断向量集合进行进一步精简,目标是选出尽可能少的诊断向量,但是保持该集合的故障区分能力,该整型线性规划模型为:

图 9-15 基于划分故障对向量变换的组合逻辑自动诊断向量生成方法示例

$$求最小值 \sum_{j=1}^{J} v_j$$

$$使任意目标故障对 \{p,q\} 满足 \sum_{j=1}^{J} v_j \times | a_{pj} - a_{qj} | > 0 \qquad (9\text{-}3)$$

式中:J 表示初步生成的诊断向量集合;v_j 表示该集合中第 j 个诊断向量是否保留在精简后的集合中,$v_j = 1$ 表示保留,$v_j = 0$ 表示不保留;$\sum_{j=1}^{J} v_j$ 越小,表示选出的诊断向量数目越少。在需满足的条件中,故障 p 和故障 q 在第 j 个诊断向量下的失效响应由 a_{pj} 和 a_{qj} 表示,这里将失效响应转换成了整数值,所以 $| a_{pj} - a_{qj} | > 0$ 表示第 j 个诊断向量使 p 和 q 产生了不同的失效响应,因此,满足该条件,意味着所有目标故障对可以被选出的向量所区分。

第二种自动诊断向量生成方法通过变换电路,将区分电路中目标故障对的问题转换为测试新电路中特定故障的问题,从而可以利用现有的测试向量生成工具来生成诊断向量。如图 9-16 所示,假设想要区分故障对 $\{f/1, h/1\}$,则将电路复制一份,两份电路副本的输入连在一起,输出通过异或门连接,然后在两个待区分的故障位置插入特定逻辑门。通过这种电路变换,测试新电路中故障 $Z/1$ 等价于区分原电路故障对 $\{f/1, h/1\}$。在原电路中,若 $Z/1$ 能被一个向量测试到,那么一定有 Z 在这个向量下的逻辑值为 0,且 Z 为 0 和为 1 时所产生的输出 m 和 n 至少有一个不同。在新电路中,当 Z 为 0 时,f_1 和 h_2 的逻辑值均为 0,因此原电路中的 f/1 和 h/1 可以被激活;同时,正常情况下,两个电路副本的输出完全相同,因此 M 和 N 均为 0。若新电路中的 $Z/1$ 被一个向量测到,那么当 Z 为 1 时,M 和 N 至少有一个为 1,即目标电路的两个副本至少产生了一个不同的输出,由于当 Z 为 1 时,副本 1 中 f 相当于注入了 SA1 故障,而副本 2 中 h 相当于注入了 SA1 故障,因此,该向量使 f/1 和 h/1 在原电路中至少产生了一个不同的输出,综上所述,能够测试 $Z/1$ 的故障,也能区分故障对 $\{f/1, h/1\}$。

上述变换需要复制一份电路,开销较大,下面介绍一种只需要在原本单个电路的基础上进行电路改造的方法,不再需要复制目标电路。以图 9-16 所示的目标故障对 $\{f/1, h/1\}$ 为例,图 9-17 给出了不需要双份电路的变换示例,在该电路中,一个向量如果能够测到新电路中的 $Z/1$ 故障,便能区分原电路中的故障对 $\{f/1, h/1\}$。在新电路中,$Z/1$ 若被一个向量测

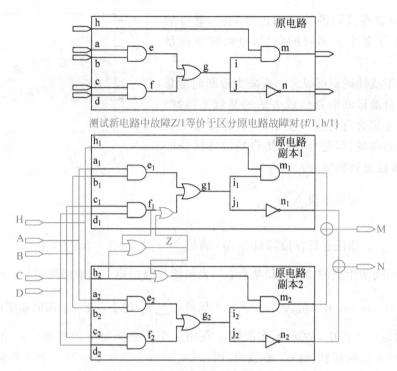

图 9-16 基于双份电路变换的组合逻辑自动诊断向量生成方法示例

试到,那么 Z 为 0 和为 1 时,在该向量下产生的输出数据不同。Z=0 等价于在原电路 f 上注入了 SA1 故障,Z=1 等价于在原电路 h 上注入了 SA1 故障,因此,该向量能使原电路的 f/1 和 h/1 产生不同的失效响应,即能够区分它们。

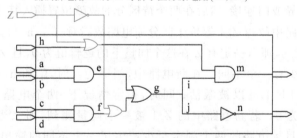

图 9-17 基于单份电路变换的组合逻辑自动诊断向量生成方法示例

9.4.3 组合逻辑失效芯片诊断方法

电路中每个逻辑门或者连线都可能发生故障,所以诊断最初,它们都是可疑故障位置。一般故障诊断会进行一次快速筛选,路径追踪(path-tracing)就是常用的一种方法,它根据电路在各个向量下的逻辑值,分析哪些逻辑门或连线与失效响应完全无关。例如图 9-18 所示,假设电路在测试向量 habcd=00001 下产生失效输出 n。路径追踪从该失效输出开始分析产生该失效值的逻辑锥：n 从 0 变为 1，可能由 j 从 0 变为 1 引起，然后可能由 g 从 0 变为 1 引起；g 是一个或门的输出，所以 g 从 0 变为 1，既可能由 e 从 0 变为 1 引起，也可能由 f 从 0 变为 1 引起；a 和 b 只要有一个从 0 变为 1 就可以使 e 从 0 变为 1；c 从 0 变为 1 才可以使 g 从 0 变为 1。通过上述路径追踪，可疑故障位置被快速筛选为 a、b、c、e、f、g、j 和 n，并可粗略推测它们在失效向量下的故障值。快速筛选只能减少可疑故障的集合大小，但还远达不到故障诊断期望的结果，为了进一步选出候选故障，组合逻辑失效芯片诊断方法可以分为三类：基于单故障模拟、基于多故障模拟、基于故障传播路径的失效芯片诊断方法。

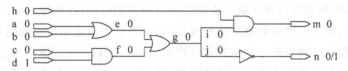

图 9-18　基于路径追踪的组合逻辑可疑故障筛选方法示例

基于单故障模拟的诊断方法，通过比较失效电路的失效响应与各个可疑故障的失效响应，对可疑故障进行评分，评分最高的或最高的一些被选为候选故障。这类方法与前文所述基于故障模拟的扫描链失效芯片诊断方法相似，都需要计算 TFSF、TFSP 和 TPSF，然后根据这些值为各个可疑故障评分或者选出候选故障。例如，先将可疑故障按照 TFSF 从大到小排序，优先认为 TFSF 越大，这个可疑故障越有可能是真实故障。经过这一轮排序之后，对于 TFSF 相等的可疑故障，按照 TPSF 从小到大排序，认为 TPSF 越小，越有可能是真实故障。这种排序方式主要关注的是可疑故障能够解释或不能解释失效响应中的多少失效输出和正确输出。

在故障模拟时，需要确定采用什么样的故障模型，路径追踪可粗略推测各个故障位置在各个向量下可能呈现什么样的故障值，从而为可疑故障位置选择合适的故障模型，一些非逻辑值信息，例如可疑故障在版图上的位置及其邻近连线逻辑门的情况，也可以辅助故障模型的确定。针对不同的故障模型，如逻辑门内故障、桥接故障、开路故障、时延故障、故障元组等，相关研究提出了不同的分析方法。

逻辑门内故障指的是发生在逻辑门内晶体管的故障，一般会通过晶体管级仿真，确定逻辑门在发生故障后的故障真值表，与 SA0 或 SA1 故障不同，这种故障使得逻辑门可能在特定的输入下，输出故障值 0，又在特定的输入下，输出故障值 1。

桥接故障指的是两条短路的金属线。若两根邻近的连线发生桥接，则它们的逻辑值取决于桥接电阻、两条连线所驱动的逻辑门电阻和阈值电压。可以根据这些参数对故障特性进行建模，在不同的参数下分析两根连线桥接后可能产生的故障值，从而更加准确地模拟桥接故障效应。

扇出连线上的开路故障，可能发生在每个扇出点上，可以结合版图中扇出的实际连线方式进行分析。在电路层面可能只会描述一根连线有若干分支，但是在版图层面，这根连线可能先有几个分支，然后每个分支再扇出成多个分支，因此不同分支发生故障影响的后续分支数目也是不一样的。

时延故障主要是影响信号传播的速度。当连线的逻辑值发生跳变时,时延故障会被激活,可以在故障模拟时对时延变化的大小进行假设,能够更加准确地分析时延大小与失效响应之间的关系。

故障元组用于描述引起一根连线发生故障的原因及可能产生的故障值。如图 9-19 所示,若 f 是一个可疑故障位置,则认为 f 的逻辑值取决于 f 的驱动 c 和 d,在版图上 f 的邻近连线 g 和 h 以及 g 和 h 的驱动 a、b、d 和 e。故障元组可以表示逻辑门内故障、桥接故障、开路故障等,是一种通用的故障模型。

可疑故障的失效响应可以在故障诊断之前进行预先存储,这被称为故障字典,在故障诊断时可直接查阅,而不需要在诊断时进行模拟,直接比较失效电路的失效响应和可疑故障的失效响应即可,因而这种诊断方法也被称作因果(cause-effect)分析法。与之对应的,不预先存储故障字典,而是在故障诊断时对筛选出的可疑故障进行故障模拟的诊断方法被称作果因(effect-cause)分析法。例如,图 9-20 给出了一个故障字典,电路有两个输出 o_1 和 o_2,三个测试向量 p_1、p_2 和 p_3,五个可疑故障 F_1、F_2、F_3、F_4 和 F_5,完整的故障字典包括了所有可疑故障在所有测试向量下产生的所有输出数据。完整故障字典的大小为 $N_{\text{OUTPUT}} \times N_{\text{PATTERN}} \times N_{\text{SUSPECT}}$,这三个变量分别表示电路的输出个数、测试向量的个数、可疑故障的个数。随着电路规模越来越大,故障字典的存储空间也快速增大,为此出现了一些故障字典压缩方法。

测试向量		p_1		p_2		p_3
输出		o_1	o_2	o_1	o_2	o_1	o_2
无故障		0	1	0	1	0	0
可疑故障	F_1	1	0	1	0	0	0
	F_2	0	1	1	1	1	1
	F_3	1	0	1	0	0	1
	F_4	1	1	0	0	0	1
	F_5	0	1	1	1	1	0

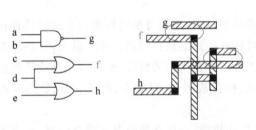

图 9-19　组合逻辑故障模型分析示例　　　　图 9-20　组合逻辑完整故障字典示例

压缩一定会带来信息的损失,例如,对每个可疑故障,仅保存其在每个测试向量下是否产生了失效响应,0 表示没有产生,1 表示产生了,这个字典被称为正确/失效(Pass/Fail,P/F)故障字典。图 9-21 给出了图 9-20 对应的 P/F 故障字典。无故障时,测试向量 p_1 的输出是 $o_1o_2=01$,因为可疑故障 F_2 输出的数据也为 $o_1o_2=01$,所以在 P/F 故障字典中仅保存数据 0;而可疑故障 F_1 输出的是 $o_1o_2=10$,因此保存数据 1。P/F 故障字典的大小为 $N_{\text{PATTERN}} \times N_{\text{SUSPECT}}$。这种故障字典会对故障诊断带来一定的信息损失,例如,可疑故障 F_1 和 F_4 在测试向量 p_1 下产生的输出数据并不相同,可以被区分;然而,在 P/F 故障字典中,存储的都是 1,因而无法单独通过 p_1 来区分它们。

为了减少压缩带来的诊断信息损失,一种相同/不同(Same/Different,S/D)故障字典被提出来,它为每个测试向量存储了一个基准输出数据,这个基准值可以是无故障时的正确输出,也可以是专门选取的一种比特序列,在字典中,0 表示基准输出数据与可疑故障的输出数据相同,1 表示基准输出数据与可疑故障的输出数据不同。图 9-22 给出了对图 9-20 进行压缩后的 S/D 故障字典。其中,测试向量 p_2 的基准值是 $o_1 o_2 = 10$,由于可疑故障 F_1 产生的输出数据也为 $o_1 o_2 = 10$,所以在 S/D 故障字典中保存 0;而可疑故障 F_2 产生的输出数据为 $o_1 o_2 = 01$,因此保存 1。S/D 故障字典的大小为 $N_{PATTERN} \times N_{SUSPECT} + N_{PATTERN} \times N_{OUTPUT}$。对比 P/F 与 S/D 故障字典,在 P/F 故障字典中,F_2 和 F_5 存储的都是 011,而 S/D 存储的是 111 和 011,因此 P/F 故障字典无法区分的故障对,在 S/D 故障字典中可以被区分。在该方法中,基准输出数据的选择尤为重要,一个好的算法能够选出合适的基准输出来保障故障的区分度。需要注意的是,S/D 故障字典的大小比 P/F 大,而且由于一个向量能够测试的故障有限,所以 P/F 是一个稀疏矩阵,更易压缩空间,而 S/D 未必是,因此 S/D 故障字典需要的存储空间可能更大。

测试向量		p_1	p_2	p_3
可疑故障	F_1	1	1	0
	F_2	0	1	1
	F_3	1	1	1
	F_4	1	1	0
	F_5	0	1	1

图 9-21 组合逻辑 P/F 故障字典示例

测试向量		p_1		p_2		p_3	
输出		o_1	o_2	o_1	o_2	o_1	o_2
基准值		1	0	1	0	0	0
可疑故障	F_1	0		0		0	
	F_2	1		1		1	
	F_3	0		0		1	1
	F_4	1		0		0	
	F_5	0		1		1	

(故障字典)

图 9-22 组合逻辑 S/D 故障字典示例

一个失效芯片中可能同时存在多个故障,多个故障之间是存在相互作用的,可能相互屏蔽,导致一个故障的故障效应被另外的故障效应隐蔽掉,也可能相互增强,导致本来一个故障不能产生的故障效应,在另一个故障的帮助下做到了,这是在单故障模拟时无法考虑的,多个故障之间的效应越强,基于单故障模拟的诊断方法就越难选出准确的候选故障。为此,单固定型故障可解释(Single Location at-A-Time,SLAT)失效向量被提出来:若单固定型故障能够解释一个失效向量,则称该向量为 SLAT 失效向量。如图 9-23(a)所示,b/1 可以解释失效向量 ab=00,因此该失效向量是 SLAT 失效向量;而图 9-23(b)中的失效向量,是无法找到单固定型故障去解释的,因此是非 SLAT 失效向量。由于同时出现更多故障的可能性比同时出现更少故障的可能性小,所以当单固定型故障能够解释一个 SLAT 向量时,这个向量的失效响应是由多个故障同时产生的可能性就相对小了。然而,SLAT 失效向量并非总是存在,如果 SLAT 失效向量较少,则无法给故障诊断提供足够多的信息来得到高质量的诊断结果,如果 SLAT 失效向量恰好真的是多个故障同时产生的,那么错误地认为它是单个故障产生的也会导致诊断质量下降。非 SLAT 失效向量可以被分解成多个 SLAT 失效向量:基于失效输出的组合逻辑扇入锥,粗略地推测和划分不同故障产生的失效输出范围,其核心思想就是若故障与故障的扇出逻辑锥无交集,那么它们的失效输出也就可以分开分析。但这种方法并没有准确地分析多故障之间的相互作用,因此可能出现错误的划分,导致错误诊断。

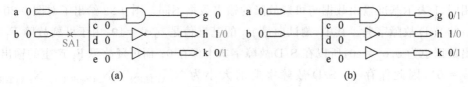

图 9-23 组合逻辑 SLAT 失效向量示例

为此,可以采用基于多故障模拟的诊断方法,通过模拟多个故障同时存在的情况,更加准确地分析多个故障可能存在的相互作用和失效响应。如图 9-24 所示,诊断多故障需要多次迭代进行。最开始若干候选故障被选出,这里可以采用前述基于单故障模拟的诊断方法。在后续迭代中,逐个分析候选故障,通过比较这个候选故障和一个可疑故障同时存在时产生的失效响应与待诊断电路的失效响应,决定选择哪个可疑故障作为本次迭代的候选故障。如此一来,经过多次迭代,选出能够解释所有失效响应的多个候选故障集合,在每个集合中,候选故障同时存在时,能够产生与失效电路完全相同的失效响应。这种方法的优势在于准确度较高,但问题也很明显,大量的多故障模拟,导致计算速度较慢。

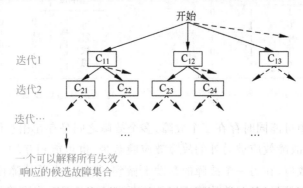

图 9-24 基于多故障模拟的组合逻辑失效芯片诊断方法示例

第三种故障诊断方法是基于故障传播路径的诊断方法,在该方法中,不仅分析各个可疑故障产生的失效响应,也分析可疑故障到失效输出和正确输出的传播路径,分析其故障效应传播的难易程度。这种方法考虑多故障之间可能存在的屏蔽与增强作用,分析故障效应传播路径上可能出现的屏蔽与增强。如图 9-25 所示,该电路在输入 abcdef＝101111 下共有三个失效输出 u、v 和 w。针对其中的可疑故障,分别分析它们的故障传播路径。例如,若 SA0 故障发生在 u,那么它可以完全解释失效输出 u。若 SA0 发生在 q 可以使 s 的逻辑值从 1 变为 0,但仅当存在其他故障使 o 的逻辑值也从 1 变为 0 时,输出 v 的数据才有可能从 1 变为 0,也就是说这个故障的传播需要其他故障的增强才可以,因此称 q/0 部分解释失效输出 v。在分析了所有可疑故障的传播路径后,可以得到这些可疑故障哪些能够直接解释一个失效输出,哪些需要其他故障的增强或者屏蔽,才能部分解释失效输出,基于该分析,对可疑故障进行筛选。由于 u/0 只能完全解释 u、s/0 只能部分解释 v,而 q/0、l/0、c/0 和 b/1

既可以完全解释 u,又可以部分解释 v,因此后者比前者更有可能是真实故障。然后在这四个可疑故障中,l/0 和 b/1 不能解释正确输出 t,因此 q/0 和 c/0 被进一步选出。同理,v/0 和 e/0 也会被选出。最后,通过找出尽可能少的可疑故障完全解释所有失效响应,得到诊断结果。

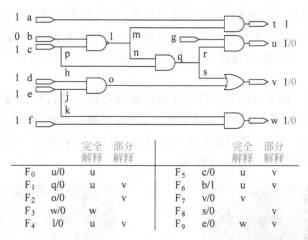

		完全 解释	部分 解释			完全 解释	部分 解释
F_0	u/0	u		F_5	c/0	u	v
F_1	q/0	u	v	F_6	b/1	u	v
F_2	o/0		v	F_7	v/0		v
F_3	w/0	w		F_8	s/0		v
F_4	l/0	u	v	F_9	e/0	w	v

图 9-25　基于故障传播路径的组合逻辑失效芯片诊断方法示例

9.5　良率学习

想要有效地提高良率,就需要分析导致芯片失效的原因,找到原因后,才可以有效地改进设计或者工艺步骤,从而提高良率。因此,利用故障诊断结果做良率学习是非常重要的技术手段,它通过分析失效芯片的失效输出,得到失效芯片内的可疑故障,并将可疑故障缩小到版图上的某些区域,然后结合统计、机器学习等方法,得到一批芯片失效的根本原因,进而指导 PFA,最终达成良率快速提升。

如图 9-26 所示,故障诊断最开始定位了可疑的门或线,通过版图分析,可以进一步定位到版图上的特定区域,通过根本原因分析(Root Cause Deconvolution,RCD),利用统计、机器学习等方法,可以进一步定位根本原因。

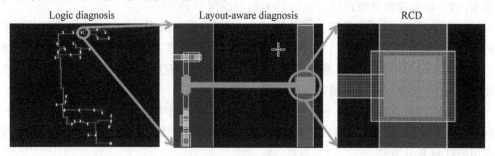

图 9-26　RCD

在整个分析过程中,首先,需要有大量的诊断报告数据,这些报告数据包含了失效芯片中可疑的缺陷特征,例如这些失效芯片中可能发生的故障是开路故障、短路故障还是符合某种故障模型,是发生在逻辑门内的故障、连线上的故障还是发生在通孔中,这些故障是发生在组合逻辑上,还是发生在扫描链上,这些故障可能发生在芯片中的哪一层,在版图上呈现出一种什么样的图形模式。然后,从整个晶圆来看,一共有多少个失效芯片,这些失效芯片有多少个具有相同的特征,统计分析可以快速地筛查出一些显而易见的根本问题,但是一些隐藏的问题需要进一步利用机器学习等技术来获得。图 9-27 给出了一个晶圆上失效芯片的分布案例。

简单的统计方法,例如将所有失效芯片的可疑故障特征进行统计分析,可能会发现,在一个晶圆上失效芯片的可疑故障位置比较集中,例如绘制一个热分布图,颜色越黄(扫描二维码看彩色图片)表示这个区域被标记为可疑故障的芯片越少,颜色越红表示这个区域被标记成可疑故障的芯片越多,如图 9-28 所示。

彩色图片

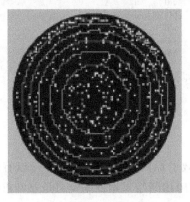

图 9-27　晶圆上的失效芯片分布案例

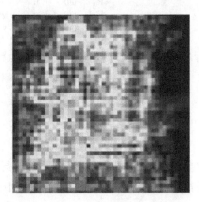

图 9-28　失效芯片可疑区域热分布图

在实际失效芯片中,并非所有的缺陷都会发生在相同的位置,比如一批芯片由于工艺制造的流程问题,容易出现短路的缺陷,那么这种短路可能发生在芯片不同的位置,所以如果直接分析可疑故障的位置是难以发现根本原因的。另一方面,因为在芯片制造过程中,缺陷也可能是由随机原因引起的,它们在统计分析或机器学习分析的过程中,可以看作噪声,噪声越多,越不容易有效分析出系统性失效的根本原因。

针对上述问题,可以对晶圆进行区域划分。如图 9-29 所示,这里选择的诊断结果特征是桥接故障,如果对整个晶圆上的所有区域进行分析,很难找出系统性问题失效的根本原因。但是如果以图中所示的圆圈方式对区域进行划分,就有可能发现在一定区域内的失效芯片,它们是存在导致桥接故障的根本原因。

一个晶圆内可能存在多个不同的根本原因,在分析根本原因时,如果混合在一起分析,很有可能互相干扰,所以区域的划分有可能将不同的根本原因分割出来。图 9-30 给出了一些常用的区域划分方法。

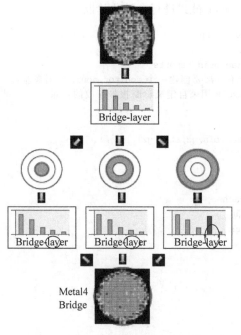

图 9-29　基于区域进行失效根本原因分析

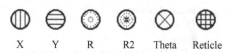

图 9-30　区域划分方法

9.6　设计实例

由于设计应用场景的不同,工业界的数字芯片在故障诊断的实现上会有各种各样的形式和流程。这里通过 Siemens 公司的商用 Tessent Shell 工具包,介绍其有代表性的流程,主要包括准备阶段、故障诊断阶段与良率学习阶段。

首先,是准备阶段,该阶段主要实现的是创建 layout database、pattern cache 和 RCD constant。

```
tessent - shell - log ./logs/diag_setup.log - rep
:启动 tessent shell 工具,记录 log
set_context patterns - scan_diagnosis
:设置 context 为诊断环境
read_flat_model [glob ./data/design.flat * ]
:读入 flat model
create layout ./data/design.ldb - leflist [lsort [ glob ./data/lefdef/ * .lef * ] ] - deflist
[lsort [ glob ./data/lefdef/ * .def * ]] - rep
:根据 def lef 创建 layout database
open_layout ./data/design.ldb/
:打开创建好的 ldb,便于后续生成 RCD constant,保存在 ldb 中
read_patterns [ glob ./data/design.pat.{gz,tar,bin.gz,stil.gz} ]
:读入 pattern file
create_feature_statistics
:生成 RCD constant
```

其次，是故障诊断阶段，该阶段实现的是利用 server 模式进行自动化诊断。

```
tessent – diagserver – log ./logs/diag_server.log – rep
:启动诊断的 server 工具,记录 log
add_monitor design ./flogs/ – results ./volume_diagnosis_reports
:创建 monitor 为 design,针对每个设计和 pattern 的组合都要创建一个 monitor,monitor 用来监督
:fail log 目录,管理 faillog 输入和诊断过程。– result 用来自定义诊断报告存放的目录
add_design design [glob ./data/design.flat * ]
:读入 flat model,注意指定时也要跟 monitor 匹配
add_pattern design [ glob ./data/design.pat.{gz,tar,bin.gz,stil.gz} ]
:读入 pattern file,注意指定时也要跟 monitor 匹配
add_layout design – DFT ./data/design.ldb
:读入 layout database,注意也要跟 monitor 匹配
add_startup_cache design ./data/design_pattern.cache
:读入 startup cache,减少 pattern 和 flat 的验证时间
add_reporting_format design – text – layout_marker
:指定诊断报告的格式为 text,layout marker
add_analyzer localhost:10
:增加 10 个 analyzer,用于后续的并行诊断
start_diagnosis
:开始诊断
Watch
:观察目前诊断的状态,直至诊断完成
```

最后，是良率学习阶段。该阶段是对诊断出来的故障日志进行良率分析，利用 RCD 分析找到良率损失的根本原因，并找到合适的有代表性的裸片去做 PFA 验证。YieldInsight 工具主要是 GUI 界面的操作。对于前期加载输入文件可以使用脚本，也可以用 GUI，后续的分析基本都是用 GUI 界面操作。所有执行过的命令保存在 logs/tyi_flow_log.do。

```
tessent – yieldinsight – log ./logs/3.run_tyi_flow.log – rep
:启动 YI 工具,记录 log
set_variable command_logging true
:可以在脚本里记录所有执行过操作的命令
create_adb_view – new ./ddya.adb
:创建 analysis database,作为后续数据分析的基础
import_diagnosis ./volume_diagnosis_reports/
:导入诊断报告
open_layout ./data/design.ldb/
:打开 layout database
create_population_view Population – filter
:将所有的裸片建成一个集合用于后续分析
analyze_population – signature ChannelOffsetDIE – split_scenarios
:分析 channel offset 及 suspect location signature 排除 systemmatic location,即跟 design、test
:相关的 fail
create_signature_view – sig ChannelOffsetDIE – zone Theta – table pareto
:查看 channel offset – count of die pareto 图表,了解 channel offset – count of die 的分布
analyze_population – signature DiagLocDIE – split_scenarios
:同样找到其他要分析的 signature,suspect location – count of die
create_signature_view – sig DiagLocDIE – zone Y – table pareto
:查看 suspect location – count of die pareto 图表,了解 suspect location – count of die 的分布
```

接下来检查诊断的质量如何,首先确定诊断(diagnosis)模式,因为不同的模式要分开分析。其次看 symptom、unexplained pattern、suspect、score 等统计信息,symptom 数量尽量为 1,unexplained pattern 数量越少越好,suspect 数量越少越好,score 越高越好。

```
analyze_population - signature DiagAlgorithmDIE - split_scenarios
:分析 diagnosis mode - count of die,对于 logic 和 chain diagnosis mode 要分开分析
create_signature_view - sig DiagAlgorithmDIE - zone R - table pareto
:查看 diagnosis mode - count of die 图表,了解 diagnosis mode - count of die 的分布
analyze_population - signature DiagSymptomDIE - split_scenarios
:分析 symptom count - count of die signature
create_signature_view - sig DiagSymptomDIE - zone Y - table pareto
:查看 symptom count - count of die pareto 分布
analyze_population - signature DiagSuspectDIE - split_scenarios
:分析 suspect count - count of die signature
create_signature_view - sig DiagSuspectDIE - zone R - table pareto
:查看 suspect count - count of die pareto 分布
analyze_population - signature DiagUnexplPatternPCT - split_scenarios
:分析 unexplained pattern - count of die signature
create_signature_view - sig DiagUnexplPatternPCT - zone Y - table pareto
:查看 unexplained pattern - count of die pareto 分布
analyze_population - signature DiagSuspectScoreMAX - split_scenarios
:分析 suspect score - count of die pareto signature
create_signature_view - sig DiagSuspectScoreMAX - zone Y - table paret
:查看 suspect score - count of die pareto signature 分布,接下来使用 RCD 分析,分析 root cause
analyze_population - signature RCD - split_scenarios
:分析 rcd - sum 0f probability signature
create_signature_view - sig RCD - zone R - table pareto
:查看 pareto 图表
```

通过 rcd suspect 表找到所有相应 TotalProb 为 1 的裸片作为潜在的候选裸片去做 PFA。后续若进一步缩小裸片的范围可以通过可疑关键区域的大小筛选,越小对 PFA 越有利。

```
create_signature_view - sig RCD - zone R - table rcdsuspects
adjust_view - sort ascend "CritArea SHORT metal5"
:查看 rcd suspect table,并根据 CritArea SHORT metal5 降序排列
create_die_view Report_33.1 - die 33
:查看 dieid 为 33 的诊断报告
create_layout_view - symptom 1 - suspect 1 - physical 1
```

打开物理版图图形界面查看 suspect 值为 1 的版图信息。

9.7　本章小结

数字集成电路故障诊断对物理失效分析和良率学习十分重要。故障既可能发生在可测试性设计添加的扫描链中,也可能发生在负责芯片功能的组合逻辑中。故障诊断方法主要

包括三大类:可诊断性设计方法、自动诊断向量生成方法和失效芯片诊断方法。

由于扫描链上扫描单元串联的结构特性,导致单个扫描链故障可能会引起大量扫描单元的逻辑值发生错误,很难区分扫描链故障,相关研究提出了扫描单元优化设计或扫描链优化设计来解决该问题,通过可诊断性设计方法,提高扫描链固有的故障区分能力。扫描链自动诊断向量生成方法,利用故障在输入时只能影响故障扫描单元与扫描链输出信号之间的扫描单元逻辑值、在输出时只能影响扫描链输入信号与故障扫描单元之间的扫描单元逻辑值的特性,为故障诊断提供更加有效的失效响应。扫描链失效芯片诊断方法通过分析失效响应,选出最有可能发生故障的扫描单元。

组合逻辑可诊断性设计方法主要是向电路中继续添加控制点或者观察点。组合逻辑自动诊断向量生成方法在测试向量的基础上补充向量,使得不同故障在测试向量集下存在不同的失效响应,从而为选出最有可能发生的真实故障提供更多有效信息。组合逻辑失效芯片诊断方法则通过分析失效响应、分析故障与故障之间可能存在的相互作用,使用更有效的故障建模方式描述可能发生的缺陷,提高诊断结果的质量。

9.8 习题

9.1 假设一个芯片中的实际故障是 A、B、C,故障诊断得到了三个候选故障集合,分别是 {A,D,E,F,G}、{B,H}、{I,J,K,L},请计算诊断准确度、分辨率和命中率。

9.2 在如图 9-31 所示电路中,当输入为 1,2,3,4,5,6,7={0110000} 的情况下,正确输出为 18,17,28,11={1000},若失效输出为 18,28={0,1},请使用路径追踪的方法获取可疑的候选故障位置。

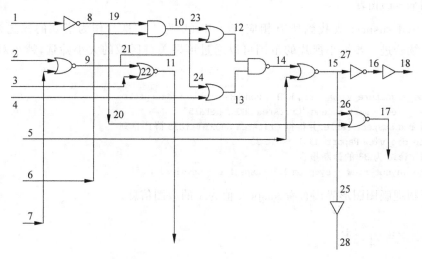

图 9-31 ISCAS`89 基准电路 s27

9.3   在如图 9-31 所示电路中,当输入为 1,2,3,4,5,6,7＝{0010010}的情况下,正确输出为 18,17,28＝{001},若失效输出为 18,28＝{1,0},假设电路中只存在一个固定型故障,请给出可疑的候选故障。

9.4   为习题 9.3 得到的可疑候选故障生成诊断向量,尽可能缩小候选故障的数目。

参 考 文 献

[1]   叶靖. 面向多故障的数字集成电路故障诊断方法研究[D]. 北京:中国科学院大学,2014.

[2]   WANG L T,WU C W,WEN X. VLSI test principles and architectures:Design for testability[M]. San Francisco:Elsevier,2006.

第 10 章

汽车电子测试

10.1 汽车电子简介

随着计算机、电子信息和互联网技术的快速发展,今天的汽车和几十年前的汽车已经有了很大不同,越来越多的功能模块是由电子零部件来主导的,如图 10-1 所示。其中一个最重要的变化是汽车动力逐渐由传统的汽油和发动机变为车载锂电池和电机;另外,由此而衍生的汽车控制、娱乐、通信、定位等也加入了成百上千的电子器件,比如安全气囊、驾驶舱、电池管理、电机的控制器、蓝牙、Wi-Fi、GPS、NFC、车联网等通信模块和相应车载服务器。近些年大热的汽车自动驾驶系统,更是引入了许多车载传感器,如深度摄像头、激光雷达、毫米波等,用以感知车辆的实时状态和周边环境。而拥有超强算力的高级驾驶辅助系统(Advanced Driving Assistance System,ADAS)SoC 芯片则根据这些环境感知,通过各种学习算法,来控制汽车的自主运行,即所谓自动驾驶。当然,真正的自动驾驶离我们还有不小的距离,但不可否认,自动驾驶的愿景却真实驱动着汽车行业的不断变革和创新。

图 10-1　常见的汽车电子器件

近年来,有越来越多的国家开始真切体会到气候变暖、环境污染等对地球的伤害和对人类可持续发展的不利影响。世界的主要经济体都相继出台了各种激励措施,以鼓励汽车行业向低碳、新能源和智慧交通转型。与此同时,以自动驾驶为目标并专注于电动车的特斯拉,如同一条鲶鱼搅动了整个汽车行业,在全球广受欢迎,获得巨大成功。全球的主要芯片厂商也看到了其中巨大的商机,纷纷加大对汽车电子的投入力度。除了传统的汽车电子厂商如博世、NXP、Infineon、Renesas、ST、TI、ONSemi 等,许多原本专注于计算机和消费电子的厂商也开始投入这个赛道,著名的全球公司如英特尔、英伟达、苹果、高通、三星都在其中,国内的大厂如比亚迪、华为、小米等也在其列。图 10-2 给出的是 2016—2020 年芯片行业在各个细分市场的销售额和年均增长率。不难看出,除了计算机和智能手机,汽车电子在2016 年已成为第三大的芯片细分市场,并且有着远高于计算机和智能手机的增长率,这也解释了为什么大公司对汽车电子如此重视。

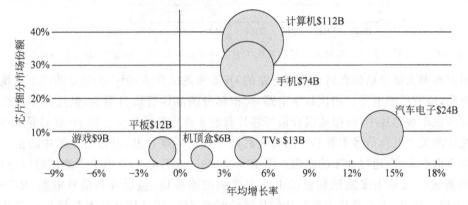

图 10-2   芯片细分市场份额和年均增长率(数据来源:IC Insights)

10.1.1   发展概况和基本要求

在自动驾驶还没有应用之前,汽车电子对芯片的算力要求不高,主要是传感器、系统控制和简单的多媒体交互。一般的基于 MCU(单片机)的设计即可满足这些要求。另一方面,汽车的安全性直接关系到人的生命财产安全,所以汽车电子对芯片质量和可靠性的要求比普通消费电子更高。汽车电子有着严格的安全性规范,只有获得安全认证的芯片才有可能被车厂所采用。传统上,车载芯片倾向于采用成熟的晶圆制程工艺,因为成熟工艺在芯片质量和可靠性上更有保证,但成熟工艺通常要落后于先进制程一到二代。

随着自动驾驶技术的发展,车载芯片(尤其是 ADAS 芯片)的算力需求爆炸式地增长。基于 MCU 的设计无论在晶体管规模还是架构性能上均无法满足这个计算需求。ADAS 系统需要更高端的处理器架构和更先进的晶圆制程,因此高端车载芯片也在逐渐采用半导体行业的领先制程。如图 10-3 所示,2008 年主流的先进制程工艺为 45nm,但汽车芯片的主要制程工艺仍为 90nm;到了 2020 年高端的车载 ADAS SoC 芯片 Mobileye EyeQ5 采用了7nm 工艺,和最先进的 5nm 工艺已非常接近。需要指出的是,先进制程会不可避免地引入新型制造缺陷,如何在采用先进制程的同时保证不牺牲芯片质量和可靠性,对汽车电子来说是一个重大的挑战,需要付出额外的努力。

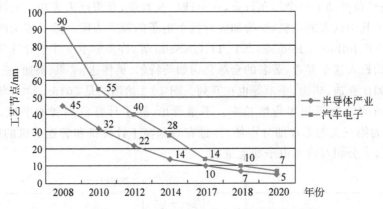

图 10-3　汽车电子领域高端处理器芯片的工艺节点发展趋势(数据来源：Strategy Analytics)

虽然本书大部分篇幅在讨论数字电路的 DFT 和测试算法,但一个完整的电子系统既有数字电路,也有模拟电路。相比数字电路,模拟部分的晶体管数目很少,但这并不意味着它不重要。在车载芯片中,模拟或混合信号芯片有着非常重要的地位。图 10-4(a)是 ONSemi公司统计的关于混合信号车载芯片的失效机制分析。不难看出,混合信号芯片的主要失效来源为模拟电路,有超过 3/4 的比例。图 10-4(b)是一款 SoC 芯片的生产测试时间分解,大部分的测试时间是用来测试和模拟电路相关的电路模块,包括混合信号电路、RF 电路、PMU 电路。因此,不论是从车载芯片的故障诊断上来看,还是从高算力车载 SoC 芯片的生产测试成本来看,模拟电路的测试都是一个必须有效解决的问题。

电路类别	测试时间占比
混合信号电路	34%
RF电路	22%
PMU电路	20%
数字电路	11%
其他	10%
存储模块	2%

(a) 混合信号车载芯片的失效机制分析　　　　(b) SoC 芯片的生产测试时间分解

图 10-4　模拟电路在芯片测试中的重要性

总体来说,汽车电子芯片的测试策略受到下面几个要求和因素的影响。

(1) 严格的质量要求。汽车厂商对车载芯片的质量有严格要求的传统,通行的目标次品率是 0 DPPM,即每百万芯片的次品数目要控制在逼近于零。这个质量要求在芯片细分市场中(见图 10-2)是最高的。

(2) 非常高的可靠性要求。汽车厂商要求车载芯片在出现硬件故障的前提下仍能维持一定的安全状态,以保证汽车行驶的安全性。当前,这主要是由 ISO 26262 功能安全标准所驱动的,所有的车载芯片都必须通过 ISO 26262 标准所定义的安全认证。

（3）故障诊断的要求。除了车载芯片的高质量和可靠性这两个硬指标外,汽车厂商同时也要求芯片在发现系统性故障后能够快速准确地进行物理定位,以便后期持续的产品改进和降低售后服务的成本。

（4）芯片安全性的要求。今天的汽车系统已不仅仅是汽车,它也是万物互联网络的一部分。如何在这个网络中保证汽车的财产安全和数据安全也是 DFT 架构设计需要考虑的因素。对 DFT 来说,就是要求从硬件角度来定义以防范各种非法的恶意攻击。

（5）芯片规模和先进工艺节点的影响。自动驾驶技术驱动了车载芯片的规模增长和先进制程的应用,但这同时也增加了芯片测试 DPPM 目标的达成难度。

（6）系统复杂度的影响。随着汽车中芯片数目的持续攀升,车载电子系统测试也变得更为复杂,这就需要更为高效的芯片 DFT 设计来帮助更好地完成系统测试。

10.1.2 主要挑战

综合汽车电子的发展状况分析,从芯片测试的角度上来说,车载芯片的测试主要有以下几个挑战。

（1）测试质量的挑战。即如何在有效控制测试成本的前提下达到接近于 0 DPPM 的测试效率。当然,这个测试效率是针对整个芯片,包含数字部分和模拟部分。

（2）DFT 架构的挑战。DFT 架构的设计要满足汽车电子的现场测试(In-Field Test,IFT)需求;同时这个架构还必须能够无缝衔接地应用到整个电子系统的测试中,并提供不同接口来实现实时的系统测试和诊断,即汽车电子中所说的系统实时测试(In-System Test,IST)。

（3）测试工具自动化的挑战。由于激烈的竞争,高端 ADAS 芯片设计的市场窗口期越来越短。为了适应这个现实,就要求测试工具不断提高自身的自动化水平,高效处理复杂 SoC 芯片的 DFT 模块的自动插入和整合,实现层次化的 ATPG 和测试向量集的快速重定向,并自动生成满足功能安全需求的分析报告。

（4）数据安全的挑战。从数据安全的角度上来说,DFT 架构中的扫描链设计因为提供了芯片内部寄存器的直接访问方式,是非常危险的,所以在 DFT 设计中,需要加入一些特殊的控制模块来实现扫描链数据的安全访问。

10.1.3 可测试性设计技术应用

1. 面向物理缺陷的结构测试

为了满足汽车电子对车载芯片的严格 DPPM 的要求,在数字电路的测试上,仅仅采用经典的基于逻辑故障模型的测试向量集是不够的。有研究表明,在使用了传统的固定型故障、跳变延时故障、Iddq 故障的测试集后,仍然发现了一定数量的次品逃逸,这些次品逃逸对应到数十至数百的 DPPM。所以,车载芯片需要引入额外的面向物理缺陷的故障模型来进一步降低 DPPM。

如图 10-5 所示,一个比较热门的面向物理缺陷的故障模型是标准单元内部的开路和短路故障。传统的逻辑故障模型无法完全检测标准单元内部缺陷所导致的差错行为,因此人们提出了这个新的故障模型。它的故障行为建模是通过在标准单元内部插入开路或短路缺陷,并进行 SPICE 仿真而得到的,因此,它可以比较准确地反映标准单元内部缺陷的差错行为。

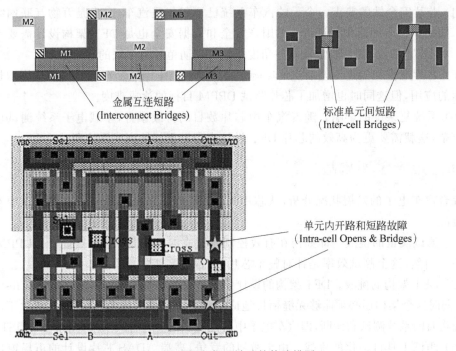

图 10-5 面向物理缺陷的故障模型

另外一类面向物理缺陷的故障是通过版图提取的短路故障,它既包括金属层的互连线短路,也包括标准单元间的短路。通过版图提取的金属层的互连线短路故障集,同基于逻辑网表的短路故障集相比,故障数目大幅下降且故障定位更为准确。因此,它可以在降低短路故障的测试向量数目的同时,提高短路故障的物理覆盖率。标准单元间的短路故障也无法用逻辑电路的短路故障来描述。它的故障建模同标准单元内部故障类似,是通过 SPICE 仿真实现的。上述三类面向物理缺陷的故障模型,现在主流的商用工具都有很好的支持,可以自动生成故障列表和相应的测试向量。

车载芯片既有数字部分,也有模拟和混合信号部分。而模拟和混合信号部分的测试也是同样重要的。模拟和混合信号电路(Analog and Mixed Signal Circuit,AMS)的测试和数字电路不同,没有类似于数字电路的被广泛认可的简洁紧凑的故障模型和商用自动测试向量生成工具。常见的开路或短路故障当然会对 AMS 电路的性能和正常工作造成影响。但更多的 AMS 故障是属于参数类型的故障,简称参数故障。参数故障中的参数取值有无穷的可能性,因此仿真所有可能的故障是不可能的。所以,AMS 测试中的一个难点是如何选取一组有代表性的故障集,通过提高代表性故障集的故障覆盖率可以提高 AMS 电路的整体测试覆盖率和测试质量。

AMS 的电路测试很大程度上要依赖于电路工程师针对特定电路功能和性能要求来定制专门的测试方法和流程。尽管 AMS 电路的测试流程还不能做到自动化,但对于工程师定制的测试流程必须能够有效评估它的测试质量,Stephen Sunter 在 2019 年的国际测试会议(International Test Conference,ITC)论文中很好地总结了 AMS 电路故障模拟自动化的研究成果,其主要思想如图 10-6 所示。AMS 电路的故障模拟自动化需要有如下输入。

- 电路的晶体管级网表,通常是以 Verilog-A 或 VHDL-A 的形式存在的。
- AMS 电路的测试文件,即 Testbench。
- 电路网表中晶体管、二极管等基本元件的物理缺陷模型。
- 各类物理缺陷模型的发生概率。

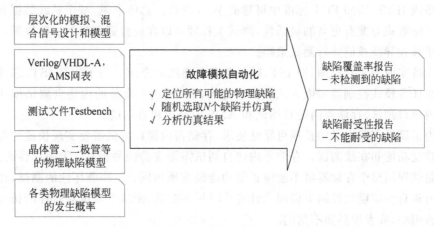

图 10-6　模拟和混合信号电路故障模拟自动化的基本思想

有了这些输入信息以后,缺陷模拟自动化工具即可进行如下操作。

- 定位 AMS 电路中所有可能的物理缺陷位置。由于 AMS 的电路规模通常只有数十至数百个晶体管,故这个在算法实现上是可行的。
- 随机选取 N 个有代表性的缺陷进行 SPICE 和 Verilog-A 仿真。当然,这个随机是一个加权的随机,即发生概率高的物理缺陷会有更高的可能性被选中。
- 分析仿真结果并给出分析报告。

AMS 电路故障模拟的分析报告会给出两类信息,一类是代表性缺陷集的故障覆盖率,以及哪些缺陷没被检测到;另一类是缺陷耐受性分析,即 AMS 电路可以耐受什么类型的缺陷,什么缺陷不能耐受。AMS 电路设计和测试工程师可以根据这个自动化的故障模拟流程,不断改进和优化 AMS 电路的设计和测试流程。

现阶段可以支持 AMS 电路故障模拟自动化和测试效率分析的商用工具是西门子公司的 DefectSim[①]。相信随着时间的推移,会有越来越多的 EDA 公司推出类似的解决方案。

---

① DefectSim[EB/OL]. [2022-11-5]. https://eda.sw.siemens.com/en-US/ic/tessent/test/defectsim/.

2. DFT 架构的设计

为了满足汽车电子在可靠性和实时系统监测方面的要求,在车载芯片的 DFT 架构设计上通常有如下特性。

- 采用层次化的 DFT 架构设计,每个模块或嵌入式核的 DFT 逻辑和测试向量生成可以在模块级完成。模块级的测试向量可通过 EDA 工具的重定向转换成芯片级的测试向量。
- 支持 IEEE 1149.1 标准,便于车载电子的系统测试集成。
- 支持 IEEE 1687 标准或 IEEE 1500 ECT 标准,有效实现嵌入式核或嵌入式仪控的测试访问和调度。
- 针对 ADAS 系统 SoC 芯片的多核高带宽测试,采用基于总线数据包的扫描测试网络或 IEEE 1500 ECT 标准中可选的 WPI 端口。总体来说,基于总线数据包的测试网络解决方案有更高的灵活性,测试工程师可以在硅验证和硅调试阶段随时调整同质核和异质核的并行测试策略。
- 支持实时的芯片监测,即 IST,后面会有更详细的介绍。为了支持 IST,芯片必须包含任务模式控制器和嵌入式核的内建自测试模块。常见的内建自测试模块有逻辑内建自测试、存储器内建自测试和 AMS 电路内建自测试。
- 为了满足车载电子的长期可靠性要求,存储器内建自测试需要实现快速的存储器自修复功能和在线测试。存储器内建自测试需要支持两种模式:①破坏性的测试,即测试期间整个存储器将不能被正常功能模块所访问;②非破坏性的测试,存储器在内建自测试模块控制下做间发性的短时局部测试,而这个测试对软件的访存来说是透明的,或者说感知不到的。

3. 芯片安全的考虑

在汽车电子的应用中,车载芯片的数据安全是一个需要严肃对待的问题。为了防止通过 DFT 逻辑和扫描链的恶意攻击,有以下几点设计原则。

(1) 避免结构扫描向量直接访问扫描链。第 6 章所讲述的测试压缩技术即有这样的功效。在测试压缩中,芯片内部的扫描链需要通过解压缩模块的解压缩才能被赋值测试激励;而扫描链捕获的测试响应也需要通过响应压缩模块压缩后才能送至测试仪端口。同样道理,逻辑内建自测试模块也有类似的作用。因此,测试压缩和逻辑内建自测试本身已经可以很好地抵御基于扫描链的侧信道攻击。

(2) 有效的 TAP 端口加密访问。在车载芯片的测试和调试中,TAP 端口是应用最广泛的测试端口之一,由于通过 TAP 端口可以读写各种类型的数据寄存器,所以 TAP 端口的安全性至关重要。为了保护经由 TAP 端口的数据安全,可以在 TAP 访问时加入基于指纹或其他密钥的解锁模块,如图 10-7 所示,只有通过指纹或密钥验证的配置信息才可能访问芯片内部寄存器的信息。

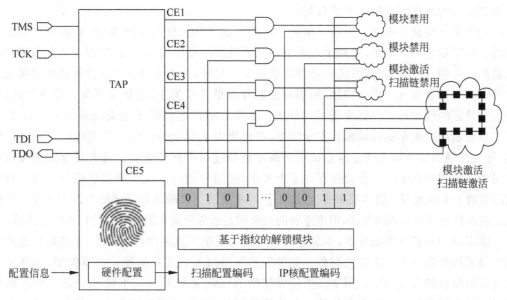

图 10-7　引入指纹解锁模块的 TAP 安全访问机制

10.2　汽车电子的功能安全验证

10.2.1　基本概念

同普通的消费电子芯片相比,汽车电子一个显著的不同点是要求功能安全(functional safety),即要求芯片在出现硬件故障的前提下仍能保证车辆和周围行人的安全。近年来,由 ADAS 系统驱动的自动驾驶技术发展给汽车电子行业带来了巨大的机遇和挑战。其中一个巨大的挑战是功能安全验证。功能安全验证(functional safety verification)和芯片设计流程中的功能验证(function verification)这两个术语看起来有些相像,但它们其实是两个非常不同的概念。功能验证指的是在芯片设计中验证芯片的物理实现同它的设计规范是等价的,包含验证门级网表和电路 RTL 模型之间的等价关系,版图实现和门级网表之间的等价关系等。而功能安全验证则指的是验证一个系统或芯片在出现硬件故障的前提下仍能够保持系统或芯片的安全状态。

一个严格完成功能验证流程的系统或芯片,并不能保证它没有功能安全上的问题。对于在车载环境中长时间运行的芯片来说,或多或少的随机硬件故障是无法避免的。如果由此而导致了功能安全上的问题可能引起车毁人亡。这个问题在自动驾驶中显得尤为重要,因为车辆的运行完全是由软硬件自动控制的。因此,功能安全验证是自动驾驶技术广泛应用的前提条件和必须解决的关键问题之一。从某种意义上来说,功能安全验证同数字芯片测试理论中的故障模拟和故障分类更为接近,但也不完全一致。功能安全验证中的硬件故障模型有它的具体特点,并且它的故障模拟和分类是在芯片功能模式下进行的,而数字芯片的测试更多的是在测试模式下进行的。

　　功能安全验证并不是一个新生事物。在航空航天和医疗电子产业中,系统安全是最重要的设计考量之一。但是,这两个产业可以允许较高的元件成本,所以类似于冗余备份的技术被广泛应用,以此来保证系统容错和功能安全。另外,功能安全验证在没有自动驾驶技术之前在汽车行业也有一定的应用,但那时候芯片以单片机为主,复杂度不高。即便如此,功能安全验证的问题也没有得到很好的解决。一个比较出名的例子是美国通用公司自 2000年左右开始出现的车辆启动模块安全隐患,该模块由于安全防盗电子系统的设计和制造缺陷,导致车辆间歇性地无法正常启动或是高速行驶过程中突然熄火。这个安全隐患在通用公司的多款型号汽车中一直持续存在了十多年,通用公司一直试图掩饰和避重就轻。直到陆续有数十人因此在交通事故中丧生,通用公司才被迫正式确认和承诺解决这个问题。它的账面成本是数百万车辆的召回,但更重要的代价则是通用公司在消费者中的口碑持续滑落。

　　随着自动驾驶技术的发展,车载芯片的规模和复杂度急剧攀升。另外,车载芯片也越来越多地采用半导体的先进工艺制程。先进工艺会增加车载芯片的硬件故障概率,功能安全验证的重要性越发突出了。用于高级驾驶辅助 ADAS 系统的高端车载 SoC 芯片可以轻松超过一亿个逻辑门。相比先前的基于单片机的车载芯片,规模和复杂度上都高出了好几个数量级。另外,汽车行业对元件成本是很敏感的,通过大量冗余的系统备份(比如航天电子)来实现功能安全在汽车行业是不现实的。所以,研究不依赖于高成本的冗余备份系统的功能安全验证方法和技术,对汽车自动驾驶产业有非常重要的意义。

　　严格意义上的汽车功能安全应该从整个汽车系统角度来定义,包括避让行人、不跨道行驶、不违规超车、不闯红灯等。功能安全的实现最终还是要落实到具体的硬件、软件和软硬件的协同设计上。而芯片产业作为汽车的硬件供应商,其关注点则是芯片硬件的功能安全验证,这个验证主要是由 ISO 26262 标准驱动的。

10.2.2　ISO 26262 简介

　　在车载汽车电子领域,ISO 26262 是一个非常重要的国际功能安全标准。该标准于2011 年正式发布,并在 2018 年进行了修订。ISO 26262 定义了汽车的软硬件系统需要符合哪些规范来达到汽车行业的功能安全要求。鉴于本书讨论的是芯片测试,而芯片属于汽车系统的硬件部分。所以,本节侧重讲述的是 ISO 26262 对车载硬件的功能安全要求。

　　ISO 26262 要求厂商详细分析车载芯片的随机硬件故障对汽车系统功能安全的影响,并给出符合 ISO 26262 规范的安全认证报告。在芯片结构测试理论中,大家已经对芯片测试理论中的各类故障模型有了比较详细的了解,包括固定型故障、跳变时延故障、开路故障、短路故障等。汽车电子的硬件故障模型相对芯片结构测试的故障模型来说,更为简单,也可以说是一个简化的版本。

　　下面介绍 ISO 26262 的随机硬件故障模型和分类。

　　功能安全验证的随机硬件故障只考虑芯片电路中的固定型故障或永久故障(permanent fault)和瞬时故障(transient fault)。这里的电路可以是门级网表,也可以是

RTL 网表；工程师更倾向于使用门级网表，因为它的故障模拟虽然更耗时，但更准确。固定型故障同芯片测试理论中的固定型故障一样，指的是电路中的某个内部节点的值因为故障的原因恒为 0 或恒为 1。瞬时故障也称软错误（soft error），指的是电路的内部节点因为电源噪声或辐射的原因短时间内取了一个错误值，随后又很快回到它的正确值。为了便于故障模拟，瞬时故障被简化成一个电路节点在某个特定时钟周期内取了一个错误值。

不难看出，功能安全验证中的固定型故障源的数目约等于电路中逻辑门的个数；而瞬时故障源的数目则几乎无法穷尽，因为电路在功能模式下要经历上百万甚至上亿的时钟周期仿真，而每个逻辑门在每个时钟周期都可以取一个差错值。很显然，在功能安全验证中模拟所有的故障是不现实的。虽然单点固定型故障还有可能，但单点瞬时故障的数目就多得无法处理了。因此，功能安全验证是采用加权随机故障采样的方法来进行故障模拟的。这个加权指的是不同故障类型的发生概率。固定型故障的发生概率可参照 IEC 62380 标准；而瞬时故障的概率则可采用 JESD 89 标准。ISO 26262 标准中要求采样的故障是单点故障和多点故障的集合。单点故障模拟指的是只模拟单一的固定型故障或瞬时故障；多点故障模拟则是模拟两个单点故障的复合影响，功能安全验证一般不要求模拟数目超过 2 的多点故障。

如图 10-8 所示，由随机故障引起的硬件的失效模式可分为"和安全无关的硬件失效模式"和"和安全有关的硬件失效模式"。与"和安全无关的硬件失效模式"相对应的故障称作"和安全无关的故障"；它们在功能安全验证中不被考虑。只有和安全有关的硬件失效模式，其相应的故障才会被考虑。这些故障可以分成以下 6 类。

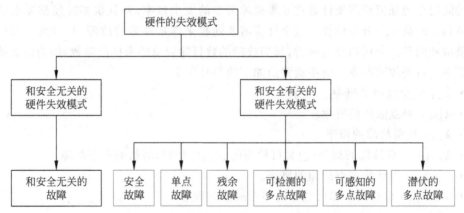

图 10-8　功能安全验证中的硬件故障分类

（1）安全故障（safe faults）：它指的是不会对安全逻辑模块造成影响的故障。这类故障要么与安全逻辑之间不存在物理连接；要么是物理连接被某些逻辑门屏蔽掉了。安全故障可以是单个位置的故障，也可以是 n 个位置（$n>1$）同时发生的故障。ISO 26262 的假定是 $n>2$ 的多位置故障都为安全故障。

（2）单点故障（single point faults）：这类故障属于单个位置的故障，故称"单点"。单点故障会造成安全逻辑模块的输出错误。并且，没有安全机制（比如循环冗余校验 CRC）对该安全逻辑模块进行保护。对于功能安全来说，这是需要被特别关注的硬件故障。

(3) 残余故障(residual faults)：残余故障是一个特殊类型的单点故障，同单点故障一样，残余故障也会造成安全逻辑模块的输出错误，但区别在于该安全逻辑模块有安全机制的保护，但安全机制检测不到这个故障。

(4) 可检测的多点故障(detected multi-point faults)：这类故障来自多个位置故障的共同作用，但它的故障效应可以被安全机制检测到，并且，安全逻辑模块的错误输出可以被修正。因此，这类故障是安全的。

(5) 可感知的多点故障(perceived multi-point faults)：这类故障也来源于多个位置故障的共同作用，但故障效应未被安全机制检测到，且没有影响安全逻辑模块的信号输出。虽然没有异常报警，但对驾驶体验有影响，驾驶员可以明显感知到这类故障的存在。可感知的多点故障通常不适用于数字芯片。

(6) 潜伏的多点故障(latent multi-point faults)：潜伏的多点故障也来源于多个位置故障的共同作用，同可感知的多点故障一样，其故障效应未被安全机制检测到，且没有影响安全逻辑模块的信号输出。但和可感知的多点故障不一样的是，没有任何迹象表明它甚至存在过。潜伏的多点故障本身虽不会导致输出错误，但它有很大概率会影响后继的随机故障检测和纠错。

需要指出的是随机故障的分类是根据不同的安全目标来进行的。对于一个特定随机故障来说，它可能在安全目标 A 下是安全故障，但在安全目标 B 下就变成了单点故障。所以，随机故障的分类在不同的安全目标下会有不同的分布。

功能安全验证流程需要计算这 6 类故障类型的发生概率，并且很多时候都要求对固定型故障和瞬时故障要分开计算。这个计算需要随机采样足够多的故障，并对每个采样故障进行模拟和归类。分析归类完成后，每类故障的数目除以总的采样故障数，即为该类故障的发生概率。各类故障的发生概率通常由如下的符号定义。

- λ_S：安全故障的概率。
- λ_{SPF}：单点故障的概率。
- λ_{RF}：残留故障的概率。
- λ_{MPF}：多点故障的概率(包含可检测的、可感知的和潜伏的多点故障)。
- $\lambda_{MPF,L}$：潜伏的多点故障的概率。
- $\lambda_{MPF,DP}$：可检测的和可感知的多点故障的概率。
- $\sum\limits_{SR,HW} \lambda$：所有与功能安全相关的故障概率之和。

有了所有与安全相关的故障概率后，功能安全验证流程还需要计算一些重要的安全指标。对它们的描述如下。

(1) 单点故障指标 SPFM(Single-Point Fault Metric)：SPFM 反映的是芯片的安全机制对单点故障的保护和纠错效率。它的计算公式为：

$$SPFM = 1 - \sum_{SR,HW}(\lambda_{SPF} + \lambda_{RF}) \bigg/ \sum_{SR,HW} \lambda = \sum_{SR,HW}(\lambda_{MPF} + \lambda_S) \bigg/ \sum_{SR,HW} \lambda$$

不难看出，安全故障越多，SPFM 越高；安全机制越有效，残留故障越少，SPFM 越高。

（2）潜伏多点故障指标 LFM(Latent Fault Metric)：LFM 反映的是芯片的安全机制对多点故障的保护和纠错效率。它的计算公式为：

$$LFM = 1 - \sum_{SR,HW}(\lambda_{MPF,L}) \Big/ \sum_{SR,HW}(\lambda - \lambda_{SPF} - \lambda_{RF})$$

$$= \sum_{SR,HW}(\lambda_{MPF,DP} + \lambda_S) \Big/ \sum_{SR,HW}(\lambda - \lambda_{SPF} - \lambda_{RF})$$

不难看出，安全故障越多，LFM 越高；安全机制越有效，可检测的多点故障越多，LFM 越高。

（3）随机硬件失效的概率指标 PMHF(Probabilistic Metric for Random Hardware Failure)：它指的是随机硬件失效在汽车系统的运行过程中每小时的发生概率。具体的计算公式可以参看 ISO 26262 标准的定义。需要指出的是随机硬件故障不一定导致硬件失效，因为有相当比例的硬件故障可以被安全机制检测到并纠正，硬件仍可以正常运行。

（4）诊断覆盖率 DC(Diagnostic Coverage)：具体的计算公式可以参看 ISO 26262 标准的定义。

图 10-9 给出了数字芯片功能安全验证的基本流程。该流程中去掉了可感知的多点故

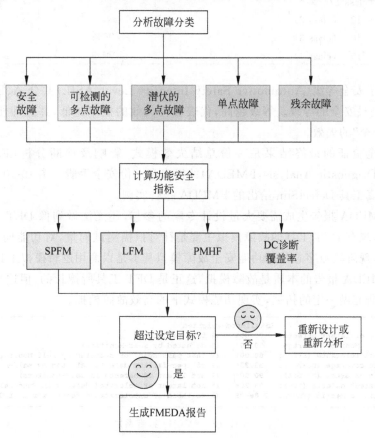

图 10-9　数字芯片功能安全验证的基本流程

障分类,因为它只适用于模拟芯片。当所有的功能安全指标被计算出来后,需要查看它们是否满足所设定的安全等级的指标要求。表 10-1 给出了汽车电子不同功能安全等级的各项功能安全指标的定量要求。

表 10-1   汽车电子不同功能安全等级的指标要求

指　　标	ASIL B	ASIL C	ASIL D
SPFM	$\geqslant 90\%$	$\geqslant 97\%$	$\geqslant 99\%$
LFM	$\geqslant 60\%$	$\geqslant 80\%$	$\geqslant 90\%$
PMHF	$<10^{-7}/\text{hr}$	$<10^{-7}/\text{hr}$	$<10^{-8}/\text{hr}$
DC-Residual			
$\text{FIT}<10^{-9}$ (class 1)	—	—	$<90\%$
$10^{-9}<\text{FIT}<10^{-8}$ (class 2)	$<90\%$	$<90\%$	$\geqslant 90\%$
$10^{-8}<\text{FIT}<10^{-7}$ (class 3)	$\geqslant 90\%$	$\geqslant 90\%$	$\geqslant 99\%$
$10^{-7}<\text{FIT}<10^{-6}$ (class 4)	$\geqslant 99\%$	$\geqslant 99\%$	$\geqslant 99.9\%$
DC-Latent			
$\text{FIT}<10^{-9}$ (class 1)	—	—	—
$10^{-9}<\text{FIT}<10^{-8}$ (class 2)	—	—	$<90\%$
$10^{-8}<\text{FIT}<10^{-7}$ (class 3)	—	$<90\%$	$\geqslant 90\%$
$10^{-7}<\text{FIT}<10^{-6}$ (class 4)	—	$\geqslant 90\%$	$\geqslant 99\%$

汽车电子安全等级(Automotive Safety Integrity Level,ASIL)共分 A、B、C、D 四个等级,其中 D 是最安全的等级。等级越高,代表硬件失效的概率越低,并且即便硬件失效,它也应该是"安全"的失效。

功能安全验证的最终结果是一份总结失效模式、影响及诊断分析(Failure Modes,Effects and Diagnostic Analysis,FMEDA)的报告和一份安全手册。图 10-10 是一份西门子模拟电路仿真工具 DefectSim 给出的 FMEDA 报告实例。

当前 FMEDA 报告生成需要大量设计专家的参与,还无法做到像 DFT 工具一样的自动化。另外,现有 DFT 工具的故障模拟主要是针对扫描测试向量,对功能向量的支持非常有限。因此,现阶段数字芯片的功能安全故障模拟基本是以商用逻辑模拟工具为基础的,非常耗时。FMEDA 报告的本质是故障模拟,这正是 DFT 工具所擅长的,但这也要求对 DFT 测试理论的研究做一定的拓展,实现功能模式下的高效故障模拟。

```
                            Likelihood-weighted
         Safe or latent defects:    70.00%   (% that pass Spec)
               Monitor coverage:    50.00%   (% detected by self-Monitors)
        Defect tolerance (SPFM):    80.00%   (% that pass Spec, or detected by self-Monitors)
    Diagnostic coverage (DC-Res):   33.33%   (% of Spec-failing defects detected by self-Monitors)
    Diagnostic coverage (DC-Lat):   90.00%   (% not latent of defects in self-Monitors)
         Non-latent defects (LFM):  96.20%   (% not latent of tolerated defects in Func+self-Monitors)
     Probabilistic metric (PMHF):   2.8e-09  (likelihood of untolerated defects, w.r.t. 1.0e-12/hr)
```

图 10-10   FMEDA 报告实例

10.3 汽车电子的系统实时测试

10.3.1 基本概念

汽车电子对车载芯片有三个基本的硬性要求,如图 10-11 所示。一个是关于芯片质量的 0 DPPM(Defective Parts Per Million)要求,一个是针对产品持续改进的故障诊断要求,还有一个是关于运行安全的系统实时测试要求,即 IST。

在车载芯片功能安全验证中需要设计专门的安全机制模块,用以监控芯片实时运行中的随机硬件故障,并做出必要的异常报警和纠错处理。安全机制模块和系统实时测试看起来似乎有些类似,但它们其实是两个不同的功能模块。

图 10-11 车载芯片的三个基本要求

(1)安全机制模块处理的芯片逻辑处于正常的功能模式下,监测的是功能模式下的随机故障,比如内存访问中 ECC 模块。

(2)系统实时测试中处理的电路模块则处于专门的测试模式下,运行的是芯片测试中的结构测试,比如逻辑内建自测试和存储器内建自测试等。

简单地说,车载芯片的"系统实时测试"指的是在系统的实时运行过程中见缝插针地对特定模块进行结构测试,以便对车载芯片进行实时质量监控。

如图 10-12 所示,系统实时测试主要包含以下三部分。

(1)启动自测试(power on self-test):这里指的是在车辆的启动过程中分配一定的时间段对车载芯片的功能块进行内建自测试。由于车辆启动的时间不宜过长,所以启动自测试有比较严格的时间限制。

(2)断电自测试(power off self-test):顾名思义,断电自测试指的是在车辆断电的过程中对车载芯片进行结构测试。由于用户通常对车辆完成断电的时间不敏感,故断电自测试通常有较充分的时间来完成各个模块的内建自测试。

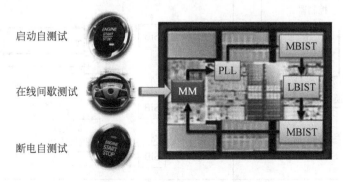

图 10-12 车载芯片的系统实时测试

（3）在线间歇测试（periodic online test）：这里指的是在系统的正常运行过程中，间歇性地对空闲的功能模块进行结构测试。如果是存储阵列的话，还可以进行有限的诊断和自修复。由于间歇性测试不能影响到系统的正常运作，所以每个间歇的时间间隔通常是非常短的。

由于都是结构测试，所以系统实时测试很自然地会和芯片测试共享大部分的 DFT 逻辑，包括逻辑内建自测试、存储器内建自测试、存储器自修复、边界扫描、TAP 控制器、IJTAG 网络、IEEE 1500 网络等。考虑到系统实时测试的相关限制，需要对现有的 DFT 逻辑做一定的增强以满足实时测试的需要。

（1）对于逻辑内建自测试，为了降低测试时间，可以在扫描链移位的过程中引入特殊的观察点。本质上是使扫描链的每个移位周期都成为一个有效的测试向量，这样逻辑内建自测试可以在更短的时间内达到所需的故障覆盖率。

（2）结构测试中的存储器内建自测试会覆盖掉原有的存储器信息，如果这些信息要被随后的系统指令用到，则该测试会影响系统的正常功能运行。所以，对还在使用中的存储器模块进行测试，需要采用非破坏性的测试方法，即在测试完成后需要恢复原有的存储器信息值。

当然，除了使用现有 DFT 逻辑之外，还需要加入一个额外的控制器，这个控制器通常称作任务模式控制器（mission mode controller）。

10.3.2 任务模式控制器

本质上，任务模式控制器是处于系统和片上测试资源之间的控制模块，实现了系统控制的现场测试。根据不同的芯片 DFT 架构，任务模式控制器可以有不同的实现方式。

图 10-13 给出了一个任务模式控制器的简单示意图。该任务模式控制器是基于现有的片上 IJTAG 网络实现 DFT 模块的控制，有如下特性。

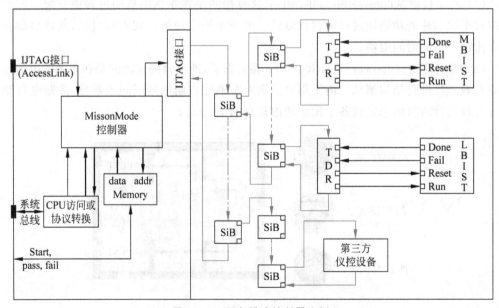

图 10-13 任务模式控制器实例

- 任务模式控制器在系统工作模式下会接管 IJTAG 接口的控制。
- 任务模式控制器的测试向量需要预先存储在存储器中。
- 任务模式控制器的控制可以通过直接存储器访问(DMA)实现。
- 任务模式控制器的控制也可以通过 CPU 的中断控制实现。即当一个功能模块空闲时,可以向 CPU 发送中断请求。CPU 则会调用中断服务程序,该程序会告诉任务模式控制器从存储器中读取该功能模块的 IJTAG 测试向量,并通过 IJTAG 网络实现对功能模块的结构测试。测试的结果同样通过 IJTAG 网络读出,并存储在存储器中。

10.4　本章小结

随着信息技术的不断发展,汽车电子已经成为了芯片产业的一个非常重要和最具增长潜力的细分市场。本章回顾了汽车电子的发展概况,自动驾驶技术驱动下车载芯片测试所面临的几个主要挑战,以及车载芯片测试中的主要 DFT 技术应用。由于汽车电子对硬件可靠性的严格要求,本章重点讲述了功能安全验证的基本概念、ISO 26262 标准的随机硬件故障分类和基本安全指标要求。本章最后介绍了车载芯片的系统实时测试原理和任务模式控制器的概念。

10.5　习题

10.1　请简要讲述汽车电子同普通消费电子相比,在芯片测试需求上有什么特殊的地方。

10.2　自动驾驶技术是从什么方面给车载芯片的测试带来了更大的挑战?

10.3　功能安全验证和芯片设计中的功能验证有什么区别?

10.4　请简要讲述 ISO 26262 中随机硬件故障的分类,它们同芯片测试理论中的故障模型的联系。

10.5　什么是车载芯片的系统实时测试?任务模式控制器的作用是什么?

参 考 文 献

[1]　IC Insights[EB/OL].[2022-11-5]. https://www.icinsights.com/.

[2]　Strategy Analytics[EB/OL].[2022-11-5]. https://www.strategyanalytics.com/.

[3]　混合信号车载芯片的失效机制分解[EB/OL].[2022-11-5]. https://www.onsemi.com/.

[4]　POEHL F, DEMMERLE F, ALT J, et al. Production test challenges for highly integrated mobile phone SoCs—A case study[C]//Proceedings of European Test Symposium. Los Alamitos, IEEE, 2010: 17-22.

[5]　HAPKE F, REDEMUND W, GLOWATZ A, et al. Cell-aware test[J]. IEEE Transactions on Computer-Aided Design of Integrated Circuits and Systems, 2014, 33(9): 1396-1409.

[6] SUNTER S. Efficient analog defect dimulation[C]//Proceedings of International Test Conference,Los Alamitos,IEEE,2019：1-10.

[7] Verification of functional safety [EB/OL]. (2018-01-25)[2022-11-5]. https://semiengineering. com/verification-of-functional-safety and https://semiengineering. com/verification-of-functional-safety-2.

[8] The challenges of automotive functional safety verification[EB/OL]. (2016-09-29)[2022-11-5]. https://www. techdesignforums. com/practice/technique/the-challenges-of-automotive-functional-safety-verification/.

[9] GM ignition issues trigger another massive recall[EB/OL]. (2014-06-30)[2022-11-5]. https://www. autonews. com/article/20140630/OEM11/140639982/gm-ignition-issues-trigger-another-massive-recall.

第 11 章

数字电路测试技术展望

数字电路测试技术自 20 世纪 80 年代以来受到重视之后逐渐发展成熟,并集成应用在 EDA 工具链中,作为测试综合(test synthesis)工具包整体呈现,成为数字电路芯片设计的必要环节。本书前面章节主要介绍了数字电路的基础测试技术。集成电路工艺的细化和新型器件的发展,芯片设计和集成方法的发展,以及芯片应用领域的发展,不断对测试技术提出新的需求或挑战;同时,计算技术领域在形式化方法、机器学习等方面的技术突破,也驱动着数字电路测试技术的发展和进步。

本章将重点从小时延缺陷测试、三维芯片测试、芯片生命周期管理、机器学习在测试中的应用四方面对数字电路测试技术进行展望。

11.1 小时延缺陷测试

数字集成电路芯片上时延变化的原因包括:制造过程中的时延缺陷;静态的工艺参数偏差;电源噪声、串扰效应、多输入跳变等引起的动态偏差;芯片生命期的环境变化(如温度变化等)、单粒子效应、老化效应等。前三种情况均会造成芯片内部的小时延缺陷,即引入很小的时延波动。在纳米级工艺下的高速数字电路中,这些小时延缺陷更容易在特定的输入条件下导致芯片中较长的信号传播通路的时延超过芯片的工作时钟周期,造成芯片功能失效。即使小时延缺陷暂不会影响电路的功能,也会形成一定的隐患使得芯片更易老化失效。因此,为了提升量产测试后芯片的可靠性,避免早期芯片失效,特别是针对应用在航空航天、汽车电子等关键领域的芯片,需要采用更严格的时延测试方法,即小时延缺陷测试。

本书第 3 章中介绍的时延故障的测试生成技术,主要针对跳变时延故障,并简单提到了考虑时序的测试生成得到的测试向量更有可能检测出小时延故障,比如 Synopsys 公司的 TestMAX 测试生成工具可以提供这种功能。

目前,工业界主流的时延测试采用的测试向量来自:跳变时延故障的测试生成,在结构上尽可能覆盖所有电路节点(不含库单元内部的电路节点);针对静态时序分析(Static

Timing Analysis，STA)给出的很有限的关键功能通路，补充进行通路时延故障的测试生成；对跳变时延故障考虑了时序的测试生成。这种情况下，对电路小时延缺陷的检测质量很难给予定量的评估。并且由于工艺参数在纳米级工艺下偏差加剧，设计阶段通过静态时序分析得到的关键通路，与流片之后实际芯片的关键通路差距往往很大，使得测试的质量不能得到保障。

为了分析工艺偏差对电路时延的影响，可以基于统计时延模型，采用统计静态时序分析(Statistical Static Timing Analysis，SSTA)的方法。在统计时延模型下，电路中的逻辑门和引线的延迟可以用包含随机变量的数学公式表示。较典型的描述电路空间相关性的统计时延模型如下：

$$d_a = \mu_a + \sum_i^n a_i z_i + a_{n+1} R$$

其中，a 是一个逻辑门或者互连线，d_a 表示 a 的延迟；μ_a 表示 a 的平均延迟；z_i 是随机变量，描述了第 i 个工艺参数的变化；R 为剩余随机变量，是每个门特有的；a_i 是门延迟对于随机变量 z_i 的敏感程度。假设每个随机变量都服从正态分布。

SSTA 方法可以分为两类，一类是基于蒙特卡洛方法，另一类是基于概率的数学分析方法。蒙特卡洛方法通过在电路延迟的状态空间中随机枚举电路实例，分析这些电路实例的时延特性来评估原始电路的时延特性。蒙特卡洛方法能够处理各种时延模型，是一种比较简单、可靠、精确的电路统计时序分析方法，但是由于需要枚举大量电路实例，计算时间会比较长。基于概率的统计时序分析方法则通过计算电路时延的概率分布函数(Probability Distribution Function，PDF)来分析出电路中通路时延的统计特性，计算效率比较高。概率计算过程主要包括求和运算和求最大值运算。但是由于求最大值运算是非线性的，一般采用近似的求解方法，从而引入了误差；多次使用最大值运算的误差累积会导致最后的结果不够准确。

依赖 SSTA 方法得到的电路中通路时延的统计特性，可以将关键通路选择问题转换为一个最小集合交集问题，使用测试通路集合的时延失效捕获概率(Delay Failure Capturing Probability，DFCP)来衡量时延测试的小时延缺陷检测质量。给定测试通路集合 H，这个概率值定义为：

$$\mathrm{DFCP}(H) = \mathrm{prob}(d_{\mathrm{circuit}} < \mathrm{clk} \mid d_H < \mathrm{clk})$$

其中 d_H 表示 H 中最长通路的延迟；d_{circuit} 表示电路中最长通路的延迟；clk 表示时钟周期。在给定的测试成本约束下，可选择给定数量的关键通路用于小时延缺陷测试。可以分析得到通路集合含有一条通路、两条通路时 DFCP 概率的计算方法；当通路集合中含有三条通路时，可以采用集合交集上下界估算和经验公式模拟的方法来计算相应的 DFCP 概率；当通路集合含有多于三条通路时，通过通路抽象的方法将相应的 DFCP 概率问题转换为通路集合中三条路径时的 DFCP 概率计算问题。在测试领域常用的基准电路上的实验表明，这种基于集合交集估算的关键通路选择方法，与基于蒙特卡洛方法、枚举 10000 个电路实例的关键通路选择方法相比，计算时间降低了两个数量级。

使用 SSTA 方法在测试生成之前选择关键通路,由于尚未考虑关键通路的可测试性,可能由于部分关键通路可测试性差、甚至本身是冗余的信号传播通路,导致最终无法对每条被选择的关键通路生成测试向量,无法达到预期的小时延缺陷的测试质量。

还有另一种衡量小时延缺陷检测质量的模型——SDQM(Statistical Delay Quality Model),使用 SDQL(Statistical Delay Quality Level)值来量化时延测试向量的检测质量。对于一个故障点,它的 SDQL 值可以通过下面的公式来计算。

$$\mathrm{SDQL}_{\mathrm{fault}} = \int_{T_{\mathrm{mgn}}}^{T_{\mathrm{det}}} F(s)\mathrm{d}s$$

其中 $F(s)$ 是时延缺陷的概率密度函数,T_{mgn} 为经过该故障点的最长通路的时间余量,T_{det} 表示测试向量对该故障点敏化通路的时间余量。T_{mgn}、T_{det} 与 $F(s)$ 之间的关系如图 11-1 所示。当缺陷引入的时延偏差小于 T_{mgn} 时,认为该缺陷可以被容忍,即该缺陷是时序冗余的;当缺陷引入的时延偏差大于 T_{det} 时,说明测试向量能有效检测该缺陷;当缺陷的大小位于 T_{mgn} 与 T_{det} 之间时,会使有缺陷的电路通过测试。可以看出,SDQL值表示的是时延缺陷被漏测的概率,SDQL 值越小,测试向量对小时延缺陷的检测质量越高。

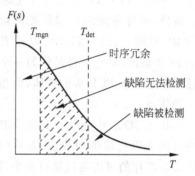

图 11-1 SDQM 中缺陷概率密度函数与 T_{mgn}、T_{det} 的关系

如果能够进一步考虑电源噪声、串扰效应等引起的动态偏差,来对关键通路生成尽可能激励其最大时延的测试向量,显然能达到更好的小时延缺陷捕获概率。但这将时延测试的测试生成问题进一步复杂化,因为除了考虑电路的时延信息,还需要考虑电源网络、互连线的耦合电容参数等,来进行电源噪声故障或串扰故障的收集和测试生成。

汽车电子等关键应用领域已提出了低于 10 FIT(1 FIT=1 次失效/10^9 小时)的芯片高可靠要求,小时延缺陷测试对于通过测试来进一步提升芯片的可靠性非常关键。然而到目前为止,尽管小时延缺陷相关的测试生成问题已经研究了二十余年,但由于该问题的高复杂性和缺少系统全面而高效的解决方案,小时延缺陷测试生成及其测试质量的评估方法还未能在工业界得到有效的应用。

11.2 三维芯片测试

为了维持摩尔定律的集成电路发展趋势,除了不断增加单个芯片的晶体管集成规模外,集成电路设计和制造厂商还在异质芯片的集成封装上持续创新和发力。由此从原来在 PCB 板上的两维芯片集成发展到集成度更高的 3D(Three Dimensional,三维)堆叠的芯片集成,中间有一个过渡的阶段称为 2.5D 集成。现实中并不存在 2.5D 这种维度,2.5D 指既有 2D 特点,又有部分 3D 特点的一种维度。2.5D 和 3D 本质上是一类新型的多芯片叠加和封装技术,可以将不同工艺下制造的多种类型芯片(比如数字芯片、存储芯片和模拟芯片等)以更为紧凑的方式连接和封装在一起。

如图 11-2(a)所示,2.5D 芯片采用了 Interposer 技术,即以硅基或特定有机材料作为载体,预留出给不同芯片的固定位置,芯片之间通过在 Interposer 上的硅通孔(Through-Silicon Via,TSV)互联。相比于传统的封装技术,Interposer 可以实现更为优越的电信号传输特性,通过更短的传输路径降低信号传输中的 RC 延时。2.5D 芯片可以被看作一个紧凑

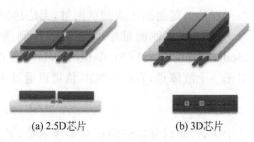

(a) 2.5D芯片   (b) 3D芯片

图 11-2 2.5D 芯片和 3D 芯片示意图

的 PCB 系统,但它本身是作为一个单独的模块置于 PCB 板上的。所以 Interposer 相当于连接多个芯片和 PCB 板的载体,但相比传统的 PCB 板技术,具有体积更小、功耗更低、带宽更大的优点。

比 2.5D 芯片更进一步的是 3D 芯片,如图 11-2(b)所示,3D 芯片中的多块芯片在垂直的方向上进行堆砌和叠加,芯片间的互联通过芯片上预留的 TSV 实现。同 2.5D 芯片相比,3D 芯片的可用测试端口更少,因为对其中任何一块芯片的访问只能通过基座芯片的端口来完成。但不论是 2.5D 芯片还是 3D 芯片,它们所面临的 DFT 挑战还是非常类似的,主要有以下几点。

- 通过封装引脚访问内部芯片的 DFT 机制。
- 测试向量从内部芯片端口到封装引脚的自动转换。
- 3D 封装内部的芯片互连线测试。
- 统一的串行和并行测试端口支持。
- 便捷的 EDA 工具链支持。

不难看出,其实 3D 芯片测试所面临的问题同系统测试和 SoC 芯片测试是非常相通的。因此,在系统测试和 SoC 测试中所应用的一些标准和方法同样可以移植到 3D 芯片测试中。

为了应对 3D 芯片测试的挑战,国际电气与电子工程师协会(IEEE)于 2019 年通过了 IEEE 1838 3D 芯片测试标准。IEEE 1838 标准并没有特别区分 2.5D 芯片和 3D 芯片,其所提出的 DFT 架构和标准定义对两种封装技术都是适用的。图 11-3 给出了 IEEE 1838 标准的主要技术原理,IEEE 1838 标准主要定义了以下三类 DFT 特征。

- 芯片隔离环寄存器(Die Wrapper Register,DWR):它的作用和 IEEE 1149.1 标准中的边界扫描寄存器类似,主要用于测试相邻芯片的互连线以及保证每个芯片的模块化测试。
- 串行控制端口(Serial Control Mechanism,SCM):这是 1 位宽的测试控制信号总线,可以用来传输指令以设置不同芯片所处的测试模式。
- 灵活并行测试端口(Flexible Parallel Port,FPP):这是一个可选的易扩展的多位数据信号端口,通常用来传送芯片生产测试中的海量测试数据。

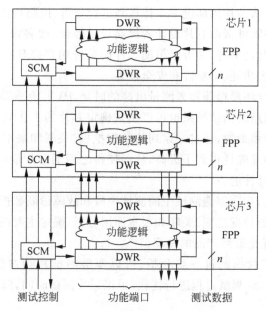

图 11-3　IEEE 1838 DFT 架构基本原理

本书第 8 章关于系统测试和 SoC 测试中所讨论的一系列标准和方法可以很好地用于
实现 IEEE 1838 标准所需要的 DFT 特性：IEEE 1149.1 中的边界扫描寄存器可以用来实
现芯片隔离环寄存器 DWR；IEEE 1687 标准几乎可以无缝实现串行控制端口 SCM；基于
数据包的扫描测试网络 SSN 可以实现灵活并行测试端口 FPP。

此外，3D 芯片的功耗和散热也引起了广泛关注，对测试生成和测试调度方法都产生了
一定的影响。

11.3　芯片生命周期管理

随着芯片应用领域的发展，芯片和系统日益复杂，对性能和可靠性的要求越来越高，促
使人们在芯片的整个生命周期进行持续的维护和优化。数字电路测试技术在向自测试、诊
断、容错、自修复等方向不断延伸，可测试性设计工具需要不断拓展其外延，其生成的测试电
路和测试数据不仅用于支持芯片的量产测试，还需支持芯片生命周期的稳定可靠运行，称为
芯片生命周期管理（Silicon Lifecycle Management，SLM）。

为了支持 SLM，在芯片设计阶段需要部署监测电路，支持芯片相关数据的监测、分析和
优化。在芯片的整个生命周期内，应尽可能多地收集有用的数据，深入了解涵盖芯片的设
计、制造、测试、调试、现场操作等不同阶段的仿真和运行情况，对这些芯片数据进行有针对
性的分析，并分析数据的变化以改善芯片和系统的相关操作。

芯片数据的来源包括工艺-电压-温度（Process-Voltage-Temperature，PVT）传感器、可
测试性设计和内建自测试（BIST）结构、功能监测器、嵌入式片上分析仪等，片上还将设计数

据传输总线以便将信息从芯片内部进一步传送到进行分析、控制和优化的位置。

　　芯片生命周期管理既可帮助芯片设计者提高设计性能、改善设计质量、减少测试时间、加快芯片面市时间、提升良率等，又可以帮助芯片的最终用户提升产品性能和质量，并在整个运行周期内优化性能、功耗、可靠性和安全性等。

　　例如，片上可以设计环形振荡器来测量电路的时延，PVT 传感器可以提供相关的数据，芯片制造测试中关键通路的测试结果也可以用来确定芯片的工作频率，这些测试和测量数据可以用来校准设计建模参数，通过一系列的数据挖掘、关联和根本原因分析，芯片设计中使用的模型的稳健性和准确性得到了提高，从而使得之后的芯片设计能够更快地收敛在一个最佳结果上，提高设计性能。

　　上述这些芯片数据，连同制造测试中的测试失败和故障诊断数据，可以和物理设计数据关联起来，通过一系列的数据挖掘、关联和根本原因分析，确定主要的良率损失机制，从而加速"良率学习"过程，优化最终产品的良率。

　　对积累的制造测试数据的进一步分析，可以调整测试和筛选标准，研究自适应测试（adaptive testing）策略，对测试过程进行优化，可以减少测试时间，降低测试成本，并提高交付芯片的质量。

　　此外，大多数芯片在设计时得不到最终系统部署时的工作负载。SLM 不仅可以实现芯片上不同结构的监控和管理，还可以打通与操作系统和应用软件之间的联合管理和分析机制。嵌入在芯片中的功能和结构监测器与分析软件相结合，能够更快更深入地了解芯片的运行行为以及它与整个系统的互动情况。在系统的生命周期中，工作负载会发生变化，软件和固件的要求会发生变化，晶体管会老化。SLM 会监测上述变化，使芯片和系统能够适应这些变化，从而确保更好的长期性能。

　　特别要指出的是，芯片的性能在其运行寿命内不会保持不变，老化效应会随着时间的推移改变器件的性能特征，系统运行环境（如工作负载、环境温度、电气参数等）也会导致芯片性能的变化。安全漏洞也会影响芯片性能。芯片在汽车电子等应用系统中执行了很多关键任务和安全相关功能，其稳健性和可靠性非常重要。

　　对于芯片可靠性要求较高的特定应用领域，如汽车电子领域的芯片，又称为车规级芯片，SLM 可以为车规级芯片的自测试、诊断和容错提供支持。预测数据显示，汽车电子部件在 2030 年将达到汽车总成本的 50%。因此，需要严格的监测和控制技术来保障车规级芯片在驾驶现场可靠运行，确保司机和乘客的安全。ISO 26262 标准根据车上不同部件的安全性定义了四个等级的汽车安全完整性等级标准，其中最高等级的 ASIL-D 标准，对芯片可靠性的要求是低于 10 FIT。需要采用更严苛的测试条件对芯片进行测试，因此对测试覆盖的缺陷种类和故障覆盖率提出了更高的要求。同时，为了保障芯片运行期的可靠和功能安全，对于启动自测试、现场测试和系统实时测试提出了明确的需求。例如，ISO 26262 规定了容错时间间隔（Fault Tolerant Time Interval，FTTI）和诊断时间间隔（Diagnostic Time Interval，DTI）的要求，在 FTTI 内，系统必须检测到故障和到达安全状态，而在 DTI 内，芯片支持的软硬件安全机制需要诊断出故障位置。

综上所述,SLM 提供了监测芯片参数及芯片数据收集、分析和控制机制,随着时间的推移,芯片和整个系统的性能、功耗、可靠性和安全性在整个运行周期内得到优化,使得芯片的运行更加稳定和安全。

11.4 机器学习在测试中的应用

计算机领域新技术的突破,也在不断促进数字电路测试技术的进步。比如,布尔可满足性问题(Boolean Satisfiability Problem,SAT)求解器的发展促进了形式化技术应用于ATPG 和软件自测试;基于 GPU 的并行计算技术的发展,促进了研究人员探索故障模拟和测试生成的 GPU 加速方法。目前,机器学习(Machine Learning,ML)技术已在图像及音视频分析、自然语言处理、自动驾驶等领域获得了广泛的应用。利用机器学习有可能改变传统的测试技术,带来更高的测试质量和更好的成本效益。

故障诊断被认为是最容易从机器学习方法中受益的方向。比如基于监督学习的扫描链诊断技术,可使用一个多级人工神经网络(Artificial Neural Network,ANN)来提供高分辨率的扫描诊断。这类神经网络有以下输入特征:故障类型、故障单元的识别号码以及测试向量激活故障的概率,这些输入特征被压缩成一个单一的整数故障向量(Integer Failure Vector,IFV),扫描链中扫描单元的数量决定了 IFV 的长度。输出层代表特定扫描链上的扫描单元,输出节点的计算暗示了在扫描链中有故障的候选扫描单元。这种新的扫描诊断方法取得了相当高的诊断精度。

有缺陷的芯片可以用来产生故障日志,用于故障诊断,但记录大量的数据既耗费内存,又要花费很长的分析时间。可使用机器学习技术来决定何时可以停止数据收集而不牺牲故障诊断的效率,不同类型的机器学习技术,如 K-近邻(K-Nearest Neighbor,KNN)、支持向量机(Support Vector Machine,SVM)和决策树均可应用于故障诊断,包括分析失效日志信息用于故障诊断,对扫描链或功能逻辑上的缺陷进行定位,提升诊断效率。

基于机器学习的物理失效分析(Physical Failure Analysis,PFA)方法可以提供高分辨率的缺陷检测。缺陷可被分组为各种模式,称为"缺陷模式"。将统计工具应用于从布局感知的扫描诊断中获得的数据,通过评估缺陷和"缺陷模式"之间的相关性,对相关的缺陷模式进行排序,来准确识别系统性缺陷并消除随机缺陷的影响。

机器学习方法也可用于指导测试点插入技术。比如基于深度学习指导逻辑电路测试点选择,可使用一个图卷积网络(Graph Convolutional Network,GCN)来分析电路节点,并将它们分类为容易观察的和难以观察的点。或者使用全连接神经网络来评估 0 可控制性、1可控制性和观察测试点对故障覆盖率的影响,使用迭代的测试点选择方法来提高故障覆盖率并缩短计算时间。

近年来也出现了机器学习在 ATPG 方面的应用。基于 ANN 的机器学习或无监督的机器学习方法可以从 ATPG 中学习一些规则来指导回退过程,与传统的启发式方法相比,能够减少测试生成时发生冲突引起的回溯次数。

目前在商业 EDA 工具中,机器学习技术已经应用于故障诊断和良率分析,但其在可测试性设计和测试生成工具中是否能够替代现有的方案,尚需要大量的研究。

11.5　本章小结

集成电路工艺和器件技术、芯片设计和集成技术、芯片应用需求的发展,甚至计算技术本身的发展,都在促进数字电路测试技术的发展,促使其不断提升故障检测覆盖率、检测效率以及芯片全生命周期的可靠性,并降低检测成本等。本章并没有全面综述测试技术的发展趋势,而是选择测试领域研究人员的部分探索和已有明确应用前景的实践进行了简单介绍,包括小时延缺陷测试、三维芯片测试、芯片生命周期管理、机器学习在测试中的应用。更多的前沿工作可以参考数字电路测试和电子设计自动化领域的旗舰会议,如国际测试会议(International Test Conference,ITC)、设计自动化大会(Design Automation Conference,DAC)、超大规模集成电路测试会议(VLSI Test Symposium,VTS)、欧洲设计自动化与测试会议(Design,Automation and Test in Europe Conference,DATE)等会议上发表的论文。

参 考 文 献

[1] WANG L C,LIOU J J,CHENG K T. Critical path selection for delay fault testing based upon a statistical timingmodel[J]. IEEE Transactions on Computer-Aided Design of Integrated Circuits and Systems (TCAD),2004,23(11):1550-1565.

[2] 何子键. 针对小时延缺陷的测试通路选择方法研究[D]. 北京:中国科学院研究生院,2010.

[3] 付祥. 面向时延偏差的测试生成方法研究[D]. 北京:中国科学院研究生院,2010.

[4] What is silicon lifecycle management? -How does it work? [EB/OL]. https://www.synopsys.com/glossary/what-is-silicon-lifecycle-management.html,2022-11-5.

[5] WANG S,HIGAMI Y,TAKAHASHI H,et al. Automotive functional safety assurance by POST with sequential observation[J]. IEEE Design & Test,2018,35(3):39-45.

[6] LAI L,TSAI K H,LI H. GPGPU-based ATPG system:myth or reality? [J]. IEEE Transactions on Computer-Aided Design of Integrated Circuits and Systems,2020,39(1):239-247.

[7] PRADHAN M,BHATTACHARYA B B. A survey of digital circuit testing in the light of machine learning[J]. Wiley Interdisciplinary Reviews:Data Mining and Knowledge Discovery,2020:1-18.